Vertriebscontrolling optimieren

Alexander Dietzel

Vertriebscontrolling optimieren

Grundlagen und Praxis

Springer Gabler

Alexander Dietzel
Bielefeld, Deutschland

ISBN 978-3-8349-3369-0 ISBN 978-3-8349-3822-0 (eBook)
DOI 10.1007/978-3-8349-3822-0

Die Deutsche Nationalbibliothek verzeichnet diese Publikation in der Deutschen Nationalbibliografie; detaillierte bibliografische Daten sind im Internet über http://dnb.d-nb.de abrufbar.

Springer Gabler

Lektorat: Anna Pietras

Springer Gabler ist eine Marke von Springer DE. Springer DE ist Teil der Fachverlagsgruppe Springer Science+Business Media
www.springer-gabler.de

Vorwort

Der Kunde entscheidet maßgeblich über den Erfolg eines Unternehmens. Als Bindeglied zum Kunden trägt der Vertrieb die Verantwortung dafür, dass die angebotene Leistung die richtige Wertschätzung durch den Markt erfährt und aus einer guten Idee eines Tages Umsatz wird.

Vertrieb oder treffender „Verkauf": Es ist eine Frage der individuellen Grundeinstellung, ob man bereit ist, im Gespräch mit dem Kunden für die Vorzüge eines Produktes oder einer Dienstleistung zu werben. Ein „Nein" des Umworbenen wirkt oftmals wie eine persönliche Zurückweisung. Distanziert man sich hingegen zu weit von seinem Angebot, wirkt man als Verkäufer unglaubwürdig.

Gleichzeitig birgt der Erfolg im Vertrieb als Bemessungsgrundlage für das persönliche Einkommen enormes Stresspotenzial. Der Vertriebsmitarbeiter macht sich abhängig vom Wohlwollen des Kunden, von der wahrgenommenen Qualität der angebotenen Produkte, vom Einfluss des Wettbewerbs, von der jeweiligen Phase des Konjunkturzyklus, vom Konsumklima, von der weltpolitischen Lage und vielen anderen Faktoren, die er beim besten Willen nicht selbst beeinflussen kann.

In diesem Sinne gebührt mein ausdrücklicher Respekt all denjenigen, die sich dafür entschieden haben, sich jeden Tag aufs Neue im Wettlauf mit der Konkurrenz um die interessantesten Kunden und die lukrativsten Aufträge zu bemühen.

Das Vertriebscontrolling liefert bei diesem rasanten Rennen durch unwegsames Gelände die notwendigen Informationen. Vergleichbar mit dem Cockpit in einem Flugzeug informiert das Vertriebscontrolling über die Richtung und die Reichweite der eingesetzten Ressourcen und liefert wichtige technische Parameterdaten.

Einer dieser Parameter ist die Effizienz. Effizienz ist der universelle Gradmesser für wirtschaftliches Handeln. Insofern bildet das Effizienzkriterium die objektive Instanz zur Beurteilung unternehmerischer Aktivitäten. Aus diesem Grund ist es unerlasslich, über ein Instrumentarium zu verfügen, welches die eigene Leistungsfähigkeit messbar macht und hilft, verdecktes Potenzial zu erschließen.

Durch den konsequenten Einsatz der nachfolgend beschriebenen Controllinginstrumente wird die häufig intuitiv geprägte Akquisetätigkeit zu einem plan- und steuerbaren Prozess. Es lassen sich Fehlentwicklungen vermeiden und somit Ressourcen schonen. Das führt zu einer Steigerung der Vertriebsresultate, zu einer nachhaltigen Verbesserung der Marktposition und - als direkte Folge - zur Motivationssteigerung bei allen Beteiligten.

Inhaltsverzeichnis

1. Einleitung ... 1
1.1 Was dieses Buch nicht ist ... 1
1.2 Was Sie von dem Buch erwarten dürfen ... 2

2. Grundlegendes ... 3
2.1 Das Controlling ... 3
2.1.1 Der Regelkreis ... 4
2.1.2 Der Regelkreis des Controllings ... 5
2.1.3 Die Verankerung des Controllings im Unternehmen ... 6
2.1.4 Controlling – Big Brother? ... 7
2.2 Der Vertrieb – das unbekannte Wesen? ... 8
2.2.1 Die verschiedenen Arten des Vertriebs ... 9
2.2.2 Die Organisationsformen des Vertriebs ... 9
2.2.3 Der Vertrieb als Wertschöpfungsprozess ... 11
2.3 Das Vertriebscontrolling ... 12
2.3.1 Das VC als Beobachter ... 13
2.3.2 Der Vertrieb in der Analyse ... 14
2.3.3 Die planerische Funktion des VC ... 15
2.3.4 Die steuernde Funktion des VC ... 15
2.3.5 Die kontrollierende Funktion des VC ... 16
2.3.6 Die Zielsetzung des Vertriebscontrollings ... 17

3. Der Vertrieb als Teil der betrieblichen Leistungserzeugung ... 19
3.1 Die betriebliche Wertschöpfung als Produktionsprozess ... 19
3.1.1 Der Produktionsprozess aus technischer Sicht ... 20
3.1.2 Die Wahl der richtigen Technologie ... 20
3.1.3 Was ist Effizienz? ... 20
3.1.4 Das Ertragsgesetz ... 22
3.1.5 Effizienz – eine Frage der Mischung ... 23
3.2 Der Vertrieb als Wertschöpfungsprozess ... 25
3.2.1 Der Input - Die Zutaten für einen erfolgreichen Vertrieb ... 26

3.2.2 Die Technologie - Der Vertrieb als angewandte Technik 27
3.2.3 Der Output – Das Ergebnis des Vertriebsprozesses? 27
3.2.4 Der Nutzen – Der wirkliche Gradmesser für Erfolg 28
3.2.5 Keine Entscheidung ohne Information 38
3.3 Die Effizienz im Vertrieb 43
3.3.1 Die Relevanz 44
3.3.2 Die Verlässlichkeit 48

4. Zwischenbemerkung - Was tut ein Vertriebscontroller? 51
4.1 Effizienz um jeden Preis? 52
4.2 Nicht gleichzeitig an beiden Enden ziehen 54

5. Methoden – Beobachten 55
5.1 Datenstrukturen im Vertrieb 55
5.2 Multiple-Choice statt Prosa 56
5.3 Die heiße Phase 61
5.4 Der Misserfolg – Win-Loss-Analyse, Teil 1 63
5.5 Eine Frage der Visualisierung 67
5.6 Die Rolle des Reportings 67
5.7 Prozesskosten – Controllers Liebling 68
5.7.1 Die Prozesskostenrechnung 68
5.7.2 Vertriebseinzelkosten – Individueller Erfolg richtig erfasst 70

6. Methoden – Analysieren 73
6.1 Abweichungsanalyse 73
6.2 Benchmarking 74
6.3 Zeitreihenanalyse 74
6.4 Prozessanalyse 82
6.5 Win-Loss-Analyse, Teil 2 86
6.6 Conjoint-Analyse einmal andersherum 89

7. Methoden – Planen 93
7.1 Der Einfluss des Ziels auf den Plan 94
7.2 Vom Umgang mit der Unsicherheit 95
7.2.1 Kopf oder Zahl 96
7.2.2 Menschliches Verhalten ist selten zufällig 97
7.3 Wie entstehen verlässliche Forecasts? 97
7.3.1 Die Dreiecksverteilung 99
7.3.2 Einfache Prognoseverfahren 101
7.3.3 Die hypergeometrische Verteilung 103
7.3.4 Monte Carlo verheißt Gewinn 104
7.3.5 Im Netz der Neuronen 114

8. Methoden – Steuern 125
8.1 Steuerung mittels Sollgrößen 126
8.2 Ziel: Gewinnmaximierung 127
8.3 Welche Rolle spielt der Preis? 127
8.3.1 Mehr Kunden oder mehr Aufträge? 128

8.3.2 Die Preis-Absatz-Funktion ... 129
8.3.3 Der gewinnmaximierende Preis ... 130
8.3.4 Wie reagiert der Wettbewerb? ... 138
8.3.5 Weshalb Rabatte gewährt werden ... 138
8.4 Produktivitätssteigerung ... 140
8.4.1 Produktivitätssteigerung durch Synergie ... 140
8.4.2 Engagement immer dort, wo es sich lohnt ... 143
8.4.3 Controlling-Leistung als knappe Ressource ... 144
8.4.4 Einer für alles oder alle für einen? ... 145
8.4.5 Zeitmanagement ... 148
8.4.6 Vertrieb aus der verkürzten Distanz ... 149
8.5 Kosten aufgrund von Fehlentscheidungen minimieren ... 150
8.5.1 Chance und Risiko – zwei Seiten derselben Medaille? ... 150
8.5.2 Kopf oder Bauch - Einführung in die Entscheidungstheorie ... 152
8.5.3 Von Banken den Umgang mit Risiko lernen ... 153
8.5.4 Risikosteuerung ... 158
8.6 Gemeinsame Ziele erreichen ... 159
8.6.1 Steuern mittels Budgets ... 159
8.6.2 Steuerung mittels variabler Gehaltsanteile ... 160
8.6.3 Steuern mittels gemeinsamer Ziele ... 163

9. Methoden – Kontrollieren ... 167
9.1 Bestimmung von Beobachtungsmerkmalen ... 168
9.2 Soll-Ist-Vergleich ... 169
9.3 Ermittlung von Vertriebskennzahlen ... 169
9.3.1 Return-on-Investment und Produktivität ... 171
9.3.2 Übernahmequote vs. relative Häufigkeit ... 171
9.4 Exponentialverteilung – Laufzeitmessung ... 172
9.5 Bestimmung der Trefferquote ... 180
9.6 Value-at-Risk ... 181
9.7 Sich selbst kontrollieren ... 182

10. Optimiertes Vertriebscontrolling ... 185

11. Kritische Betrachtung ... 187
11.1 Zieldivergenz ... 187
11.2 Transparenz bis zur Unsichtbarkeit ... 188
11.3 Wenn der Vertrieb verbotene Wege geht ... 189
11.4 Informationsasymmetrie ... 189

12. Fazit ... 191

Nachwort ... 195

Literatur ... 197

Einleitung

1

Zusammenfassung

Dieses Buch ist kein Verkaufshandbuch. Es dient nicht als Leitfaden für den ambitionierten Verkäufer. Der Akquisitionsprozess wird als zentrales Element der betrieblichen Wertschöpfung verstanden. Insofern wird das Thema Vertrieb als ein höchst individueller Vorgang gewürdigt, der entscheidend von den agierenden Personen geprägt ist. Insofern wird das Buch der Tatsache gerecht, dass es „den Vertrieb" nicht gibt, sondern er immer nur im jeweiligen Kontext seine wahre Natur zeigt.

1.1 Was dieses Buch nicht ist

Der Vertrieb wird losgelöst vom Marketing betrachtet. Es geht nicht um die Herleitung von Vermarktungsstrategien. Die Arbeit zerlegt das Kompositum „Vertriebscontrolling" wieder in seine Bestandteile. Es behandelt den Vertrieb als die Summe aller Akquisitionsprozesse. Das Controlling wird auf seine Kernaufgaben Planen, Beobachten, Analysieren, Steuern und Kontrollieren zurückgeführt.

Das setzt ein gewisses Maß an Abstraktion voraus, was gleichzeitig die Voraussetzung für eine formalistische Darstellung ist. Hier setzt der akademische Anspruch an die Systematik des Vorgehens an. Das Buch ist keine Auflistung von Best-Practice-Ansätzen, sondern leitet die vorgestellten Methoden stets aus einem verallgemeinerten, theoretischen Kontext ab.

Die Herleitung von Funktionen oder die Betrachtung statistischer Verfahren lassen sich wie Auszüge aus einem Lehrbuch lesen. Hierbei bleibt aber immer der Bezug zur Praxis gewahrt. Dabei kehrt sich jedoch der didaktische Ansatz eines Lehrbuches um. Nicht die Theorie sucht sich einen Anwendungsfall, sondern die praktische Aufgabe sucht nach einer Lösung.

A. Dietzel, *Vertriebscontrolling optimieren*, DOI 10.1007/978-3-8349-3822-0_1,

1.2 Was Sie von dem Buch erwarten dürfen

Die im Text verwendeten Unternehmensdaten entstammen realen Unternehmen, sofern sie nicht ausdrücklich als Beispiele gekennzeichnet sind. Vor dem Hintergrund dieser Tatsache wirken manche Erkenntnisse noch verblüffender. Es handelt sich dabei nicht um den bekannten Sonderfall. Es lässt sich zeigen, dass eben die beobachteten Phänomene einen allgemeingültigen Charakter haben und jederzeit auf andere Unternehmen übertragbar sind.

Bedingung für die Übertragbarkeit ist im Wesentlichen die Existenz **eines aktiven Vertriebswesens**. Dabei ist es gleich, ob es sich um den Einzelhandel, das Großhandels- und Projektgeschäft oder die Dienstleistungsbranche handelt. In jedem Fall lässt sich der Akquisitionsprozess auf Strukturen und Prozesse zurückführen, die den gleichen Gesetzmäßigkeiten unterliegen.

Dieses Buch richtet sich an drei Gruppen von Lesern. Zum einen bietet es dem **vertriebserfahrenen Leser** eine neue, weil theoretisch basierte Sicht auf das Vertriebscontrolling. Der hier verwendete Begriff des Vertriebscontrollings entspringt einer sehr puristischen Interpretation. Es steht das Controlling im Fokus. Der Controller wird interpretiert als Lieferant von Informationen für die Entscheidungsfindung des Managements.

Zum anderen wendet sich der Autor an **Existenzgründer**. Existenzgründer verfügen über alles – nur keine Erfahrung. Diese Aussage ist natürlich sträflich verallgemeinernd. Aber im Rahmen dieser Arbeit wird die Notwendigkeit des Dataminings offenkundig. Es werden Verfahren gezeigt, wie die Basis gelegt wird, um aus Beobachtungen Erfahrungen werden zu lassen. Das größte Potenzial von Existenzgründern steckt in der Fähigkeit, schnell zu lernen und sich unmittelbar an neue Bedingungen anpassen zu können.

Die Arbeit dient zudem der Ausbildung des **akademischen Nachwuchses**. Gerade von Absolventen der Bachelor- und Masterstudiengänge wird ein hohes Maß an Praxisorientierung erwartet. Das Thema „Vertrieb" gewinnt im Rahmen der Ausbildung immer mehr an Bedeutung. Viele Hochschulen tragen diesem Trend mit spezialisierten Studienangeboten Rechnung. Daraus resultiert der Anspruch an die wissenschaftliche Genauigkeit bei der Herleitung und der Aufbereitung der Ergebnisse.

Die Anwendung von Statistiken, Prognoseverfahren und Analysen verlangt einen sorgfältigen Umgang mit der Methode und ein gerüttelt Maß an Vorsicht bei der Interpretation der Ergebnisse. Aus diesem Grund ist – aus Sicht des Autors – die bloße Vermittlung von Methodenkompetenz in diesem Zusammenhang unzureichend. Man muss stets **eine kritische Distanz** – selbst zu den eigenen – Erkenntnissen wahren. Zu leicht führen fehlerhaft angewandte Verfahren zu falschen Schlussfolgerungen, die als Vorarbeit von Managemententscheidungen fatale Folgen haben können. Häufig hilft das richtige Gespür. Sicherer aber ist ein grundlegendes Verständnis für die Mechanismen und die konsequente Anwendung von Kontrollrechnungen.

2 Grundlegendes

Zusammenfassung

Die Vorstellungen darüber, was **Vertrieb** eigentlich ist, gehen weit auseinander. Das erklärt sich durch unterschiedliche Absatzkanäle, Märkte, Marktpositionen, Produkte und Dienstleistungen und nicht zuletzt durch die persönlichen Erfahrungen. Nicht viel anders sieht es beim Begriff **Controlling** aus. Selbst die einschlägige Literatur liefert keine verbindliche Definition.

Erst recht unterschiedlich sind die Erläuterungen zum Stichwort „Vertriebscontrolling". Aus diesem Grund ist es besonders wichtig, zunächst für die notwendige begriffliche Sicherheit zu sorgen.

2.1 Das Controlling

Allen betriebswirtschaftlichen Erklärungen und Ausdeutungen des englischen Begriffs „Controlling" sind die Begriffe „Beobachtung, Analyse, Planung, Kontrolle und Steuerung" gemein. Es handelt sich also um eine Sequenz aus fünf getrennten Vorgängen[1].

Dabei bedeutet eine planerische Tätigkeit, dass man zur Erreichung eines vorgegebenen Zieles vorausschauend über den Einsatz knapper Mittel disponiert. Der Vorgang der Zielerreichung wird hierbei als Prozess verstanden. Die Steuerung sorgt während des Prozesses dafür, dass die zur Verfügung stehenden Ressourcen entsprechend ihrer Funktion

[1] Ursprünglich stammt das Wort aus dem Italienischen und geht zurück auf die Bestandteile „contra" (= gegen) und „rola" (= Rolle) und bezeichnete eine Gegenrechnung zu einer vorangegangenen Berechnung.

A. Dietzel, *Vertriebscontrolling optimieren*, DOI 10.1007/978-3-8349-3822-0_2,

zum Einsatz gebracht werden. Die Kontrolle überwacht die Einhaltung der planerischen Vorgaben.

Das Controlling taucht mit jeweils unterschiedlichen Aufgaben in den einzelnen Funktionsbereichen eines Unternehmens auf. Das Controlling im Bereich der Beschaffung kann sich als Supply-Chain-Management darstellen. Im Finanzsektor ist das Liquiditätscontrolling etabliert. Auch das Personalmanagement verfügt über entsprechende Controllingwerkzeuge.

Eine besondere Stellung nimmt insofern das Vertriebscontrolling ein, da hier sich die Funktionen Planung, Steuerung und Kontrolle auf einen Bereich erstrecken, der sich weitgehend dem Gestaltungswillen des Unternehmens entzieht. Daher kommt dem Aspekt der Kontrolle hier eine besondere Bedeutung zu. Neben dem Monitoring der eigenen Prozesse geht es um die Beobachtung der Aktionen und Reaktionen der übrigen Marktteilnehmer.

Das Controlling ist als **Hilfsstelle für das Management** konzipiert. Es soll die Umsetzung und Wirkungsweise von getroffenen Entscheidungen kontrollieren. Gleichzeitig liefert das Controlling Informationen zur Vorbereitung neuer Entscheidungen.

2.1.1 Der Regelkreis

Controlling findet in der Regel in einem sehr dynamischen Umfeld mit sich ständig ändernden Parametern statt. Es müssen die zeitlichen Abstände, in denen Kontrolle und die daraus resultierenden Steuerungsmaßnahmen stattfinden, auf das Änderungsverhalten (Volatilität) der zu beobachtenden Prozesse abgestimmt sein. Schnelle Veränderungen implizieren kurze Taktraten, langsame oder geringe Veränderungen erlauben längere Intervalle. Statische, im Zeitverlauf unveränderliche Zustände benötigen in diesem engen Sinne kein Controlling.

Ein zentrales Gedankengebilde ist in diesem Zusammenhang der „Regelkreis". Er stellt die technische Sichtweise des Controllings dar (siehe Abb. 2.1).

Die Wirkungsweise kann stellvertretend an dem Bremsvorgang eines Kraftfahrzeugs unter dem Einfluss eines ABS (Anti-Blockier-System) verdeutlicht werden.

1. Es wird der Befehl „Bremsen" gegeben.
2. Das Bremssystem wird aktiviert.
3. Die Bremsanlage wirkt auf die Räder des Fahrzeugs.
4. Das ABS kontrolliert die Drehbewegung der einzelnen Räder.
5. Wenn das System feststellt, dass einzelne Räder bereits blockieren, während sich andere noch drehen, wird die Bremswirkung auf die blockierten Räder soweit reduziert bis diese sich wieder drehen. Dadurch bleibt das Fahrzeug steuerbar und die Bremsanlage kann ihre maximale Verzögerungswirkung entfalten.
6. Sofern sich das Fahrzeug noch in Bewegung befindet und der Befehl „Bremsen" noch ansteht, setzt der Prozess wieder bei Schritt 3 ein. Diese Abfolge wiederholt sich bis zu dem Zeitpunkt, an dem der Befehl „Bremsen" aufgehoben wird.

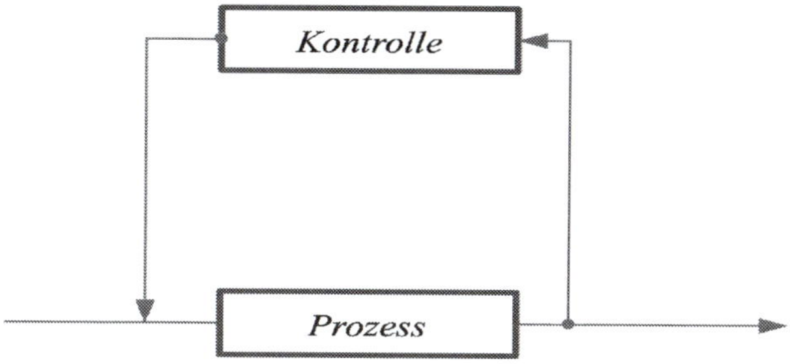

Abb. 2.1 Der Regelkreis

2.1.2 Der Regelkreis des Controllings

Der „Regelkreis des Controllings" stellt die Übertragung der technischen Sichtweise auf die Betriebswirtschaft dar. Er stellt die Positionen und Funktionen des Unternehmens in einen Wirkungszusammenhang. Eine gemeinschaftliche Aufgabe wird arbeitsteilig abgearbeitet. Sie wird dabei zunächst abstrakt formuliert und in der Folge in konkrete Handlungsanweisungen und Sollgrößen übertragen. Diese werden in den operativen Prozess eingesteuert. Die sich anschließende Beobachtung erfasst die Abweichungen zwischen den Sollgrößen und den tatsächlichen Werten, die sich nach Durchlauf des operativen Prozess ergeben haben. Die Abweichungen werden analysiert und kommentiert an das Management zurückgemeldet. Dieses entscheidet daraufhin, ob eine Neuplanung (Re-Design) des Prozesses erforderlich ist oder ob eine Anpassung der Sollgrößen (Gegensteuern) ausreicht (siehe Abb. 2.2).

Praktisch lässt sich die Arbeitsweise des „Regelkreis des Controllings" an diesem nicht ganz ernst gemeinten Beispiel verfolgen:

1. Das Top-Management beendet eine intensive Wochenend-Klausurtagung zur kollektiven Zielfindung mit der Losung: „Marktführerschaft binnen der kommenden 10 Jahre".
2. Am Montag danach findet eine Besprechung auf Bereichsleiterebene statt. Hier wird das noch recht abstrakte Unternehmensziel kommuniziert.
3. Da die Vermittlung dieses visionären Ziels an die operative Ebene des Unternehmens schwierig anmutet, beschließen die verantwortlichen Bereichsleiter eine Umformulierung.
4. Die Vision lautet nunmehr: „2020:20", was so viel bedeutet wie: „Wir planen bis zum Jahr 2020 eine Umsatzsteigerung um 20 % bei gleichzeitiger Kostenreduzierung um 20 %."
5. Dieses Ziel klingt zwar immer noch sehr ambitioniert, lässt sich aber der mittleren Führungsebene besser vermitteln.

Abb. 2.2 Regelkreis des Controllings

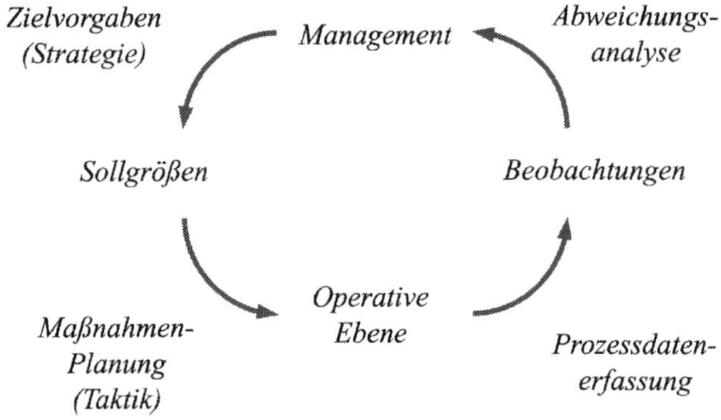

6. Diese weist in der nächsten Gruppenleitersitzung auf grundlegende Änderungen in den folgenden Monaten und Jahren hin. Ab sofort müsse in der Produktion deutlich gespart werden und der Vertrieb habe die „Performance" zu steigern.
7. Es werden entsprechende Vorgaben definiert und zum Gegenstand der operativen Planung gemacht. In den Zielvereinbarungen für die variablen Gehaltsanteile der einzelnen Mitarbeiter finden sich diese Vorgaben ebenfalls wieder.
8. Nach drei Monaten, am Ende der ersten Umsetzungsphase, erfolgt eine erste Kontrolle der Ergebnisse. Das Protokoll der Auswertungen umfasst mehrere Aktenordner, in denen Listen mit kryptischen Kennzahlen zusammengefasst wurden.
9. Eine Kurzfassung der Analyse besagt, dass man sich auf einem guten Weg befindet, aber noch viele Herausforderungen warten.
10. Da es bis 2020 noch ein bisschen Zeit ist, entscheidet sich das Management gegen ein Re-Design der bisherigen Vision und genehmigt eine Fortschreibung der Planzahlen für das kommende Quartal.

2.1.3 Die Verankerung des Controllings im Unternehmen

„Willst Du den Teich trocken legen, darfst Du nicht die Frösche fragen."

Ein Controlling ohne Disziplinargewalt ist ein zahnloser Tiger. Eine Stabsstelle wird von den Mitarbeitern als „vorübergehende Erscheinung" empfunden. Dem Controlling muss die Möglichkeit gegeben sein, in alle Bereiche des Unternehmens Einblick zu nehmen. Spätestens beim Risikocontrolling geht es um eine ganzheitliche Betrachtung, die nicht allein auf einen Bereich, eine Abteilung oder Sparte bezogen werden kann.

Je nach Organisationsgröße und -struktur empfiehlt sich die Positionierung eines autarken Controllings auf Leitungsebene in der Form einer Linienfunktion. So bleibt zum einen eine kritische Distanz gewahrt und zum anderen kann das Controlling von operativen Aufgaben entbunden werden. Man kann die Situation mit einem Autofahrer vergleichen, der gleichzeitig versucht, die Straßenkarte zu lesen. Um in diesem Bild zu bleiben: Der Controller hat die Aufgabe dafür zu sorgen, dass das Unternehmensziel auf einem effizienten Wege erreicht wird, dass Gefahrensituationen rechtzeitig erkannt werden und Gegenmaßnahmen zur Verfügung stehen.

2.1.4 Controlling – Big Brother?

Das Bild des Navigators grenzt den Aufgabenbereich des Controllers zugleich deutlich von der übergeordneten Managementfunktion ab. Es ist nicht seine Aufgabe, ein Ziel auf der Landkarte auszuwählen, noch kann er den Fahrer oder das Fahrzeug austauschen. Die Aufgaben des Controllings sind selten rein kaufmännischer Natur. Viele Controller verfügen zudem über eine naturwissenschaftliche oder soziologische Ausbildung. Objekt der Analysen und Bewertungen sind stets technische Vorgänge. Das handelnde Individuum als Persönlichkeit wird als Subjekt betrachtet. Dabei werden die Ergebnisse unter rein sachlichen Erwägungen – Effizienz, Eintrittswahrscheinlichkeiten etc. – beurteilt. Es obliegt in der Regel nicht dem Controlling, Konsequenzen aus diesen Erkenntnissen zu ziehen oder diese disziplinarisch umzusetzen.

Konflikte entstehen dort, wo sich die Zielvorstellungen des Einzelnen von denen der Abteilung oder des Unternehmens unterscheiden. Vielfach resultieren diese aus unterschiedlichen Einschätzungen oder Beurteilungen. Ein geschickter Controller ist in der Lage, solche Situationen aufzulösen, indem für relevante Fragestellungen eine sachliche Beurteilungsgrundlage geschaffen wird.

Versteht sich das Controlling als Dienstleister im Unternehmen, kann es effektiv und nachhaltig die Prozesse im Unternehmen beeinflussen.

Ein alter Controller-Witz

Es kommt eine ältere Dame anlässlich einer Routineuntersuchung zu ihrem Hausarzt. Man unterhält sich über dies und das bis der Arzt sie fragt, ob es ihr wirklich gut ginge. „Oh ja!", lautet ihre Antwort. Der Arzt setzt nach: „Geht es Ihnen wirklich gut?". Die Dame antwortet, dass es ihr eigentlich wirklich gut ginge, sie jedoch seit einiger Zeit das Gefühl habe, unter Blähungen zu leiden. Das würde sie jedoch nicht weiter stören, zumal man es weder riechen noch hören könne. Der Arzt notiert den Namen eines Medikaments auf dem Rezeptblock und vereinbart einen neuen Termin.

Nach vier Wochen erscheint die Dame wie vereinbart. Auf die Frage wie es ihr ginge antwortet sie, dass sie empört sei und dass ihr das Medikament überhaupt nicht geholfen habe. Im Gegenteil. Mittlerweile könne man die Blähungen sogar hören. „Das ist ja wunderbar!", sagt der Arzt. „Nachdem wir Ihren Ohren helfen konnten, werden wir nun etwas für Ihre Nase tun."

2.2 Der Vertrieb – das unbekannte Wesen?

Wer jahrelang im Außendienst tätig ist, wird den Vertrieb vielleicht mit Blut, Schweiß und Tränen assoziieren. Ein Volkswirt wird den Vertrieb einfach als Mittler zwischen Angebot und Nachfrage beschreiben.

Das Marketing sieht den Vertrieb als Erfüllungsgehilfen. Der Vertrieb hat die Aufgabe, die Vermarktungsstrategien auf operativer Ebene umzusetzen. Er ist ein wesentlicher Träger der Werbebotschaft, die das Marketing formuliert hat.

Den Kollegen in Produktentwicklung und Fertigung liefert der Vertrieb das nötige Feedback aus dem Markt in Form von Wünschen, Anregungen, aber auch Kritik.

Für die Geschäftsleitung ist der Vertrieb im Wesentlichen für den Absatz verantwortlich. Nicht selten ist der Kopf der Unternehmung auch erster Mann im Außendienst.

Rein betriebswirtschaftlich gesehen ist der Vertrieb Bestandteil der betrieblichen Leistungserzeugung. Genauso wie Beschaffung und Fertigung hat der Vertrieb seine feste Position innerhalb der Wertschöpfungskette.

Im Rahmen der folgenden Erörterungen gehen wir von einem weit gefassten Verständnis des Vertriebes aus. Er findet überall dort statt, wo Nachfrage und Angebot aufeinander stoßen und es einer Funktion bedarf, die diese beiden durch einen gesteuerten Prozess zum Ausgleich zu bringt.

Dabei kann es sich um eine Situation in einem Einzelhandelsfachgeschäft oder im Autosalon handeln. Diese Funktion beschreibt ebenso die Tätigkeiten des Vertriebsinnendienstes, der Interessenten fernmündlich oder persönlich bei einem Beschaffungsprozess berät, genauso wie die des freien Handelsvertreters, der seine Akquisitionsprozesse selbstständig plant und durchführt.

Als handelnde Personen führen wir stellvertretend für die Position des Bedarfsträgers den **Interessenten (I)** (als personalisiertes Mitglied des Zielmarktes) ein, während das Angebot von dem **Vertriebler (V)** repräsentiert wird. Wir gehen davon aus, dass das Interesse von I durchaus real ist und er auch über die notwendige Entscheidungsbefugnis verfügt. Ein Vertriebler ist jeder Mitarbeiter, der mit dem Auftrag ausgestattet ist, im direkten Kundenkontakt Umsatz zu generieren. Insofern soll hier der Begriff „Vertriebler" weiter gefasst werden als der Begriff „Verkäufer". Ein Projektingenieur würde sich niemals als „Verkäufer" bezeichnen, obwohl von ihm auch vertriebliche Arbeit gefordert wird.

Ergänzend sei hier nochmals darauf hingewiesen, dass der Autor **streng differenziert zwischen Vertrieb und Marketing**. Das Marketing befasst sich, wie der Name schon sagt, mit dem Marktzugang und der Markterschließung. Das Marketing stellt die Bühne dar, während der Vertrieb dem dort gespielten Theaterstück entspricht. Bleibt man in dem Bild, so entspricht der Marketingleiter dem Intendanten und der Vertriebsleiter dem Regisseur.

2.2.1 Die verschiedenen Arten des Vertriebs

Ein entscheidendes Merkmal für die Beschreibung der Akquisitionstätigkeit ist die Nähe zum Markt. Die Spannweite reicht vom direkten persönlichen Kontakt bis zur Warenpräsentation auf einem anonymen Markt, vergleichbar mit einem Online-Shop im Internet. Dabei unterscheiden sich diese beiden Extreme wesentlich in ihrer Fähigkeit, zum einen gestaltend auf den Entscheidungsprozess des Interessenten einzuwirken und zum anderen ein unmittelbares Feedback aus dem Markt zu erhalten.

Ein Anbieter von Maßkleidung steht in direktem und unmittelbarem Kontakt mit seiner Kundschaft[2]. Somit hat er die Möglichkeit, die Wünsche, Vorstellungen und den Grad der Zufriedenheit „in Echtzeit" abzufragen. Sofern er diese Informationen sinnvoll nutzt, kann dies zu einer Intensivierung der Kundenbeziehung eingesetzt werden.

Der Hersteller, der sich mit seinem Angebot einem anonymen Markt stellt, muss die Zufriedenheit seiner Klientel aus dem Kaufverhalten ablesen. Eine persönliche Einflussnahme während des Entscheidungsprozesses ist kaum möglich. Auf diesem Wege ist es zudem schwer, für eine nachhaltige Kundenbindung zu sorgen. Ausgenommen seien hier Bindungsfaktoren wie z. B. After-Sales-Service, die voraussetzen, dass zuvor ein Geschäft zustande gekommen ist. Daher muss man versuchen, eine Marke zu kreieren, die zur Treue animiert. Dieses Feld sei an dieser Stelle dem Marketing überlassen.

Die Intensität des persönlichen, zwischenmenschlichen Kontakts zwischen Interessent und Vertriebler lässt sich aufgrund fehlender objektiver Beurteilungskriterien kaum als Gradmesser zur Beurteilung der Marktnähe heranziehen. Wohl aber gibt das zahlenmäßige Verhältnis von Interessent zu Vertriebler Aufschluss über die Zeit, die für eine Akquisitionstätigkeit zur Verfügung steht. Ferner lässt sich von einem positiven Zusammenhang zwischen aufgewendeter Zeit pro Interessent und Marktnähe ausgehen. Das Konzept des Key-Account-Managers, der sich vorzugsweise um eine kleine Anzahl guter Kunden kümmert, trägt diesem Ansatz Rechnung.

2.2.2 Die Organisationsformen des Vertriebs

Die Organisationsformen des Vertriebs sind ebenso mannigfaltig wie die Erfordernisse, die sie geprägt haben. Als mögliche Kriterien für die zu wählende Form können genannt werden:

- Marktstrukturen: Auf monopolistischen Märkten bedarf es keinerlei Vertriebs. Dieser Fall ist ausgesprochen selten. Dennoch existieren auch heute Nachfrage-Angebots-Relationen, die den Anbieter begünstigen. Als Beispiel sind Rohstofflieferanten oder Hersteller von Nischenprodukten mit hohen Markteintrittsbarrieren zu nennen. Kennzeichnend ist die Art und Weise, wie sich ein „Marktpreis" bildet. Kann dieser

[2] Ein englisches Sprichwort besagt, ein guter Schneider wisse besser über die Anatomie seiner Kunden Bescheid als der Kunde selbst.

maßgeblich vom Anbieter bestimmt werden, geht man von einer monopolartigen Marktstruktur aus. In diesem Fall übernimmt die Distribution die Aufgabe des Vertriebs, indem sie dafür sorgt, dass die Nachfrage befriedigt wird.

- Marktnähe: In einem Umfeld, das durch enge, nachhaltige Kunden-Lieferanten-Beziehungen geprägt ist (Stammkundengeschäft) kommt der aktiven Vertriebstätigkeit eine maßgebliche Bedeutung zu, bei der die Pflege der Beziehung im Vordergrund steht. Gleichzeitig geht es um die Erweiterung des Kundenkreises.
- Fülle des Produktportfolios: Eine breite Angebotspalette erfordert eine ebenso breite Wissensbasis auf Seiten des Verkäufers. Häufig findet aus diesem Grund eine entsprechende Segmentierung in Produktbereiche statt.
- Heterogenität der Absatzmärkte: Ähnlich wie eine breite Angebotspalette setzt eine Diversifizierung des Absatzmarktes ein hohes Maß an Flexibilität auf Seiten des Vertrieblers voraus. Häufig zeigt sich daher eine Aufgliederung der Absatzmärkte nach Branchen oder demografischen Aspekten. Als Beispiel kann hier der Vertrieb von Versicherungen oder anderen Kapitalmarktprodukten genannt werden.
- Erklärungsbedürftigkeit der Produkte: Beim Projektgeschäft entsteht das Produkt in enger Zusammenarbeit mit dem Kunden. Hier sind technische Kompetenzen und kaufmännische Erfahrung Voraussetzung. Ein Großteil der vertrieblichen Leistung entfällt auf die Erarbeitung einer kundenspezifischen Lösung. Dies geht zu Lasten der Kapazitäten für die Neukundenakquise.
- Prozentualer Anteil an der Wertschöpfung: Bei klassischen Handels- oder Maklerunternehmen steht der Vertrieb im Zentrum der Leistungserzeugung. In diesem Fall findet die Wertschöpfung nahezu ausschließlich im Vertrieb statt. Hier ist eine enge Beziehung zum Kunden unerlässlich.

Als mögliche Organisationsformen kommen in Frage:

- Betriebsinterner Vertrieb: Außen- und Innendienst sind festangestellte Mitarbeiter des Unternehmens.
- Reisende: Der Außendienst ist Angestellter des Unternehmens. Häufig verfügt der Reisende über ein „Home Office“ und organisiert seinen Arbeitsrhythmus selbstständig.
- Freie Handelsvertreter: Der Außendienst ist rechtlich und wirtschaftlich selbstständig.
- Distribution / Großhandel: Die Hauptaufgabe des Vertriebs besteht im Wesentlichen in Beratung und der Auftragsannahme. Die Wertschöpfung besteht somit überwiegend in der Allokation der Güter. Die aktive Vermarktung der Produkte wird einer nachgeordneten Handelsstufe, z. B. dem Einzelhandel, übertragen.

Setzt man die Organisationsformen und die Auswahlkriterien zueinander in Beziehung entsteht folgendes Bild (siehe Tab. 2.1):

Tab. 2.1 Organisationsform in Abhängigkeit vom Anteil an der Wertschöpfung

gering ← Bedeutung des Vertriebs (Anteil an der Wertschöpfung) → hoch				
Vertrieb hat keine Bedeutung für den Unternehmenserfolg.	Vertrieb hat geringe Bedeutung für den Unternehmenserfolg.	Vertrieb dient als wichtige Schnittstelle zwischen Unternehmen und Kunden.	Vertrieb ist wesentlicher Bestandteil der Wertschöpfung.	Die Wertschöpfung des Betriebes besteht zu 100 % aus Vertriebsleistung.
gering ← Einfluss auf die Aktivitäten des Vertriebs (Steuerbarkeit) → hoch				
Es findet kein aktiver Vertrieb statt.	Vertrieb kann durch externe Handelsunternehmen erfolgen.	Vertrieb kann über freie Handelsvertreter stattfinden.	Ein angestellter Außendienst hält den Kontakt zum Kunden.	Der Vertrieb findet im eigenen Hause statt.
	gering ← Kontrollmöglichkeiten → hoch			

Diese Darstellung geht aus von einem engen Zusammenhang zwischen der Bedeutung des Vertriebs für die betriebliche Wertschöpfung und seiner Steuerbarkeit.
Hieraus lässt sich gleichzeitig die Reichweite von Controllingmaßnahmen ermessen. Je weiter die gewählte Struktur vom Zentrum der Administration entfernt ist, umso geringer ist dessen Einfluss. Gleichzeitig verringern sich die Kontrollmöglichkeiten.
Es soll nicht der Eindruck entstehen, dass ein Vertrieb über externe Absatzmittler nicht kontrollierbar wäre. Vielmehr bedarf es hier anderer Methoden der Steuerung und der Kontrolle. Diese sind jedoch eher Teil der vertraglichen Ausgestaltung, die dieser Handelsbeziehung zugrunde liegt. Sofern die geschäftliche Beziehung zu einem beiderseitigen, einvernehmlichen Ergebnis führt, ist keine der beiden Parteien motiviert, eine Veränderung der Konditionen herbeizuführen. Hierauf wird später ausführlicher im Zusammenhang mit dem **Nash-Gleichgewicht** bzw. dem **Pareto-Effizienzkriterium** eingegangen.

2.2.3 Der Vertrieb als Wertschöpfungsprozess

Der Vertrieb sei im Folgenden verstanden als die Summe aller Akquisitionsbemühungen. Sie verstehen sich als voneinander losgelöste Prozesse, die jeweils über einen definierten Start- und einen Endzeitpunkt verfügen. Dem Prozess werden neben dem zu erreichenden Ziel auf dem Wege der Budgetierung Verantwortlichkeiten und Ressourcen zugewiesen. Technisch gesehen sind Prozesse, aufeinanderfolgende Vorgänge der Speicherung, der Transformation oder des Transports. Das Medium können Stoffe aber auch Informationen sein.

Die prozessbezogenen Aufwendungen stehen den mit dem Akquisitionsziel verbundenen Erlösen gegenüber. Aus dem Verhältnis zwischen Kosten und Erlösen lässt sich die Wirtschaftlichkeit der Akquisitionsbemühung ablesen.

In der Praxis lassen sich Beispiele beobachten, bei denen die Wirtschaftlichkeit der Akquisitionsbemühung nicht das maßgebliche Ziel ist. Im Falle eines engen Wettbewerberfeldes kann die Erreichung eines Vertriebszieles mit einem beträchtlichen Prestigegewinn verbunden sein unter Inkaufnahme eines negativen Ergebnisses (Deckungsbeitrag). Ferner kann es in Zeiten schwacher Konjunktur dazu kommen, dass Aufträge angenommen werden, die zwar defizitär sind aus Sicht einer Vollkostenrechnung, jedoch zur Fixkostendegression beitragen. Diese Phänomen lässt sich z. B. im Bauhauptgewerbe beobachten. Es ensteht, wenn sich statt des defizitären Auftrags nur die Alternative des Betriebsstillstands bietet. Ein anderes Beispiel liefert der Verdrängungswettbewerb. Es kann Teil einer langfristigen Marktstrategie sein, die Wettbewerber auf Kosten der eigenen Rendite aus dem Markt zu drängen.

Nur ein bestimmter Anteil aller Vertriebsprozesse erreicht ihr Ziel. Da den damit verbundenen Aufwendungen keine Erlöse gegenüberstehen, bleiben sie ungedeckt. Gleichwohl können auch erfolglose Akquisitionsbemühungen dazu beitragen, die Wahrnehmung (awareness) des Unternehmens im Markt zu erhöhen.

Die Definition des Prozessstarts hängt zum einen vom dazugehörigen Vertriebsziel, zum anderen vom sich anschließenden Prozess ab. Der Prozess der Neukundenakquise kann zum Ziel die Generierung des ersten Auftrags haben. Dann kann man den Beginn des Prozesses auf den Zeitpunkt des ersten Gespräches mit dem zukünftigen Kunden legen. Andererseits kann man bereits die Zeit hinzurechnen, die für die Auswahl des Adressmaterials benötigt wurde. Oder man beginnt den Akquisitionsprozess erst in dem Moment, in dem der Angesprochene sein Interesse signalisiert.

Es ist ferner Ermessenssache, ob ein Akquisitionsprozess nach jedem Kaufakt als beendet angesehen wird oder ob auch die sich anschließenden Folgegeschäfte des Kunden noch Teil des ursprünglichen Prozesses sind.[3] Dieser Gedanke findet sich häufig bei den Provisionsvereinbarungen für Versicherungsmakler wieder. Hier erhält der Vertriebsmitarbeiter eine Neukundenprämie, die in der Zukunft zudem Ansprüche auf eine Bestandsprovision sichert.

Das Ende eines Akquisitionsprozesses kann jederzeit von den Verantwortlichen selbst bestimmt werden. Zeichnet sich ab, dass die Bemühungen erfolglos verlaufen werden, ist es sinnvoll, den Prozess so schnell wie möglich zu beenden, um die in Anspruch genommenen Ressourcen wieder freizugeben.

2.3 Das Vertriebscontrolling

Als Folgerung aus den oben hergeleiteten Definitionen der Begriffe Vertrieb und Controlling ergibt sich, dass das Vertriebscontrolling (VC) Akquisitionsprozesse und den Einsatz der dafür notwendigen Ressourcen beobachtet, analysiert, plant, steuert und kontrolliert vor dem Hintergrund entsprechender Zielvorgaben.

[3] Dieses Konzept entspricht dem sogenannten Customer-Lifetime-Value.

2.3.1 Das VC als Beobachter

Voraussetzung für die Arbeit des Vertriebscontrollers ist Fähigkeit, die zu beurteilenden Prozesse zeitnah, unverfälscht und objektiv beobachten zu können. Die alleinige Erfassung der Auftragseingänge reicht hierzu bei Weitem nicht aus. Der Fokus des VC richtet sich maßgeblich auf die Prozesse, die sich vor Eingang eines Auftrags abspielen.

Vertriebsmitarbeiter vermeiden es, über „ungelegte Eier“ zu sprechen. Der Erfolg eines Akquisitionsprozesses stellt sich naturgemäß erst mit Erhalt eines Auftrags ein. Insofern wird der Vertriebserfolg als ein Merkmal mit digitaler Ausprägung gesehen: Erfolg bzw. Misserfolg. Ein „knapp vorbei“ oder ein zweiter Platz bei einem Ausschreibungsverfahren werden in die Kategorie Misserfolg eingegliedert. Diese Betrachtungsweise erlaubt schlussendlich nur die Beurteilung, ob ein Akquisitionsprozess **effektiv** war oder nicht.

Um die Effizienz eines Akquisitionsprozesses beurteilen zu können, muss man in den laufenden Prozess „hineinschauen“. Dazu bedarf es der dafür notwendigen Transparenz. Diese wiederum setzt ein detailliertes Dokumentationswesen voraus und den Willen der Mitarbeiter dieses zu pflegen.

Ferner muss man dazu übergehen, das als digital betrachtete Ergebnis eines Akquisitionsprozesses zu „analogisieren“[4]. Hierzu bietet es sich an, die Strecke bis zu Erlangung eines Auftrags in Etappen zu unterteilen. Jedes messbare Etappenziel wird somit zu einem vertrieblichen Teilerfolg.

Um die Effizienz eines Prozesses beurteilen zu können, muss der Mitteleinsatz messbar sein. Zusammenfassend lassen sich Zeit und Geld als die Ressourcen bezeichnen, die man in einen Akquisitionsprozess investieren muss. Lässt sich die Entwicklung der Vertriebseinzelkosten nicht bereits während der Akquisitionsphase beobachten, kann auf dieser Basis kein „Abbruchkriterium“ definiert werden. Zudem fehlen diese Informationen bei der Steuerung der Ressourcen. Wann ist es sinnvoll, einen Mitarbeiter von einem Akquisitionsprozess abzuziehen, um ihm die Möglichkeit zu geben, sich um einen Vorgang mit höheren Erfolgsaussichten zu kümmern. Wie viel Kapital ist in Form von Arbeitsleistung in einem Akquisitionsprozess gebunden? Welcher Schaden entsteht, wenn ein Akquisitionsprozess erfolglos beendet werden muss? In produzierenden Unternehmen ist es üblich, halbfertige Arbeiten zu bewerten und z. B. in der Bilanz entsprechend auszuweisen.

Über Misserfolge spricht man nicht gerne. Dadurch gehen nutzbringende Informationen verloren. Das Vertriebscontrolling muss sich intensiv mit den Vorgängen befassen, die das Potenzial für eine Leistungssteigerung in sich bergen. Aus erfolgreichen Vorgängen kann man deutlich weniger Erkenntnisse ableiten. Vielleicht kam der Erfolg nur zustande, weil der Wettbewerb noch schlechter war.

Die Gründe für Erfolg bzw. Misserfolg sind häufig reine „Anschauungssache“. Eine objektive Ursachenforschung setzt voraus, dass man über Informationen aus erster Hand

---

[4] Dieses Verfahren wird im Rahmen der Heuristik zur Problemlösungsfindung eingesetzt. Die Analogisierung von Problemen erlaubt es zu abstrahieren. Die sich daraus ergebenden Abstraktionen sollen einen Weg zu neuen Lösungsansätzen aufzeigen.

verfügt. Das VC muss über die Mittel und die Möglichkeiten verfügen, sich direkt und unmittelbar relevante Informationen zu beschaffen, um von den subjektiv geprägten Interpretationen der handelnden Personen weitgehend unabhängig zu sein.

2.3.2 Der Vertrieb in der Analyse

Der Weg von der Wahrnehmung zur Erkenntnis führt über die Reflexion. Die Reflexion beschreibt die kritische Auseinandersetzung mit dem Wahrgenommenen, welches dabei in seine Bestandteile zerlegt wird ohne die formgebende Struktur zu vernachlässigen. Diesen Prozess bezeichnet man als Analyse, abgeleitet von dem altgriechischen Wort für „auflösen". Die Analyse lässt aus Wahrgenommenem wertvolle Erfahrungen entstehen.

Je nach natur- oder geisteswissenschaftlicher Disziplin unterscheiden sich die Werkzeuge, die zur Analyse einer Sache oder eines Sachverhaltes herangezogen werden. Die Wirtschaftswissenschaften bedienen sich häufig der Methoden der Statistik. Man unterscheidet zwischen der deskriptiven oder beschreibenden Statistik, die im Wesentlichen vorliegendes Datenmaterial aufbereitet, verdichtet und signifikante Merkmale herausarbeitet und der induktiven Statistik, die z. B. auf der Basis von Stichprobenerhebungen Rückschlüsse auf die Verteilung der Grundgesamtheit zieht. Hierzu zählt auch die Wahrscheinlichkeitsrechnung. Als Mischform existiert die explorative Statistik, die den Besonderheiten einer Verteilung auf den Grund geht.

Welchem Zweck dient eine Analyse? Eine Analyse erfolgt stets aufgrund einer konkreten Aufgabenstellung. Häufig besteht die Aufgabe in der Beantwortung einer oder mehrerer Fragen.

- Was hat dazu geführt, dass der beobachtete Zustand ist wie er ist bzw. welche Einflüsse wirken mit welcher Intensität auf den Zustand?
- Was würde sich ändern, wenn der Ausgangszustand sich änderte?
- Was wäre anders, wenn sich bei gleichem Ausgangszustand die Einflüsse auf diesen Zustand veränderten?
- Wie wird sich der beobachtete Zustand in Zukunft verändern?
- Wie sieht der zukünftige Zustand aus, wenn man die Einflüsse variiert?
- Welche Zusammenhänge existieren zwischen den Einflussfaktoren?

Wenn das VC Akquisitionsprozesse analysiert, geht das über die einfache Ermittlung einer Trefferquote („hit rate") weit hinaus. Es geht um das Aufdecken von Wirkungszusammenhängen. Wie wirkt etwas und wie lässt sich etwas bewusst verändern? Um Akquisitionsprozesse steuern zu können, muss man sich der Wirkung der veränderbaren Stellgrößen bewusst sein.

Ein typisches Beispiel für eine Analyse im Vertrieb ist die Korrelationsanalyse. Diese untersucht Wirkungszusammenhänge. Erhöht sich die Ausprägung eines Merkmals, resultiert daraus die Erhöhung oder die Reduzierung eines anderen Merkmals? Lässt sich beispielsweise nachweisen, dass eine Erhöhung des Zeitaufwands pro Akquisitionsprozess zu einer Erhöhung der Abschlussrate führt? Lässt sich daraus ggf. ein optimales Verhältnis von Zeitaufwand zu Abschlussrate definieren? Oder hat der vermeintlich hohe Preis wirklich den erwarteten negativen Einfluss auf die Abschlussrate?

2.3.3 Die planerische Funktion des VC

„Es kommt nicht darauf an, die Zukunft vorherzusagen, sondern auf die Zukunft vorbereitet zu sein." Perikles, griechischer Staatsmann, 493 - 429 v. Chr.

Die Richtigkeit unserer Annahmen über die Zukunft wird uns zeigen, dass wir die Gegenwart verstanden haben. Die Analyse von historischen Daten lässt uns Zusammenhänge erkennen. Diese Zusammenhänge wirken wie Fäden, die alle relevanten Einflussgrößen miteinander verknüpfen. Zieht man an diesem Faden in Richtung Zukunft, lassen sich Entwicklungen erkennen und nachvollziehen. Die Zukunft wird planbar.

Eine Trendanalyse zeigt uns die Veränderungen eines Merkmals im Zeitverlauf der Vergangenheit (ex post). Sobald die Einflussfaktoren erkannt und isoliert sind, lässt sich dieser Trend für die zukünftige Entwicklung (ex ante) fortschreiben.

Wo verlässliche Daten fehlen, verlassen wir uns auf unser Bauchgefühl. Auch ein subtiles Gefühl in der Magengegend nährt sich aus einer Quelle. In der Regel findet die Verarbeitung sublimer Eindrücke im Unterbewusstsein statt. Dies vollzieht sich auf so geheimnisvolle, stille Art und Weise, dass das eigene Bewusstsein davon nichts mitbekommt. Am Ende steht nur dieses gewisse Unbehagen oder diese positive Vorahnung.

Das VC ist auf diese feinen Stimmungsbarometer angewiesen. Die simple Dreiecksverteilung soll ein Instrument bieten, diese sensiblen Messwerte in die rationale Welt der Analysen und Prognosen zu überführen.

Das VC hat in dieser Hinsicht eine aufklärende Funktion. Es geht darum, die unsichere zuweilen auch ungewisse Zukunft innerhalb gewisser Grenzen und mit entsprechender Toleranz zu erschließen. Je deutlicher unser Bild von der Zukunft, umso präziser werden unsere Schritte in dieser ewig neuen Welt.

2.3.4 Die steuernde Funktion des VC

Es ist das Bestreben aller Menschen, die Zukunft in ihrem Sinne positiv zu beeinflussen.

Der Vorgang des Steuerns beschreibt eine (ziel-)gerichtete Beeinflussung des Verhaltens eines Systems ausgehend von einer Position außerhalb der Systems. Diese sehr allgemeine Formulierung lässt uns erkennen, dass das VC in seiner steuernden Funktion nicht Teil des operativen Vertriebssystems sein kann.

Die steuernde Funktion des VC unterscheidet sich grundsätzlich von der disziplinarischen Funktion der Vertriebsleitung. So wie in allen anderen Funktionsbereichen eines

Unternehmens dient das Controlling auch im Vertrieb als Unterstützer auf dem Weg zur Zielerreichung.

Es ist nicht die Aufgabe des VC, Vertriebsziele zu formulieren oder Ressourcen zuzuweisen. Soweit es sich dabei um die Umsetzung einer strategischen bzw. operativen Planung handelt, sind dies die nativen Aufgaben der Vertriebsleitung.

Auf Grundlage seiner Analysen und Planungen kann das VC begutachten, ob ein Vertriebsziel unter gegebenen Bedingungen erreichbar ist oder nicht. Es kann mittels einer Soll-Ist-Analyse feststellen, ob auf dem bisherigen Weg das anvisierte Ziel erreichbar ist oder nicht. Fehlentwicklungen müssen nicht zwangsläufig in einer Katastrophe enden. Stellt man frühzeitig eine Abweichung vom gewünschten Kurs fest, kann rechtzeitig gegengesteuert werden. Die negativen Folgen können so minimiert werden.

Steuerung im Vertrieb heißt nicht nur Steuerung der eigenen Mitarbeiter. Wie hoch ist der steuernde Einfluss des Vertriebs auf den Absatzmarkt? Häufig ist der Preis das einzige Steuerungsinstrument, das im Vertrieb im Rahmen einer operativen Absatzpolitik zum Einsatz kommt. Ist aber der Preis wirklich der Hauptgrund für eine Ablehnung durch den Kunden? Lassen sich für diese Vermutung objektive Bestätigungen finden? Wie preissensibel reagieren die Kunden? Gibt es eventuell andere kritische Faktoren, die in ihrer Auswirkung bedeutsamer sind? Wie sind „weiche" Faktoren einzuschätzen?

2.3.5 Die kontrollierende Funktion des VC

Es ist unmöglich, zielsicher zu steuern, ohne permanent Position und Richtung zu bestimmen. Gerade bei schlechter oder fehlender Sicht ist die aufklärende Funktion des Controllings von großer Bedeutung. Die exakte Ermittlung der aktuellen Ist-Position ist für einen Soll-Ist-Vergleich unerlässlich. Nur so lassen sich Planabweichungen mit der notwendigen Genauigkeit ermitteln.

Der Umgang mit den eigenen Stärken und Schwächen erfordert eine möglichst objektive Betrachtungsweise. Das Controlling muss in diesem Sinne transparente und für jeden nachvollziehbare Erkenntnisse liefern. Da Akquisitionsprozesse naturgemäß über eine hohe Ausschussrate verfügen, stellt sich häufig die Frage nach Grund und Ursache für Misserfolge. Sofern man nicht von vornherein den Kunden oder den Wettbewerb dafür verantwortlich macht, bedarf es einer differenzierten Analysearbeit. Das VC bietet hierzu vielfältige Ansätze.

Insbesondere wenn der Vertriebserfolg zum Bestandteil des Entlohnungssystems wird, ist es unverzichtbar, für eine **verursachungsgerechte** Verteilung von Kosten und Erlösen zu sorgen. Sofern die Vergütung im Vertrieb nicht – wie früher üblich – umsatzbasiert sondern auf Grundlage des erwirtschafteten Deckungsbeitrags erfolgt, ist es erforderlich, auch die Vertriebskosten als Einzelkosten zu behandeln. Das verschafft zudem die nötige Transparenz, um über die Wirtschaftlichkeit der Vertriebsaktivitäten urteilen zu können.

Nicht nur der Wettbewerb auf dem Absatzmarkt sondern auch der Wettbewerb im eigenen Hause ist Gegenstand des VC. Warum ist ein Vertriebsteam erfolgreicher als ein anderes? Wie verteilen sich die Spesen auf die einzelnen Vertriebsmitarbeiter? Besteht eine nachweisbare Korrelation zwischen Spesenhöhe und Vertriebserfolg?

Außendienstler sind Individualisten. Sie sind viel unterwegs. Sie müssen sich häufig selbst motivieren und pflegen zuweilen mehr Umgang mit den Kunden als mit den Kollegen im eigenen Haus. Daher sind sie aus Sicht der Personalführung ein Albtraum. Eine explizite Kontrolle wird jedoch als Gängelung empfunden. Eine effektive Administration kann kaum stattfinden. Dennoch ist gerade dieser Personenkreis maßgeblich für den Erfolg des Unternehmens verantwortlich.

Der Außendienst ist Auge und Ohr des Unternehmens im Markt. Die so gewonnenen Informationen sind lebensnotwendig. Es muss daher sichergestellt werden, dass ein ausführliches Berichtswesen diese Erkenntnisse für das Unternehmen verwertbar macht. Zudem liefern die Besuchsberichte auch einen Nachweis über die Bemühungen des Mitarbeiters. Gleichzeitig ist das Abfassen dieser Texte ein Mehraufwand, der dem Verfasser keinen unmittelbaren Nutzen stiftet und daher häufig als lästig empfunden wird. Reporting im Rahmen des VC sollte so effizient wie möglich gestaltet sein. Die Reduzierung auf relevante Fakten in einer leicht auszuwertenden Form befreien sowohl Schreiber wie Leser von der lästigen Prosa. Ein einfaches Multiple-Choice-System kann hier eine Lösung sein.

Es muss allen Mitarbeitern deutlich werden, dass es sich beim Controlling im Vertrieb nicht um eine Kontrolle von Mitarbeitern sondern immer um eine Kontrolle von Prozessen handelt. Nur so wird die entsprechende Akzeptanz des VC gewährleistet.

2.3.6 Die Zielsetzung des Vertriebscontrollings

Welchen Anteil hat das VC am Vertriebserfolg eines Unternehmens? Die herrschende Lehrmeinung geht davon aus, dass der Erfolg bei der Vermarktung auf zwei Säulen ruht. Das sind zum einen das Marketing und zum anderen der Vertrieb. So jedenfalls sieht es Philip KOTLER, amerikanischer Wirtschaftswissenschaftler und Mitbegründer der modernen Marketinglehre. Der Autor dieses Buches nimmt die Position ein, dass es eine strikte funktionale Trennung zwischen Vertrieb und Marketing gibt.

Das Marketing legt als Ergebnis seiner strategischen oder auch operativen Planung das Ziel der Reise fest. Das VC soll seinen Beitrag dazu leisten, dass die Akquisitionsbemühungen dieses Ziel a) sicher und b) auf dem kürzesten Wege erreichen.

Es ist Aufgabe des Marketings die Großwetterlage auf den Märkten zu beobachten und das Operationsgebiet entsprechend auszuwählen. Gegen heftige Stürme, eine anhaltende Flaute oder Piraten kann auch das VC nichts ausrichten.

Das VC nimmt in diesem Bild die Funktion eines Navigators ein. Es stellt dem Management, der Vertriebsleitung und dem Marketing entscheidungsrelevante Informationen zur Verfügung, unterstützt bei der Planung und beurteilt die Erreichbarkeit der Zielvorgaben. Zur Beurteilung der Wirtschaftlichkeit der betrieblichen Aktivitäten liefert das VC Methoden zur Effizienzmessung und hilft vorhandene Potenziale zu erschließen.

3 Der Vertrieb als Teil der betrieblichen Leistungserzeugung

Zusammenfassung

Dieses Buch stellt die Arbeit des Vertriebs als Teil der betrieblichen Leistungserzeugung dar. Diese Ansicht setzt vielfach einen Paradigmenwechsel voraus. Der Vertrieb fungiert nicht als Mittler zwischen der Erzeugung der betrieblichen Leistungen und dem Markt, sondern **ist wesentlicher Bestandteil** eben dieser Leistung.

Ist der Vertrieb nicht in der Lage, die Vorzüge eines Gutes zu vermitteln, bleibt dem Unternehmen der Erfolg verwehrt. Gleiches gilt für andere an der Leistungserzeugung beteiligte Funktionen. Ist die Fertigung nicht in der Lage, die Qualitätsanforderungen des Zielmarktes zu erfüllen, bleibt auch hier der Erfolg aus.

Streng genommen ist ein Gut erst dann etwas wert, wenn jemand bereit ist, einen Preis dafür zu bezahlen. Erst wenn dieses Gut dem Kunden in Rechnung gestellt wird, entspricht sein Wert dem vereinbarten Verkaufspreis. Bis zu diesem Zeitpunkt wird es mit den Herstell- oder Anschaffungskosten bewertet. Eine Dienstleistung, die nicht verkauft wird, hat keinen Wert. Demnach ist der Vertriebsprozess wesentlicher Teil der Wertschöpfung.

In der Produktion ist es üblich, Prozesse anhand ihrer Effektivität und ihrer Effizienz zu beurteilen. Diese Kriterien werden wir später auf die Aktivitäten des Vertriebs übertragen und stellen zunächst den allgemeinen Begriff der „Produktion" in den Vordergrund der Betrachtung.

3.1 Die betriebliche Wertschöpfung als Produktionsprozess

In einer Marktwirtschaft besteht die Aufgabe der Unternehmen darin, durch den Einsatz von Arbeit und Kapital einen Mehrwert zu schaffen. Das produzierende Gewerbe kombiniert Produktionsfaktoren mittels entsprechender Prozesse zu handelbaren Endprodukten.

A. Dietzel, *Vertriebscontrolling optimieren*, DOI 10.1007/978-3-8349-3822-0_3,

Der Handel übernimmt die Aufgabe der Allokation, also der Verfügbarmachung von Produkten in der vom Markt geforderten Menge zum jeweils gewünschten Zeitpunkt. Insofern überführt der Handel das Angebot der Hersteller bzw. der vorgelagerten Handelsstufen unter Aufwendung von Kapital und Arbeit in ein marktgerechtes Format. Daher wollen wir in der Folge die Prozesse des Handels ebenfalls als eine Art Produktion betrachten. Gleiches gilt für die Dienstleistungsbranche. (siehe Abb. 3.1).

3.1.1 Der Produktionsprozess aus technischer Sicht

Die Produktion wird beschrieben als ein Vorgang der **Transformation**. Daran beteiligt sind Stoffe, Leistungen, Informationen oder Kapital, die als Input in den Transformationsprozess eingesteuert werden. Der Prozess wandelt den Input in einem vorgegebenen Verhältnis in Output um. Das dieser Umwandlung zugrunde liegende Verfahren wird als Technologie bezeichnet.

Formalistisch stellt sich der Transformationsprozess als Produktionsfunktion der Form

$$\vec{y} = f(\vec{r} \times \vec{x})$$

dar, wobei (Vektor) $\vec{r}$ ein Bündel von Produktionsfaktoren multipliziert mit den jeweiligen Faktoreinsatzmengen $\vec{x}$ (Input) und $\vec{y}$ den Output bezeichnet.

Am Beispiel der Herstellung eines Kraftfahrzeugs lässt sich die Produktionsfunktion wie folgt –vereinfacht- zeigen:
Auto = (4 Stück Reifen; 1 Stück Motor; ...; viel Arbeit; reichlich Kapital)

3.1.2 Die Wahl der richtigen Technologie

Die Umwandlung von Input zu Output setzt voraus, dass man über eine geeignete Technologie verfügt. Eine Technologie wird als geeignet bezeichnet, wenn sie in der Lage ist, einen Beitrag zur Erreichung des angestrebten Zieles zu leisten. Ist dies der Fall, wird die Technologie als **effektiv** bezeichnet. Die Effektivität ist somit die zwingende Voraussetzung dafür, dass man eine Technologie einer Analyse ihrer Wirtschaftlichkeit unterzieht. Existiert nur eine effektive Technologie, so ist sie auch gleichzeitig die beste.

3.1.3 Was ist Effizienz?

Es hat sich in der Vergangenheit durchaus als effektiv erwiesen, Feuer unter zur Hilfenahme von Feuerstein und Zunderschwamm zu entfachen. Auch führt die Anwendung eines Rechenschiebers zu richtigen Berechnungsergebnissen. Offensichtlich handelt es sich somit um effektive Technologien im Sinne der oben beschriebenen Definition.

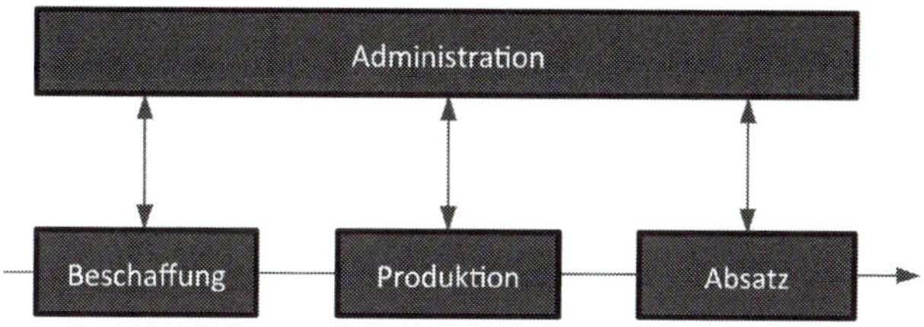

Abb. 3.1 Produktion und Absatz innerhalb der Prozesskette

Man darf jedoch davon ausgehen, dass die Menschheit heutzutage über Technologien verfügt, die dem Feuerstein oder dem Rechenschieber überlegen sind. Diese Überlegenheit zeigt sich zum Beispiel in der Zuverlässigkeit, im Grad der Verfügbarkeit, im Gefahrenpotenzial für den Verwender oder im Zeitaufwand bis zur Erreichung des gewünschten Ziels.

Diese Sichtweise hat zur Formulierung eines allgemeinen Effizienzkriteriums geführt. Als **effizient** bezeichnet wird eine Technologie genau dann, wenn sie a) effektiv im Sinne der Zielerreichung ist und b) von keiner anderen dominiert wird. Das ökonomische Prinzip konkretisiert diese Dominanz wie folgt: Eine Technologie wird als **effizient** bezeichnet, wenn es keine andere Technologie gibt, die a) einen gegebenen Ertrag mit weniger Aufwand (Minimalprinzip) oder b) mit gegebenem Aufwand einen höheren Ertrag liefert.

Die Erfindung der Nähmaschine war ein Meilenstein auf dem Weg zur industriellen Herstellung von Kleidungsstücken. Die damit erreichte Effizienzsteigerung ist durchaus als revolutionär zu bezeichnen. Kaum ein nach wirtschaftlichen Gesichtspunkten arbeitender Textilbetrieb kommt heutzutage ohne Nähmaschine aus. Muss man hingegen nur einen Knopf annähen, ist es sinnvoller zu Nadel und Faden zu greifen.

Etwas unübersichtlich wird die Situation, wenn nicht nur technische oder betriebswirtschaftliche Größen eine Rolle spielen. So ist es manchmal sinnvoll, eine Arbeit einem jungen Mitarbeiter mit wenig Erfahrung zu übertragen, der sicher mehr Zeit zur Erledigung benötigt. Dafür kann das Unternehmen in der Zukunft von dem so erzielten Lerneffekt profitieren.

Diese Beispiele lassen erkennen, dass Effizienz kein universelles Merkmal ist. Es ist immer von den Erfordernissen bzw. Zielvorstellungen oder der beabsichtigten Nachhaltigkeit abhängig, ob eine Technologie effizient ist oder nicht.

Als homo oeconomicus berufen wir uns bei der Festlegung unserer Handlungsweise stets gern auf das ökonomische Prinzip. Es wirkt rational und damit sinnvoll. In der Planungsphase dient es einer Gruppe als verbindendes Element, ggf. als kleinster gemeinsamer Nenner. Im Nachhinein wird es zur Erfolgsmessung herangezogen.[1]

[1] Daher zeigt sich Ineffizienz vielfach erst ex-post.

3.1.4 Das Ertragsgesetz

Wenig Input liefert wenig Output, viel Input liefert viel Output. Diese Erkenntnis klingt simpel und ist zudem verblüffend einleuchtend. Und doch ist der Zusammenhang weit weniger trivial, als es uns dieser Satz glauben macht. Wie viel mehr Input liefert wie viel mehr Output? Gibt es einen Punkt, an dem eine zusätzliche Einheit Input keinen zusätzlichen Output produziert? Kann sich das Verhältnis gar umkehren?

Ein Sprichwort besagt: „Viel hilft viel!“ Und tatsächlich kann man davon ausgehen, dass auf zwei Hektar Land doppelt so viele Kartoffeln wachsen wie auf einem Hektar. Offensichtlich lässt sich sogar ein streng linearer Zusammenhang zwischen bebauter Fläche und erwartetem Ertrag herstellen. Solange Fläche von gleicher Qualität zur Verfügung steht, lässt sich diese Relation fortschreiben.

In der Realität gibt es jedoch immer mindestens einen limitierenden Faktor. Die Betriebswirtschaft nennt ihn „**knappes Gut**“. Grund und Boden sind nicht in beliebiger Menge verfügbar. Auch lässt sich die Arbeitszeit eines Agrarökonomen nicht unbegrenzt reproduzieren. Die Betriebswirtschaft ist daher grundsätzlich bestrebt, diejenige mengenmäßige Kombination von Einsatzfaktoren zu finden, die zu einem maximalen Ertrag führt. Dazu nimmt man im 2-Güter-Fall die Menge eines Einsatzfaktors (z. B. Ackerland) als gegeben und fix an und variiert die Einsatzmenge des anderen Faktors (z. B. Düngemittel).

Das **Ertragsgesetz** besagt nunmehr, dass eine Veränderung des Ertrags einzig und allein aus einer Variation des einen Faktors resultiert. Solange die Faktoreinsatzmengen noch nicht ihr ideales Verhältnis erreicht haben, ist der Ertragszuwachs durch eine zusätzliche Einheit des variablen Faktors überproportional. Sobald der Punkt der idealen Faktorkombination überschritten, steigert jede weitere Faktoreinheit noch immer den Ertrag, jedoch nimmt die Wirkung kontinuierlich ab. Sobald der Ertragszuwachs gleich null ist, hat die Ertragskurve ihr Maximum erreicht. Jede weitere Einheit wird dazu führen, dass der Ertrag sinkt. Die Herleitung des Ertragsgesetzes ist nachzulesen bei Erich Gutenberg. Bedingung für diese Betrachtungsweise ist, dass der variable Faktor beliebig teilbar ist und dass seine Qualität als konstant betrachtet werden kann. (siehe Abb. 3.2).

Als **Grenzertrag** bezeichnen wir den Ertrag der jeweils letzten, zusätzlich erbrachten Einheit eines Produktionsfaktors. Es handelt sich hierbei um die erste (partielle) Ableitung der Produktionsfunktion nach der jeweiligen Input-Variablen.Übertragen wir das Konzept des Grenzertrags auf die oben beschriebene Ertragsfunktion so lässt sie sich wie folgt darstellen:

1. Die Grenzertragskurve beginnt flach: der zusätzliche Ertrag einer weiteren Einheit Produktionsfaktor ist noch sehr gering nimmt aber stetig zu. Interpretation: Anfangs bringt der geringe Einsatz kaum zusätzlichen Ertrag. Das ändert sich schnell. Der Ertragszuwachs nimmt zu.
2. Es wird eine optimale Kombination der beiden Einsatzfaktoren erreicht. Die Zuwachsrate des Ertrags (Grenzertrag) ist maximal.
3. Das Ertragsmaximum ist erreicht. Mehr kann mit der verwendeten Technologie und der gegebenen Menge des fixen Einsatzfaktors nicht erreicht werden. Eine zusätzliche Einheit kann den Ertrag nicht weiter steigern.

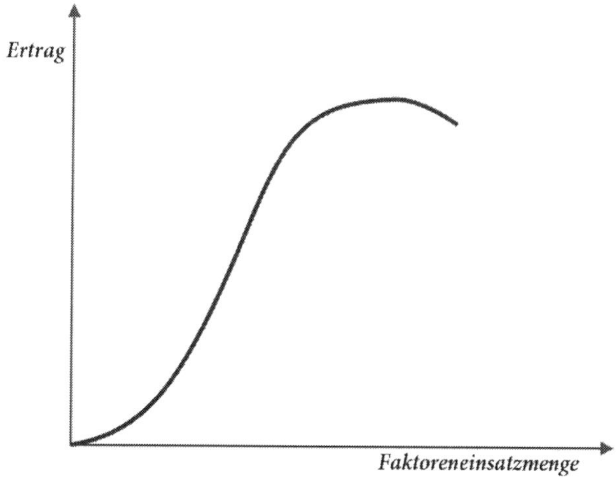

Abb. 3.2 Ertragskurve mit s-förmigem Verlauf bei partieller Faktorvariation

4. Eine zusätzliche Erhöhung des Faktoreinsatzes wirkt kontraproduktiv. Interpretation: Wird z. B. im Rahmen der Feldarbeit Düngemittel ausgebracht, so wirkt dieses ab einer gewissen Konzentration pro Quadratmeter schädlich für die Pflanze und trägt zu deren Absterben bei.

Auch wenn dieses Beispiel aus Sicht des modernen Betriebswirtschaftlers ein wenig archaisch anmutet, so hat es seinerzeit Erich GUTENBERG zur Formulierung **der Produktionsfunktion vom Typ A mit abnehmendem Grenzertrag** motiviert.

Erich GUTENBERG unterteilt die Ertragskurve entsprechend in vier Phasen (siehe Abb. 3.3).

1. Den Übergang von Phase 1 zu Phase 2 markiert der Wendepunkt der Ertragsfunktion. An dieser Stelle besitzt die zweite Ableitung der Funktion eine Nullstelle. Dieser Punkt markiert zugleich die ideale Kombinationsmenge von fixem und variablem Einsatzfaktor. Die Grenzertragsfunktion nimmt ihren Maximalwert an.
2. Am Übergang von Phase 2 zu Phase 3 schneidet die Kurve des Grenzertrags die Durchschnittsertragskurve
3. Das Maximum der Ertragskurve markiert das Ende der Phase 3 und den Beginn der Phase 4. Die Grenzertragsfunktion besitzt hier eine Nullstelle.
4. In Phase 4 fällt die Ertragskurve.

3.1.5 Effizienz – eine Frage der Mischung

Diese funktionale Betrachtungsweise erlaubt uns, Effizienz mit anderen Augen zu betrachten. Die folgenden Beispiele zeigen die Dominanz einer Technologie gegenüber einer anderen. Wie bereits zuvor bemerkt lässt sich Effizienz nur im Vergleich mit mindestens einer

Abb. 3.3 Die vier Phasen der Ertragskurve

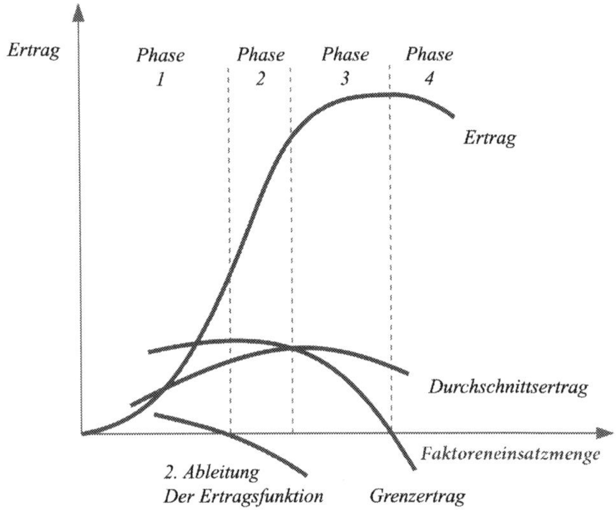

Alternative darstellen. Grundsätzlich lässt sich sagen, dass eine Technologie eine andere hinsichtlich ihres Grades an Effizienz dominiert, wenn mit derselben Menge Input eine größere Menge Output produziert werden kann oder dieselbe Menge Output mit weniger Input hergestellt werden kann. Dies muss aber nicht für jede Menge Input gelten. Man unterscheidet folgende Fälle. Die Abb. 3.4 zeigt, dass die Technologie T_2 die Technologie T_1 in dem gesamten beobachteten Bereich (für Aufwand > 0) dominiert.

Die in Abb. 3.5 dargestellte Konstellation veranschaulicht den Fall, in dem eine Technologie nur partiell eine andere dominiert. In den anderen Bereichen ist die Menge des produzierten Outputs bei beiden Technologien identisch.

Insofern lässt sich innerhalb des beobachteten Bereichs eine Technologie nach dem folgenden Kriterium auswählen:

$$\overline{\overrightarrow{y_{T_1}}} = f_{T_1}(\vec{r} \times \vec{x}) \geq \overline{\overrightarrow{y_{T_2}}} = f_{T_2}(\vec{r} \times \vec{x})$$

Abb. 3.6 zeigt einen Fall, in dem es ggf. sinnvoll sein kann, zwei Technologien miteinander zu kombinieren. Bis zu dem Punkt A_0 gilt:

$$\overline{\overrightarrow{y_{T_1}}} = f_{T_1}(\vec{r} \times \vec{x}) \geq \overline{\overrightarrow{y_{T_2}}} = f_{T_2}(\vec{r} \times \vec{x}), \qquad \vec{x} = (x_1, \dots, x_{i-1}, x_i \leq A_{0,}\, x_{i+1}, \dots, x_n)$$

Danach gilt:

$$\overline{\overrightarrow{y_{T_1}}} = f_{T_1}(\vec{r} \times \vec{x}) < \overline{\overrightarrow{y_{T_2}}} = f_{T_2}(\vec{r} \times \vec{x}), \qquad \vec{x} = (x_1, \dots, x_{i-1}, x_i > A_{0,}\, x_{i+1}, \dots, x_n)$$

Abb. 3.4 Totale Dominanz

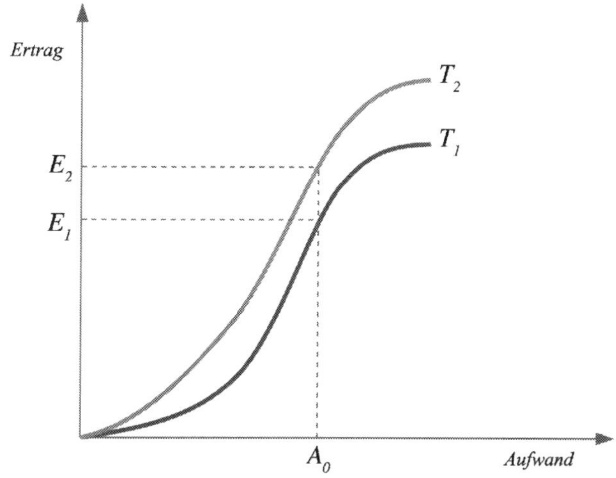

Abb. 3.5 Partielle Dominanz

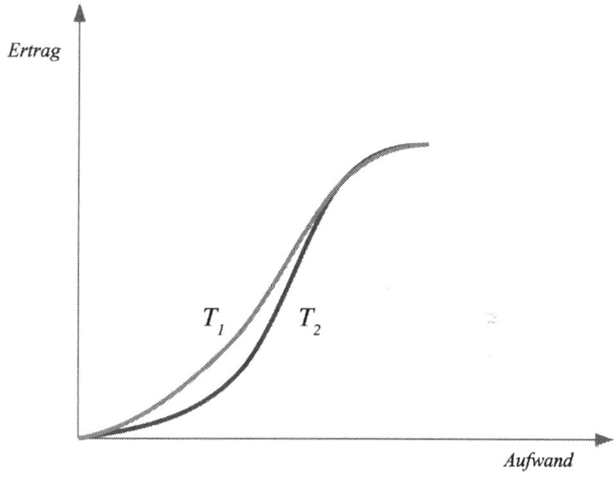

Sofern möglich, ist es für die Gesamtbetrachtung effizient, wenn man beide Technologien wechselweise einsetzt, je nachdem ob der gewünschte Ertrag oberhalb oder unterhalb von E_0 liegt.

3.2 Der Vertrieb als Wertschöpfungsprozess

Wie in Abschn. 3.1.1 ausgeführt, handelt es sich bei einem Produktionsprozess um die **Transformation von Stoffen, Leistungen, Kapital oder Informationen**. Dazu bedarf es einer geeigneten Technologie, um die verfügbaren Ausgangsprodukte (Input) in das gewünschte Endprodukt (Output) zu überführen.

Abb. 3.6 Wechselseitige Dominanz

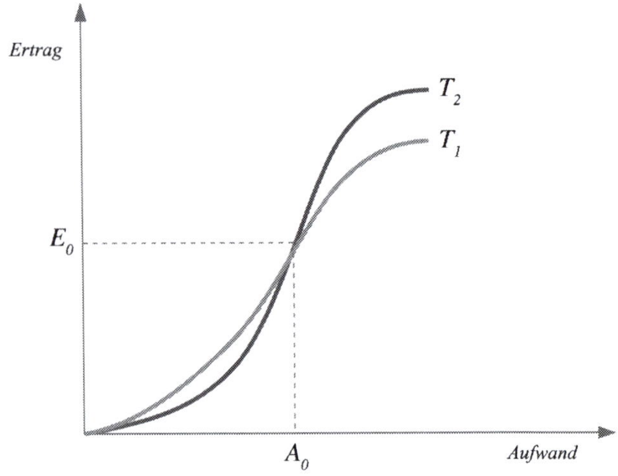

Im Folgenden wird dargelegt, inwieweit sich die technische Sicht eines Produktionsprozesses auf unser Verständnis vom Vertrieb übertragen lässt. Sobald dieser Schritt vollzogen ist, lassen sich die beschriebenen Effizienzkriterien auf die Prozesse im Vertrieb übertragen.

3.2.1 Der Input - Die Zutaten für einen erfolgreichen Vertrieb

Ohne Engagement und Fantasie geht es im Vertrieb nicht. Außerdem bedarf es viel Einfühlungsvermögen, Markt- und Sachkenntnis, Enthusiasmus, Durchhaltvermögen, Geschick im Umgang mit Menschen und vieles mehr. Diese Liste ließe sich noch beliebig fortsetzen. Unglücklicherweise ist die Intensität der Ausprägung dieser Fähigkeiten und Merkmale kaum quantifizierbar. Es handelt sich bestenfalls um ordinal skalierte Größen im Sinne von: die Einsatzbereitschaft von Person A wird höher eingeschätzt als die von Person B.

Für unsere Betrachtung sind wir jedoch auf quantifizierbare, kardinal skalierte Größen angewiesen. Als universelle Messgrößen bieten sich an: Geld und Zeit. In der Regel besteht auch ein fixes Verhältnis zwischen Geld und Zeit (z. B. in Form des Stundenlohns). Daher könnte man auch Zeit durch Geld substituieren. Tatsächlich lassen sich auch andere Faktoren durch Geld und Zeit ersetzen. Marktkenntnis kann man bei gewerblichen Konsumforschern einkaufen, fehlende Erfahrung kann man durch einen erhöhten Zeitaufwand kompensieren und Werbeagenturen bieten Kreativität auf Honorarbasis. Für den Rest gibt es freiberufliche Trainer und Berater.

Es besteht grundsätzlich die Möglichkeit, sich im laufenden Prozess zu qualifizieren. Dies entspricht dem Gedanken des Training-on-the-Job. In der Regel kann man jedoch erst nach Abschluss eines Lernprozesses davon profitieren. Aus diesem Grund nehmen wir die oben genannten weichen Erfolgsfaktoren (z. B. Verhandlungsgeschick oder Empathie), die sich ohnehin einer unmittelbaren Beurteilung entziehen, als unveränderlich im Verlauf eines Akquisitionsprozesses an. Als variabel ist der Einsatz von Geld bzw. Zeit zu betrachten.

3.2.2 Die Technologie - Der Vertrieb als angewandte Technik

Eine Technologie beschreibt ein dokumentierbares, reproduzierbares Verfahren. Wie kann ein solches Verfahren im Vertrieb aussehen? Zur Vermarktung seiner Produkte und Dienstleistungen entscheidet sich ein Unternehmen in der Regel für einen oder mehrere Vertriebswege. Jeder einzelne Vertriebsweg stellt in diesem Sinne eine eigene Technologie dar. Die Wahl und die Ausgestaltung der Technologie ist Sache des Marketings. Stellvertretend werden hier drei verschiedene „**Vertriebstechnologien**" vorgestellt.

Die Vertriebstechnik des **Einzelhandels** besteht darin, in seinen Räumen die Waren der interessierten Öffentlichkeit zu präsentieren und zugänglich zu machen. Das Vertriebspersonal stellt seine Arbeitszeit zur Verfügung, um die Bedarfslage des Kunden zu eruieren und über die Vorzüge und den Nutzen der Produkte zu informieren (zumindest in der Theorie).

Bei dem **Großhandel** steht – aus technischer Sicht - die Allokationsfunktion im Vordergrund. Der Vertrieb hat hier im Wesentlichen neben der Beratung die Funktion, die Produkte, die direkt beim Hersteller in großen Losgrößen bezogen werden, in den Gebinden verfügbar zu machen, die vom Verwender gewünscht werden.

Ein Hersteller von Anlagentechnik oder Spezialmaschinen entsendet **Vertriebsingenieure** in den Markt. Diese nehmen die Anfragen der Kunden entgegen und erarbeiten auf dieser Basis ein technisches Konzept, das in einem nachfolgenden Angebot beschrieben und mit einem Angebotspreis versehen wird.

Dieser kurze Auszug aus der Vielzahl unterschiedlicher Vertriebswege macht offensichtlich, dass ihnen allen eines gemeinsam ist: Die möglichst effiziente Kombination von Geld und Zeit zur Generierung von Umsatz, Deckungsbeitrag, Kundenzufriedenheit, Marktanteilen etc. Sie sind für die praktisch unbegrenzte Wiederholbarkeit konzipiert. Sie lassen sich beschreiben und aufgrund dieser Dokumentation durch einen unbeteiligten Dritten nachvollziehen und reproduzieren. Damit erfüllen die hier exemplarisch dargestellten Vertriebswege die Anforderungen, die von der Definition einer Technologie ausgehen.

3.2.3 Der Output – Das Ergebnis des Vertriebsprozesses?

Am Übergang von Empirie zur Theorie ist eine Reihe von Grundannahmen zu treffen. Bisher sind wir davon ausgegangen, dass die betrachtete Funktion stetig und differenzierbar ist. Dies ist insofern nachvollziehbar, als dass zumindest der Produktionsfaktor „Zeit" als eine denkbare unabhängige Variable beliebig teilbar ist. Hingegen verfügt die Variable

„Geld“ über eine kleinste Einheit. Lässt man hingegen auch Bruchteile dieser kleinsten Einheit zu, widerspricht dies nicht mehr der **notwendigen Bedingung für stetige Differenzierbarkeit**. Hinzu kommt die Notwendigkeit, dass auch der Funktionswert „Ertrag“ zu jeder beliebigen Kombination von Inputfaktoren definiert ist.

Diese mathematische Interpretation des Begriffs „Ertrag“ als Funktionswert der Produktionsfunktion bedarf eines betriebswirtschaftlichen Pendants. Inwiefern ist diese modellhafte Vorstellung von „Ertrag“ übertragbar auf den Vertriebsprozess?

Betrachtet man den Akquisitionsprozess als einen in sich geschlossenen Vorgang, so liegt das unmittelbare Ergebnis lediglich in zwei Ausprägungen vor: Erfolg bzw. Misserfolg. Daher kann der von uns verwandte Begriff „Ertrag“ kein Synonym für „Erfolg“ sein.

Dennoch stehen diese beiden Begriffe in einem bestimmten kausalen Zusammenhang. Es folgt aus einer „gewissen Menge Ertrag“ das Ereignis „Erfolg“.

3.2.4 Der Nutzen – Der wirkliche Gradmesser für Erfolg

An dieser Stelle wird auf ein traditionelles Bild der Betriebswirtschaftslehre zurückgegriffen. Es geht darum, jedem Gut und jeder Dienstleistung einen gewissen **Nutzen** beizumessen. Die Bestimmung dieses Nutzens geht auf das individuelle Nutzenempfinden eines Wirtschaftssubjektes zurück und bemisst sich an seiner Fähigkeit zur Befriedigung eines vorhandenen Bedürfnisses. Der Nutzwert eines Glases Wasser wird vom Verdurstenden in der Wüste anders beurteilt als vom Ertrinkenden im Meer.

In der Tat beurteilt der homo oeconomicus jedes Angebot nach seinem Nutzwert. Niemand möchte einen Herzschrittmacher erwerben, es sei denn, das Gerät sichert den eigenen Fortbestand. Dabei berücksichtigt der Nutzwert auch deutlich profanere Aspekte wie Wirtschaftlichkeit, Image, Haltbarkeit, Wertbeständigkeit, persönlichen Geschmack etc.

3.2.4.1 Der rationale Umgang mit dem Irrationalen

Viele Produkte offenbaren ihren Nutzwert erst nach deren Erwerb oder sogar nie: z. B. eine Risikolebensversicherung, eine Grippeschutzimpfung oder ein Airbag im Auto. Dennoch wird deren Nutzwert zum Gegenstand einer rationalen Nutzenabwägung.

Niemand möchte sich gern vor Kauf eines Fahrzeugs persönlich von der Wirkungsweise eines Seitenairbags überzeugen. Dennoch machen wir von seinem Vorhandensein ggf. unsere Kaufentscheidung abhängig. Daher bedienen wir uns anderer Quellen, um unseren Informationsbedarf zu decken. Die Hersteller von Fahrzeugen mit Seitenairbag liefern uns Testergebnisse, Erfahrungsberichte, Prüf- und Gütesiegel. Die Branche der Fachmagazinverlage leitet daraus ihre Daseinsberechtigung ab.

Nicht zuletzt ist es Aufgabe eines Vertrieblers, den Nutzen eines Gutes glaubhaft darlegen zu können. Je größer das Vertrauen, das wir seiner Person und seinen Äußerungen beimessen, umso geringer ist das Unbehagen, das die Tatsache auslöst, dass am Ende eines Entscheidungsprozesses meist eine gewisse Rest-Unsicherheit verbleibt. Der Beseitigung bzw. der Verringerung von Unbehagen wird naturgemäß ein großer Nutzen beigemessen.

3.2.4.2 Vertrieb und Produkt verschmelzen zu Nutzen

Die Werbung hat es längst erkannt. Die Vermarktung eines Produktes oder einer Dienstleistung bedarf des Vertrauens der Kunden. Testemonials, Facebook-Follower oder das freundliche Gesicht in der Fernsehwerbung sollen bei uns die notwendige Sicherheit erzeugen.

Im Vertrieb, wo der persönliche Kontakt der entscheidende Erfolgsfaktor ist, kommt es von Anfang an darauf an, dem Interessenten ein Gefühl der Sicherheit zu vermitteln. Sicherheit ist die Gewissheit, dass das verhandelte Gut die versprochenen Eigenschaften tatsächlich besitzt und damit in der Lage ist, den erwarteten Nutzen zu stiften.

Für den Interessenten verschmilzt somit der Nutzen, den der Vertriebsprozess stiftet, mit dem erwarteten Nutzen des Kaufobjektes. Dieser Nutzen kann sich z. B. im Einzelhandel in einer angenehmen Verkaufsatmosphäre manifestieren, wenn Einkaufen zum „Erlebnis" wird. Sofern diese Angebotssituation widerspruchsfrei erscheint, übertragen sich die positiven Empfindungen auf die Beurteilung der angebotenen Güter.

Aus der Sicht des Vertrieblers bedeutet dies, dass es seine Aufgabe ist, dem Interessenten ab Beginn des Akquisitionsprozesses Nutzen zu stiften. Der Berufsstand der Makler hat die Generierung dieser Art von Nutzen zum Geschäftsmodell gemacht. Ein Immobilienmakler erhält seine Courtage in der Regel im Erfolgsfall nach getaner Vermittlungstätigkeit. Neben der Zusammenführung von Angebot und Nachfrage liegt der Wert seiner Bemühungen in der Herbeiführung von Sicherheit und Reduzierung von Unbehagen auf Seiten der angehenden Vertragspartner.

3.2.4.3 Nutzen ist der wahre Ertrag

Die Erkenntnis aus dem vorangegangenen Abschnitt ist so einfach wie elementar: **Der Vertriebsprozess soll dem Interessenten einen Nutzen stiften.** Zu häufig scheint dieser Leitgedanken in Vergessenheit geraten zu sein oder niemals wirklich gelebt worden zu sein. Überall, wo man sich an diesen Gedanken erinnert, ist sogar vorstellbar, dass Vertrieb **Spaß** bereitet, sowohl dem Vertriebler als auch dem Interessenten.

Wenn noch der Begriff „Nutzen" ein wenig abstrakt erscheint, so wissen wir zumindest, dass sich Spaß auf einer sehr weiten Skala verorten lässt. Auch die Ausprägung des Merkmals Sicherheit bietet viele Abstufungen zwischen ungewiss und absolut sicher.

Wir haben mit dieser Interpretation des Nutzenbegriffs eine Vorstellung geschaffen, die es uns erlaubt, davon ausgehen zu können, dass die abhängige Variable „Nutzen" unserer Produktionsfunktion des Vertriebs zumindest den Bedingungen eines stetigen Verlaufs genügt. Dies ist die zweite Voraussetzung für die Anwendbarkeit unserer Funktionsgleichung.

Unglücklicherweise entscheidet nicht der Vertriebler über den empfundenen Nutzen einer Maßnahme. Es ist einzig und allein dem Interessenten überlassen, darüber zu befinden, ob eine Maßnahme des Vertrieblers einen Beitrag zur Reduzierung seiner Unsicherheit leistet oder nicht. An dieser Stelle ist die Empathie des Vertrieblers gefragt.

Bei gewerblichen Beschaffungsprozessen werden üblicherweise Belege gefordert, **um bestehende Unsicherheiten weitgehend zu eliminieren**. Dazu zählen vertragliche

Regelungen, Pflichten- bzw. Lastenhefte, Referenzen, Gewährleistungsbürgschaften oder Probestellungen. Private Konsumenten werden zudem durch die gesetzlichen Normen des Verbraucherschutzes vor negativen Folgen, die aus einer Konsumentscheidung resultieren, bewahrt. Diese entfalten ihre Wirkung jedoch erst nach Umsetzung einer Kaufentscheidung. Ist der Vertriebler nicht im Vorfeld der Entscheidung in der Lage, für das notwendige Sicherheitsempfinden zu sorgen, wird es kaum zu einem Vertragsabschluss kommen.

Problematisch ist die Quantifizierung von Sicherheit oder Nutzen im Sinne einer kardinalen Skalierung. Daniel BERNOULLI hat diese beiden Größen in dem von ihm formulierten Konzept des Erwartungsnutzens zusammengefasst. Der **Erwartungsnutzen** stellt sich dar als die Summe der erwarteten Nutzwerte möglicher Umweltzustände z_i. Die folgende Darstellungsweise geht auf diese Überlegungen, die bereits aus dem 18. Jahrhundert stammen, zurück.

$$E\big(u(z)\big) = \sum_i p_i \cdot u(z_i), \quad z = \sum_i z_i$$

John von NEUMANN und Oskar MORGERNSTERN Verfasser von „The Theory of Games and Economic Behavior", einem grundlegenden Werk der Spieltheorie, haben Entscheidungsprozesse als Lotterien dargestellt und damit den Grundstein für die Spieltheorie gelegt, die uns später noch begegnen wird. Dabei wird unterstellt, dass ein Entscheidungsträger grundsätzlich bemüht ist, seinen Erwartungsnutzen zu maximieren. Ein solches Verhalten wird allgemein als **rational** betrachtet.

$$E\big(u(z)\big) \rightarrow Max!$$

Ohne näher auf die individuelle Nutzenfunktion einzugehen, lässt sich erkennen, dass der Erwartungsnutzen steigt, wenn die angenommene Wahrscheinlichkeit p_i für das Eintreten eines gewissen Umweltzustands steigt.

In diesem Sinne hat der Vertriebler in zweierlei Hinsicht die Möglichkeit, Einfluss auf das Erwartungsnutzenniveau des Entscheiders zu nehmen. Er kann zum einen den Nutzwert eines Gutes dadurch erhöhen, indem er es so präsentiert, dass es in idealer Weise zu den Bedürfnissen des Interessenten passt, zum anderen kann er die wahrgenommene Sicherheit erhöhen bzw. die verbliebene Unsicherheit vermindern, unter der die Entscheidung getroffen wird.

3.2.4.4 Ab einem bestimmten Niveau führt Nutzen zwangsläufig zum Erfolg

Der Vertrieb muss sich als **Dienstleister am Kunden** verstehen. Es ist seine Aufgabe, dem Kunden bei der Entscheidungsfindung zu unterstützen.

Wann findet eine (Kauf-)Entscheidung statt? Wann hat der Erwartungsnutzen das notwendige Niveau erreicht? Das Erwartungsnutzenniveau ist nur unzureichend messbar.

Daher werden wir die Forderung nach einer kardinalen Skalierbarkeit an dieser Stelle aufgeben und ein Konzept auswählen, bei dem eine ordinale Skalierung ausreicht.

Eine Kaufentscheidung ist nicht ausschließlich mit positiven Konsequenzen verbunden. Das Wesen des Kaufens beinhaltet zugleich immer auch **die Erbringung einer Gegenleistung** (Malus von lateinisch malus = schlecht, Gegenteil von Bonus, steht ökonomisch für einen negativen Reiz/Anreiz.). Üblicherweise bezeichnet man diese Gegenleistung als den Preis. Ist man zur Erbringung dieser Gegenleistung bereit, kommt ein Handel zustande. Aus der Sicht des Verkäufers stellt eben diese Gegenleistung den Anreiz dar, ein Gut zu veräußern. Offensichtlich wird der Erwartungsnutzen dieser Gegenleistung vom Verkäufer höher eingeschätzt, als der Nutzen, der von dem angebotenen Gut ausgeht. Ein Schuhverkäufer verfügt über so viele Schuhe, dass er sich leicht von einem Paar gegen Zahlung des verlangten Preises trennen kann.

Andererseits kann der Käufer den Wert der Gegenleistung sehr wohl ermessen. Der Preis, den er für die Erlangung eines Gutes zu bezahlen hat, stellt für ihn einen konkreten Wert da.

Führt man diese beiden Seiten formalistisch zueinander, ergibt sich folgendes Bild. Ein Handel kommt zustande, wenn gilt:

$$\sum_j 1 \cdot u(z_j^G) < \sum_i p_i \cdot u(z_i^L),$$

$$z^G: \textit{Eigenschaften der Gegenleistung},\ z^L: \textit{Eigenschaften des angebotenen Gutes}$$

Die Relation besagt, dass der Kauf eines Fernsehers für maximal 500 Euro erwartet werden kann, sofern der Nutzen, der von der Tatsache ausgeht, dass man beispielsweise 500 Euro in der Tasche hat, geringer ist als der Erwartungsnutzen, der von einem neuen Fernseher ausgeht. Aus der Sicht des Käufers geht von dem Geldbetrag der konkrete Nutzen $u(z^G = \text{Ich verfüge über 500 Euro})$ aus. Der Nutzen, den der neue Fernseher dem Erwerber stiftet $\sum_i u(z_i^L)$, setzt sich aus mehreren Komponenten zusammen. Eine Zusammenstellung findet sich z. B. bei Wilhelm VERSHOFEN als einem Vertreter der **Nürnberger Schule**.

Die Leistung des Vertrieblers besteht somit darin, den Erwartungsnutzen des Interessenten auf ein Niveau zu bringen, das über dem liegt, das von der – aus der Sicht des Interessenten – Gegenleistung ausgeht. Das kann auch dadurch erreicht werden, dass man den Angebotspreis ermäßigt, da offensichtlich gilt[2]:

$$u(z^G = \text{Ich verfüge über 500 Euro}) < u(z^G = \text{Ich verfüge über 600 Euro})$$

Wir gehen davon aus, dass der empfundene **Malus** (Nutzwert der zu erbringenden Gegenleistung) des Interessenten von den Vertriebsbemühungen unabhängig ist, was

2 Dieser Tatbestand gilt aus ökonomischer Sicht für alle „normalen" Güter.

impliziert, dass er sich im Prozessverlauf nicht verändert. Trägt man den Malus als Parallele zur Abszisse in die Ertragsfunktion ein, wirkt diese wie eine Schwelle und es lassen sich zwei Fälle unterscheiden (siehe Abb. 3.7).

Fall 1) Der gestiftete Nutzen (Ertrag) übersteigt den Malus. In diesem Fall wird üblicherweise im Prozessverlauf eine einvernehmliche Lösung gefunden.

Fall 2) Der gestiftete Nutzen (Ertrag) erreicht nicht das Niveau des Malus. In diesem Fall wird es nicht ohne weiteres zu einem Vertragsabschluss kommen.

Der Fall 2) stellt den Vertriebler V vor ein Problem. Lässt sich der empfundene Nutzen des Interessenten nicht mehr erhöhen, kann er versuchen, den Malus zu senken. Dies geschieht in der Regel durch die Gewährung von Rabatten oder Sonderkonditionen.

Ein Sonderfall ist das sogenannte **Overselling**. Dies beschreibt den Fall, dass der Vertriebler den idealen Zeitpunkt für einen möglichen Abschluss verpasst hat. Er setzt seine Vertriebsaktivitäten fort und bemerkt nicht, dass er sich bereits wieder von einem Abschlussszenario entfernt (siehe Abb. 3.8). Das kann beispielsweise dadurch entstehen, dass der Vertriebler aufgrund seiner anhaltenden Überzeugungsarbeit für eine erneute Verunsicherung auf Seiten des Interessenten sorgt.

3.2.4.5 Das Phasenmodell im Akquisitionsprozess

In der Abb. **3.7** wird der Verlauf des Erwartungsnutzens dargestellt analog zu der in Abschn. 3.1.4 eingeführten Ertragskurve. Wie lässt sich diese Annahme begründen?

In der Literatur, die sich mit der Struktur von Verkaufsgesprächen befasst, wird durchgängig von einem **Phasenmodell** ausgegangen, vgl. hierzu Hundsnurscher/Franke, (1985).

In Anlehnung an diverse Modelle aus dem Bereich der praxisorientierten Verkäuferschulungen soll von folgender **Phaseneinteilung** ausgegangen werden, die sich anhand empirischer Befunde leicht bestätigen lässt:

1. Eröffnungs- oder Kontaktphase
2. Bedarfsermittlungsphase
3. Konkretisierungsphase
4. Abschlussphase

Dieses Modell ist in ähnlicher Form bekannt als das AIDA-Modell von Elmo LEWIS und bildet sich als Akronym aus den Begriffen „**A**ttention", „**I**nterest", „**D**esire" und „**A**ction". Die Annahme, dass sich Verkaufsgespräche in dieser oder ähnlicher Weise in Phasen einteilen lassen, ist weitgehend universell und unabhängig vom kulturellen Umfeld. Die konkrete Ausgestaltung und auch der zeitliche Anteil der einzelnen Prozess-Schritte am Gesamtprozess unterliegen dabei der jeweiligen soziokulturellen Prägung der Gesprächspartner.

Ferner ist dieses Modell nicht an ein konkretes Gesprächsformat gebunden. Es kann sich dabei um einen zeitlich eng begrenzten Dialog, ggf. in einem Einzelhandelsgeschäft,

Abb. 3.7 Entwicklung des Erwartungsnutzenniveaus

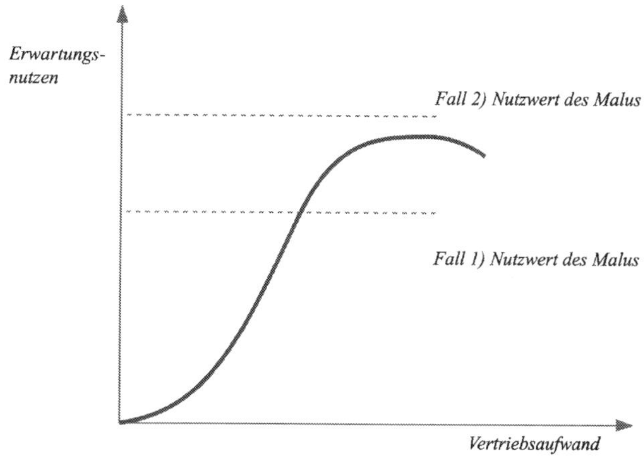

Abb. 3.8 Fall des Overselling

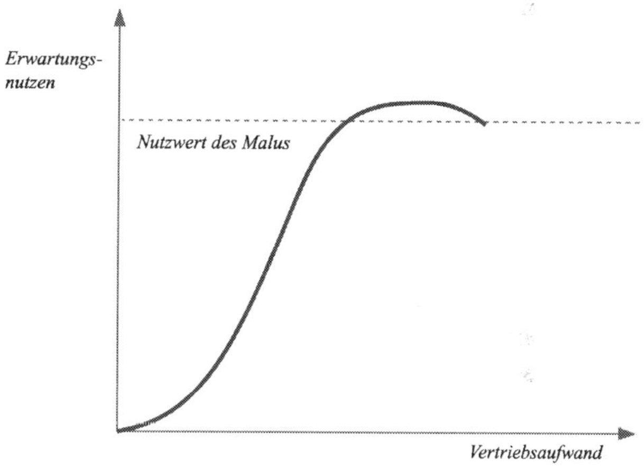

handeln oder es kann die lose Abfolge von Einzelkontakten sein, die sich während eines Akquisitionsprozesses über einen längeren Zeitraum hinweg ergeben.

In der folgenden Tab. 3.1 wird die bereits thematisierte Phase des „Overselling" hinzugefügt. Da diese nicht zum planmäßigen Verlauf eines Verkaufsgesprächs gehören sollte, fehlt sie verständlicher in der Schulungsliteratur.

Daraus resultiert folgender Verlauf der Erwartungsnutzenkurve im Phasenverlauf (siehe Abb. 3.9)

Konkretisieren wir diese Schritte am Beispiel eines Akquisitionsprozesses. Akteure sind der Interessent (I) und der Vertriebler (V).

Phase 1) Der Akquisitionsprozesse beginnt. Ggf. handelt es sich um einen Erstkontakt zwischen I und V. Es folgt die Festlegung der Gesprächsebene. Diese Phase ist im Wesentlichen vom gegenseitigen Kennenlernen geprägt. Das Unterbewusstsein spielt eine wichtige Rolle. Die Initiative für die Gesprächsführung ist in dieser Phase nicht spezifiziert. Der

Erwartungsnutzen von I erhöht sich. I kann möglicherweise schon jetzt abschätzen, ob V grundsätzlich in der Lage ist, den erwarteten Nutzen zu stiften.

Phase 2) Die Gesprächsinhalte werden versachlicht. Die Formulierung von Fragen und deren Beantwortung sollen I und V Klarheit über die Bedarfslage bzw. das Angebot verschaffen. Dabei kommen der Fachkompetenz und der Erfahrung der Gesprächspartner große Bedeutung zu. Die Initiative in der Gesprächsführung ist ggf. gleichverteilt. I erhält die Gelegenheit, seine Bedarfslage zu erläutern. Die Konkretisierung der Gesprächsinhalte sorgt für zusätzliche Klarheit und Sicherheit. Die Erwartungsnutzenkurve steigt steil an.

Phase 3) Als Ergebnis der bisherigen Prozessschritte erfolgt ein erstes Angebot von V an I. Dieses formuliert V auf Grundlage seiner Erfahrung und seiner Sachkenntnis, sowie anhand der Erkenntnisse, die er über die Bedarfslage von I erlangt hat. Zudem lässt er seine eigene vertriebliche Intention einfließen. Die Initiative für die Gesprächsführung sollte bei V liegen. I muss versuchen zu erkennen, ob das formulierte Angebot zu seiner Bedarfssituation passt, ggf. müssen weitere Klärungen erfolgen. I befasst sich nunmehr mit Vs Interpretation der Situation. Bei seinem Kalkül wird er auch berücksichtigen, dass V in dem Angebot auch seine eigenen Interessen berücksichtigt hat. Insgesamt schwächt sich dadurch der Anstieg seiner Erwartungsnutzenkurve ab.[3]

Phase 4) Jetzt geht es um die Herbeiführung einer Entscheidung. Sofern alle Parameter einer möglichen Übereinkunft einvernehmlich geregelt sind, sollte es zu einem Vertragsabschluss kommen. I wird spätestens jetzt mit der Forderung von V nach Erbringung einer konkreten Gegenleistung konfrontiert. I wägt auf Basis der Nutzenbetrachtung ab, ob sich ein Handel für ihn als günstig erweist. Dazu bestimmt I seinen **Nettonutzen** als Differenz aus Erwartungsnutzen und Malus. Die Erwartungsnutzenkurve verläuft in diesem Bereich fast horizontal.

Phase 5) Wenn man davon ausgehen kann, dass in Phase 4) bereits alle relevanten Punkte geklärt wurden und dennoch keine positive Entscheidung des Interessenten erfolgt ist, besteht die Gefahr, dass weitere Informationen oder das Infragestellen bereits verhandelter Positionen zu einer Verunsicherung von I führen. Dadurch sinkt dessen Erwartungsnutzen. Das Ausbleiben einer positiven Entscheidung ist häufig - aber nicht immer - mit einer negativen Entscheidung gleichzusetzen. Hat der Interessent eine negative Entscheidung getroffen, liegt auch kein weiterer Informationsbedarf des Interessenten vor. Ein darüber hinaus gehendes Informationsangebot des Vertrieblers kann dann sogar als unangemessen empfunden werden. Hier besteht die Gefahr des **Overselling**.

---

[3] George A. AKERLOF (1970) hat in einem Aufsatz mit dem Titel „The Market for „Lemons“: Quality Uncertainty and the Market Mechanism” auf die Möglichkeiten des Marktversagens im Fall von **Informationsasymmetrie** und daraus resultierender Unsicherheit hingewiesen.

Abb. 3.9 Verlauf der Erwartungsnutzenkurve im Phasenverlauf

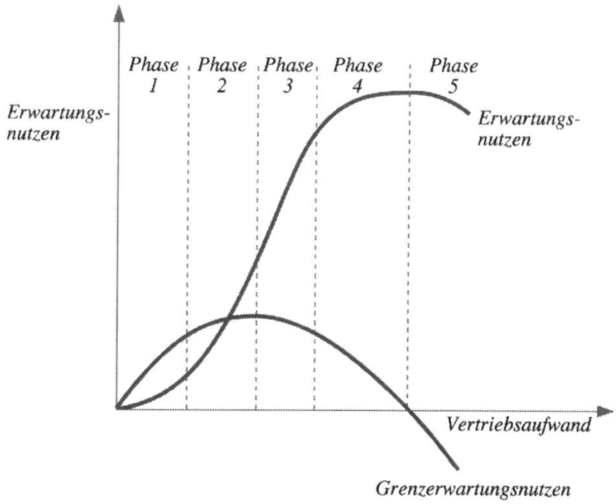

Tab. 3.1 Entwicklung des Erwartungsnutzens im Verlauf der Gesprächsphasen

Phase	Prozess-Schritt	Erwartungsnutzen	Grenzerwartungsnutzen
1	Eröffnung	Steigt leicht an	gering
2	Ermittlung der Bedarfssituation	Steigt stark an	steigt
3	Konkretisierung einer Lösung	Steigung nimmt ab	fällt
4	Herbeiführung einer Übereinkunft	Verläuft am Ende flach	positiv, nahe null
5	Overselling	Fällt	negativ

Der Vertriebler muss daher zwischen folgenden Situationen differenzieren: a) Eine Entscheidung ist tatsächlich noch nicht gefallen, b) eine negative Entscheidung ist gefallen aber noch nicht verkündet oder c) das Zögern ist Teil einer Verhandlungsstrategie und soll den Vertriebler zu weiteren Zugeständnissen bewegen. Tipp: In solchen Fällen sollte der Vertriebler auf die Zufuhr weiterer Informationen verzichten und durch gezielte Fragen zum Entscheidungsprozess für Klarheit sorgen.

In Abb. 3.10 sind die fünf Phasen nochmals als Flussdiagramm dargestellt. Es zeigt zudem die Verzweigungspunkte, an denen sich entscheidet, ob ein Vertriebsprozess überhaupt die jeweils nächste Phase durchläuft oder ob er vorzeitig beendet wird. Dies wäre der Fall, wenn I oder V während des Prozesses erkennen, dass ihre Interessen nicht mehr oder nicht ausreichend befriedigt werden können.

3.2.4.6 Besonderheiten des gewerblichen Beschaffungsprozesses

Vielfach fällt der **Beschaffungsprozess** in Unternehmen in den Kompetenzbereich der Einkaufsabteilung. In diesem Fall hat der Vertriebler **zwei Ansprechpartner**. Das sind zum einen der Kompetenzträger für die Beurteilung der technischen Aspekte und zum anderen ein Mitarbeiter mit einem kaufmännischen Background und der notwendigen Entscheidungskompetenz.

Daher muss der Vertriebler auf dem Wege zu einem Auftrag den Informations- und Sicherheitsbedarf beider Gesprächspartner befriedigen und beiden einen Nutzen stiften, der über deren Malus-Niveau hinausgeht. Naturgemäß verfolgen jedoch beide Firmenvertreter unterschiedliche, zum Teil auch **gegenläufige Interessen**.

Folgendes Beispiel zeigt das Dilemma, dem ein Vertriebler ausgesetzt ist: Der Leiter der Fertigung plant die Beschaffung einer neuen Werkzeugmaschine. Es stehen zwei Fabrikate zur Auswahl. Ein Hersteller bietet eine vollautomatische Bedienung, während das Wettbewerbsprodukt günstiger ist, jedoch mehr manuelle Handhabungen erfordert. Der Vertriebler des Herstellers der höherwertigen Werkzeugmaschine kann die Wünsche des Fertigungsleiters nach kürzen Rüstzeiten erfüllen. Der Vertriebler, der die Maschine mit den niedrigeren Anschaffungskosten anbietet, findet leichter die Zustimmung des Einkäufers.

Für unsere – zunächst theoretische - Betrachtung ist die Einsicht maßgeblich, dass es sich hierbei tatsächlich um **zwei getrennte Akquisitionsprozesse** handelt. Es müssen beide Hürden genommen werden, um einen Vertriebserfolg herbeizuführen.

Im **ersten** Prozess muss der Vertriebler den Fertigungsleiter von den technischen Vorzügen seines Produktes überzeugen. Gelingt ihm dies, geht er mit der Empfehlung des Fertigungsleiters im Gepäck in das Gespräch mit dem Einkäufer und eröffnet den **zweiten** Akquisitionsprozess. Er beginnt mit Phase 1), in der er für sich und das von ihm vertretene Unternehmen wirbt. Auf diese Weise kommt er dem Informationsbedürfnis des Einkäufers nach und vermittelt ihm die notwendige Sicherheit, der es bedarf, damit er auch im Nachhinein die Entscheidung gegenüber seinen Vorgesetzen rechtfertigen kann. In der Phase 2) erhält der Einkäufer die Gelegenheit, die Bedingungen darzulegen, unter denen er einem Vertragsabschluss zustimmen könnte. In Phase 3) werden die Konditionen konkretisiert, die in Phase 4) vertraglich fixiert werden können.

Es wird jedoch offensichtlich, dass es grundsätzlich schwierig ist, den empfundenen Malus einer Person durch den empfundenen Bonus einer anderen zu kompensieren. Dies gilt selbst dann, wenn beide Personen derselben Organisation angehören und eigentlich dieselben Interessen verfolgen sollten. Da der Nutzen ausschließlich auf dem **subjektiven Empfinden** einer Person beruht, gibt es keinen vereinheitlichten **Unternehmensnutzen**. Jeder Mitarbeiter hat eine individuelle Vorstellung davon, welcher Nutzen sich aus einer bestimmten Entscheidung für das Unternehmen ergibt.

Ähnliches gilt für die Beurteilung zweier konkurrierender Angebote. Wie bereits gezeigt betrachten wir den Nutzen als ein ordinal skaliertes Merkmal. Daher ist für den Interessenten eine Abwägung, welches Angebot das „attraktivere" ist, nicht einfach. I hat hierzu z. B. die Möglichkeit, den jeweiligen Nettonutzen der vorliegenden Angebote einander

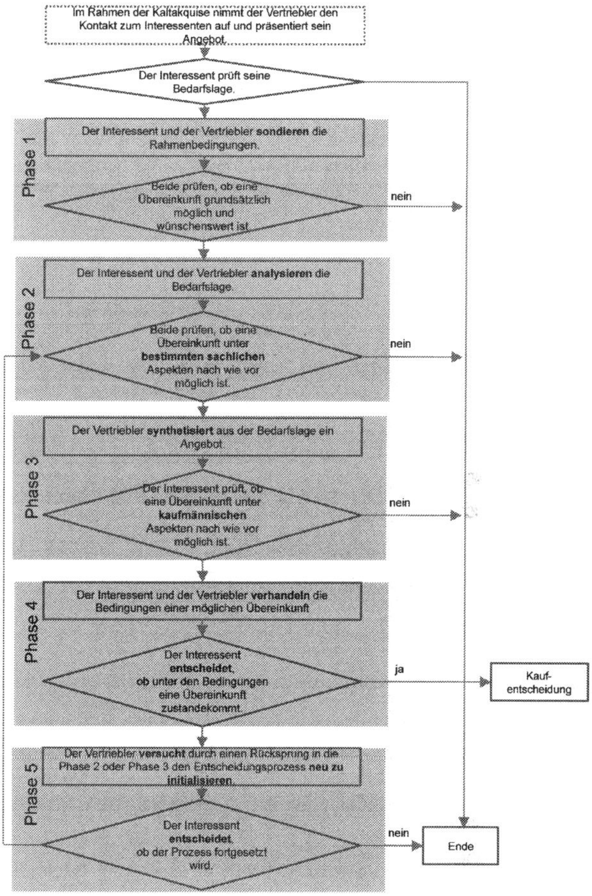

Abb. 3.10 Vertriebsprozess als Flussdiagramm

gegenüberzustellen, um sich dann im paarweisen Ausschlussverfahren für das vermeintlich beste Angebot zu entscheiden.

Sind zwei Personen auf Seiten des Interessenten an dem Entscheidungsprozess beteiligt, kann man ein höheres Erwartungsnutzenniveau aus der Sicht des einen Entscheiders nicht mit dem niedrigeren Nutzenniveau des anderen „saldieren". Zur Erzielung eines Vertriebserfolges bzw. um sich im Wettbewerb durchzusetzen, muss der gestiftete Erwartungsnutzen eines Anbieters aus Sicht **aller Entscheider** alle übrigen Konkurrenzangebote dominieren.

3.2.5 Keine Entscheidung ohne Information

Eine Entscheidung steht am Ende eines **informationsverarbeitenden Prozesses**. Dabei ist die Information der Rohstoff, aus dem die Sicherheit entsteht, die für eine bestimmte Entscheidung notwendig ist. In der Regel wird der Zufluss neuer Informationen gestoppt, sobald ein **empfundenes Sicherheitsniveau** erreicht wurde, von dem aus eine Entscheidung getroffen werden kann. Zugleich bildet sich der Erwartungsnutzen aus diesen Informationen.

Der Vertrieb ist die bewusste Einflussnahme auf den (Kauf-)Entscheidungsprozess. Dabei obliegt die Entscheidung per definitionem dem Entscheidungsträger. Dieser trifft seine Entscheidung autonom. Die Einflussnahme kann durch den Vertriebler – sofern keine unlauteren Mittel eine Rolle spielen – nur über die gesteuerte Zufuhr relevanter Informationen erfolgen. Aus ihnen leitet der Entscheider zusammen mit seiner Intuition die Sicherheit ab, die er für seine Entscheidung benötigt. Diese Sicherheit bildet zusammen mit dem Nutzen, den der Entscheider sich von dem angebotenen Gut erhofft, den Erwartungsnutzen (siehe Abb. 3.11).

Die beiden Pyramiden, deren Spitzen aufeinander stehen, verdeutlichen, das fragile Konstrukt. Nur wenn der Interessent/Entscheider aus den zur Verfügung gestellten Informationen die Sicherheit und den Nutzen ableiten kann, den er erwartet, wird die Entscheidung im Sinne des Vertrieblers getroffen.

3.2.5.1 Die Information

Was macht der Wind, wenn er nicht weht? Informationen müssen **transportiert** werden, um als Information wahrgenommen werden zu können. Ein Faktum oder ein Sachverhalt wird erst in dem Moment zur Information, indem man Kenntnis davon erlangt. Dabei wirkt die **Relevanz** wie ein Filter und trennt Informationen, die Einfluss auf die Entscheidungsfindung haben, von denen, die für den Prozess keine Bedeutung haben und zur Abgrenzung als **Daten** bezeichnet werden.

Neben der Relevanz ist die angenommene **Authentizität** maßgebend für die Beurteilung einer Information. Eine Person, die eine wichtige Entscheidung fällen muss, muss sich auf die Richtigkeit der vorliegenden Informationen verlassen können. Es gibt verschiedene Wege, die Richtigkeit einer Information zu überprüfen. Man kann beispielsweise Aussagen entsprechenden Plausibilitätstests unterziehen oder die Information durch eine zweite, unabhängige Quelle bestätigen lassen.

Im Zusammenhang mit Entscheidungen geht es zudem häufig um Aussagen, die die Zukunft betreffen und somit nicht absolut sicher sein können. Diese Aussagen rücken damit in die Nähe von Prognosen, deren Realisierung mit einer gewissen Wahrscheinlichkeit eintrifft. Bei Aussagen, die einen in der Zukunft liegenden Zustand beschreiben, wird das entscheidende Kriterium für die Beurteilung, nämlich wahr bzw. unwahr, abgelöst durch eine Einschätzung der **Wahrscheinlichkeit** des Eintretens. Die Abstufungen liegen üblicherweise zwischen höchst wahrscheinlich bis nahezu unwahrscheinlich.

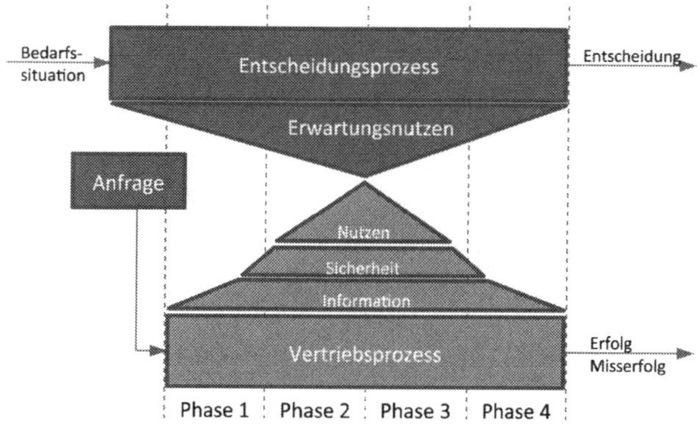

Abb. 3.11 Zusammenwirken von Entscheidungs- und Vertriebsprozess

„Gebt mir einen festen Punkt im Universum und ich werde die Welt aus den Angeln heben!". Dieses Zitat wird Archimedes im Zusammenhang mit den von ihm formulierten Hebelgesetzen zugeschrieben. Es lässt sich leicht eine Analogie zum Informationsbegriff herstellen. Das Stück Wahrheit, das für alle Zeiten und für jeden Betrachter Gültigkeit besitzt, ist noch nicht gefunden. Wäre man im Besitz dieser universellen Erkenntnis, ließen sich alle weiteren Informationen auf diesen „Nullmeridian des Wissens" referenzieren. Ein Beispiel ist die Zeit. Sie bestimmt unser Leben in direktester Art und Weise. Und dabei entstammt die Uhrzeit einem Akt menschlicher Willkür. Man betreibt enormen technischen Aufwand, um auf die Frage „Wie spät ist es?" eine möglichst passende Antwort geben zu können. Dabei wird zum selben Zeitpunkt die Frage in New York anders beantwortet als in Bielefeld. In dem Moment, in dem die Antwort ausgesprochen wird, stimmt sie schon nicht mehr, da die Frage bereits verhallt ist. Und seit Einstein wissen wir, dass auch die Bestimmung der Zeitdauer nur relativ zum System des Betrachters möglich ist.

„Schrödingers Katze" vgl. SCHRÖDINGER (1935) ist ein gedankliches Experiment, das uns zeigt, dass theoretisch in einem bestimmten Zeitpunkt ein System zwei sich gegenseitig ausschließendende Zustände annehmen kann und sich erst im Moment der Beobachtung entscheidet, welcher der beiden Zustände sich manifestiert.

Wie nah Schrödingers Überlegungen über das Zustandsverhalten von Atomkernen aus der Sicht der Quantenmechanik der rauen Realität der Betriebswirtschaftslehre sind, zeigt folgender Gedanke: Die Bonität einer Unternehmung entscheidet sich häufig in dem Moment, in dem die Messung stattfindet. Solange keine exakte Information über die Liquidität der Unternehmung vorliegt, wird z. B. das Ausfallrisiko einer Forderung gegen die Unternehmung mittels Methoden der Wahrscheinlichkeitsrechnung bestimmt. Das setzt voraus, dass mindestens zwei Systemzustände als möglich erachtet werden. Kommt eine Überprüfung der wirtschaftlichen Situation der Unternehmung zu dem Ergebnis, dass die Bonität der Unternehmung unzureichend ist, werden Handelspartner und Kreditgeber aus dem Risiko gehen und damit das Ende der Unternehmung besiegeln. Gleichzeitig bestätigt dies nachträglich das Ergebnis der Prüfung. Andererseits bestärkt ein positives Ergebnis die Kreditgeber in ihrem Tun und fördert deren Bereitschaft, ihr Engagement auszuweiten.

Dies wiederum führt zu einer Verbesserung der Position der Unternehmung und somit ebenfalls zu einer Bestätigung des Prüfergebnisses. Als Beispiel kann das zum aktuellen Zeitpunkt noch immer schwebende Verfahren zwischen den Erben des Medienunternehmers Leo Kirch und der Deutschen Bank angeführt werden.

Es zeigt sich, dass der Informationsbegriff selbst auf ingenieurwissenschaftlicher Ebene nicht unproblematisch ist. Erschwerend kommt hinzu, dass Informationen nur auf Basis der persönlichen, sinnlichen Wahrnehmung zu gewinnen sind. Für deren Interpretation bedienen wir uns individueller Muster, die uns seit frühester Jugend prägen. Diese entscheiden darüber, wie wir das Wahrgenommene „in-Form" bringen.

All die zuvor beschriebenen Faktoren führen zu einer erheblichen **Unschärfe** beim Umgang mit Informationen. Daher verwenden wir in den nachfolgenden Erörterungen den Begriff Information stellvertretend für eine „**probabilistische Aussage**". Im Gegensatz zu einer definitiven Aussage beinhaltet eine probabilistische Aussage zugleich den Hinweis auf den Grad der Wahrscheinlichkeit für das Vorliegen bzw. Eintreten eines gewissen Sachverhalts oder Umweltzustands. Somit weicht eine objektive Information zur subjektiven Annahme ihrer Richtigkeit auf.

3.2.5.2 Informationen und Strukturen

Die modernen elektronischen Informations- und Kommunikationswege eröffnen in einem breiten Strom den Zugang zu jeglicher Art von **Daten**. Daten haben damit ihre Position als knapper Rohstoff für die Wertschöpfung eingebüßt. In gleichem Maße hat die Fähigkeit zur Datenbeschaffung als Wettbewerbsvorteil an Bedeutung verloren. Sie wird einfach vorausgesetzt.

Es geht nunmehr darum, Daten als entscheidungsrelevante Parameter zu identifizieren und deren Eintrittswahrscheinlichkeit beurteilen zu können. Aus dem vielstrapazierten Spruch **„Wissen ist Macht!"** wird **„Methode ist Macht!"**. Wer im Wettbewerb bestehen will, muss über die Methodenkompetenz verfügen, vernetzt zu denken.

Das führt zu der Einsicht, dass eine Information ohne die Kenntnis der sie umgebenden Struktur kaum zu einer richtigen und widerspruchsfreien Interpretation genutzt werden kann. Gleichzeitig ermöglicht die genaue Kenntnis der Struktur, eine Information auf Plausibilität zu prüfen. Die Aussage „Die Ausprägung des Merkmals Farbe ist lila." klingt zunächst stimmig, da es sich bei lila in der Tat um eine Farbe handelt. Das Wissen, dass es sich hierbei um die Lackierung eines Feuerwehrfahrzeuges handeln soll, lässt Zweifel an dem Wahrheitsgehalt aufkommen. Die Plausibilität der Aussage darf zu Recht in Frage gestellt werden.

3.2.5.3 Informationen und Systeme

Dabei bilden sich diese Strukturen aus Elementen, die wiederum in **Beziehungen** zueinander stehen. Diese Beziehungen können durchaus funktionaler Art sein. Die funktionale Abhängigkeit der Elemente überführt die **statische Struktur** in ein **dynamisches System**.

Diese Dynamisierung erlaubt uns den entscheidenden Perspektivwechsel. Während wir unter Zugrundelegung einer Struktur nur über statische Merkmale sprechen können, rückt nunmehr die Veränderlichkeit dieser Merkmale in den Fokus. Da sich diese

Veränderungen in Abhängigkeit von der Basisgröße Zeit ergeben, erlaubt uns die Kenntnis des Systems Ausblicke in die Zukunft.

Die Aussage „morgen ist Donnerstag“ ist ohne die Kenntnis des jeweils gültigen Kalenders (Struktur) ohne Gehalt. Sofern die Elemente der Struktur bekannt sind (Montag, Dienstag etc.), lässt sich die Aussage auf Plausibilität prüfen: Ist „Donnerstag“ Teil der Elemente? Das Wissen um die Funktionsweise des Systems (alle 24 Stunden wechselt die Bezeichnung des Wochentages in einer vorgegebenen Reihenfolge) erlaubt darüber hinaus die Aussage: „Heute ist Mittwoch“.

Die **Berechenbarkeit des Verhaltens eines Systems** kann man sich zunutze machen, um z. B. „Proberechnungen“ anzustellen. „Wenn heute Mittwoch ist, dann wird übermorgen Freitag sein. Der Tag vor Freitag heißt Donnerstag.“ Sofern zwei voneinander getrennte Erkenntnisprozesse zu demselben Ergebnis gelangen, ist dessen Stimmigkeit ein deutlich höherer Grad an Wahrscheinlichkeit beizumessen.

3.2.5.4 Die Entscheidung

Eine **Entscheidung** steht am Ende eines Beurteilungs- und Abwägungsprozesses. Sie beschreibt die bewusste Auswahl aus zwei oder mehreren Handlungsalternativen. Dabei verfügt der Entscheider naturgemäß nur über eine begrenzte kognitive Fähigkeit zur Wahrnehmung und Verarbeitung aller Fakten. Aus diesem Grund muss der Entscheider entsprechend die Informationsquellen und deren Inhalte selektieren. Vielfach wird dabei bereits intuitiv eine Vorauswahl im Sinne einer Vorentscheidung getroffen. Beispielsweise wählt man vor Kauf eines Autos die in Frage kommenden Marken aus.[4]

Das rationale Handeln setzt die Existenz eines **Zieles** bzw. eines beabsichtigten **Zwecks** voraus. Das Ziel bzw. der Zweck entspricht der Absicht, eine vorhandene Situation in eine andere zu überführen, die dem Entscheider „**wünschenswerter**“ erscheint. Sobald man erkannt hat, dass vom Kauf eines neuen Fahrzeugs eine nachhaltige Verbesserung der Lebenssituation ausgeht (z. B. durch Zugewinn an Bequemlichkeit, Prestige o. ä.), wird man sich ggf. dafür entscheiden. Ein häufiges Problem bei der Entscheidungsfindung ist die ungenaue Definition des Zieles bzw. des gewünschten Soll-Zustands.

Dabei spielt die Unsicherheit hinsichtlich der Richtigkeit der die Zukunft betreffenden Annahmen eine große Rolle. Ist man sich in Bezug auf die Konsequenzen im Unklaren, fällt es schwer, überhaupt eine Entscheidung zu treffen. Personen mit einer geringen **Risikoneigung** vermeiden daher Entscheidungen und akzeptieren lieber den mangelhaften, aber vertrauten Ist-Zustand.

Die verfügbaren Handlungsalternativen wirken in der Zukunft und führen somit zu den eigentlichen Konsequenzen der Entscheidung. Eine Entscheidung ohne eine entsprechende **Umsetzungshandlung** bleibt in diesem Sinne folgenlos. Die eigentliche Entscheidung wird somit für eine am Entscheidungsprozess unbeteiligte Person erst durch die sich anschließenden Handlungen oder Äußerungen erkennbar.

---

[4] An dieser Stelle sei auf die mannigfaltige Literatur zur deskriptiven bzw. präskriptiven Entscheidungstheorie verwiesen.

3.2.5.5 Die Beeinflussung

Wie dargelegt, muss der Träger einer Entscheidung aufgrund knapper „Verarbeitungskapazitäten" die Informationen, die er zur Grundlage seiner Entscheidungsfindung machen will, begrenzen. Um einen Entscheidungsprozess zu beeinflussen, muss daher der Zustrom an relevanten Informationen durch den Beeinflusser soweit wie möglich gelenkt werden. Dazu muss erkannt werden, welche Informationen für den Entscheidungsträger relevant sind und welche Informationen das Anliegen des Beeinflussers begünstigen.

Beispiel: Einladung eines Interessenten zu einer Fachmesse

Die Teilnahme an einer Messe als Aussteller ist ein aufwendiges und kostenintensives Unterfangen. Im Allgemeinen gibt es drei Gründe für eine Messepräsenz:

- Das Unternehmen nutzt die Gelegenheit, um sich im Rahmen einer Fachmesse als kompetentes Unternehmen mit entsprechender Wirtschafts- und Innovationskraft einem interessierten Publikum zu präsentieren und dabei neue lukrative Kontakte zu knüpfen.
- Der Vertrieb nimmt die Messe zum Anlass, den bereits vorhandenen Kunden und Interessenten neueste Entwicklungen und Produkte zu präsentieren und die bestehenden Kontakte zu intensivieren.
- Da die direkten Wettbewerber ebenfalls ausstellen, ist das Unternehmen gezwungen, an der Messe teilzunehmen, um der Konkurrenz nicht allein das Feld zu überlassen.

Häufig werden aus diesem Anlass auch Entscheidungsträger als Beteiligte in laufenden Akquisitionsprozessen eingeladen. Diese selbstverständlich anmutende Überlegung eröffnet unter dem beschriebenen Aspekt ein Spannungsfeld:

- Der Interessent kann sich nochmals von der Kompetenz des Unternehmens überzeugen und man erhält die Möglichkeit, ihn zu empfangen und seine Wertschätzung zum Ausdruck zu bringen. Eventuell kann eine Entscheidung durch ein spezielles Messeangebot begünstigt werden.
- Sofern der eingeladene Entscheidungsträger ohne Einladung der Messe ferngeblieben wäre, erhält dieser nunmehr auch die Möglichkeit, sich zugleich über das Angebot des Wettbewerbs zu informieren. Anstelle einer Fokussierung der Informationen erreicht man, dass der Interessent sich aus allen Informationsquellen bedienen kann und dabei auch der Einflussnahme durch andere Vertriebler ausgesetzt ist. Es ist nicht ungewöhnlich, dass durch einen Messebesuch die Verunsicherung beim Entscheider gesteigert wird. Dies gilt insbesondere bei risikoaversen Persönlichkeiten.

In der Regel richten sich Beschaffungsentscheidungen nicht nach einem Messekalender. Informationen sollten aber dem Entscheider idealerweise unmittelbar vor oder während des Entscheidungsprozesses erreichen, da sie andernfalls als irrelevant klassifiziert werden könnten. Das bedeutet, dass sich die wahrgenommene Relevanz einer Information im Zeitverlauf verändert. Sie ist somit kein absolutes Kriterium. Selten ist ein Sonderangebot tatsächlich in der Lage, bei einer Person spontan einen Kaufentscheidungsprozess zu initiieren. Sofern bislang kein Interesse an dem angebotenen Gut bestand, werden auch Werbebotschaften diesbezüglich ignoriert. Sollte aber die gleiche Person seit längerem über eine bestimmte Anschaffung nachdenken, kann von dem Sonderangebot der notwendige Schlüsselreiz ausgehen. Ist hingegen das verfügbare Budget für derartige Anschaffungen aktuell ausgeschöpft, verfügt die Information ggf. über eine gewisse Relevanz, kann aber keine Kaufentscheidung begünstigen. Häufig wird man unmittelbar nach einer Kaufentscheidung auf derartige Sonderangebote aufmerksam, da die Wahrnehmung noch entsprechend fokussiert ist. In diesem Fall kommt die Werbebotschaft zu spät beim Empfänger an.

Fazit

Es ist eine Kernaufgabe des Vertriebs, die Konsequenzen einer Entscheidung möglichst positiv im Sinne des Entscheiders anmuten zu lassen. Der Nutzen der Entscheidung muss dem Interessenten deutlich gemacht werden. Bestehende Zweifel sollten weitestgehend genommen werden. Hierfür bedarf es einer entsprechenden Vertrauensbasis. Das Vertrauen in den Vertriebler überträgt sich unmittelbar auf das zu erwerbende Gut. Häufig sind Personen sogar bereit, auf gesicherte Informationen zu verzichten, wenn sie ihrem Gegenüber vertrauen. Diesen Effekt machen sich zuweilen Betrüger zunutze.

3.3 Die Effizienz im Vertrieb

Effektivität ist die Voraussetzung für Effizienz. Die Effektivität des Vertriebs scheint einfach zu beurteilen zu sein: Entweder er ist in der Lage, Umsätze zu generieren oder eben nicht. Es lässt sich jedoch beobachten, dass nicht jeder Akquisitionsprozess auch mit einem Auftrag endet. Diese Tatsache führt jedoch automatisch nicht zu dem Urteil, dass der gesamte Vertrieb ineffektiv ist. Konzentriert man sich andererseits nur auf die erfolgreichen Akquisitionsprozesse, greift die Effizienzmessung zu kurz.

Der gestiftete Nutzen ist das eigentliche Ergebnis vertrieblicher Bemühungen (siehe 3.2.4.3). Jedoch ist der subjektiv empfundene Nutzen nur schlecht messbar. Zudem ist nur das Nutzenniveau im Verhältnis zum Malus, der mit einer Kaufentscheidung verbunden ist, von Interesse. Es ist erfreulich zu hören, dass die Interessenten mit einer Beratung zufrieden sind. Wenn jedoch der Grad an Zufriedenheit nicht mindestens einem Erwartungsnutzenniveau oberhalb des Malus (kritisches Niveau) entspricht, wird keine Kaufentscheidung getroffen. Entscheidet sich der Interessent andererseits für den Kauf, ist deutlich erkennbar, dass das kritische Niveau überschritten wurde. In diesem Sinne besitzt der **beobachtbare Nutzen** nur zwei Ausprägungen: vorhanden oder nicht vorhanden.

Daher soll im Folgenden davon ausgegangen werden, dass ein Vertrieb oder ein Vertriebsmodell dann als effektiv zu bezeichnen ist, wenn mindestens einmal unter Beweis gestellt wurde, dass selbstständig Umsatz generiert werden kann. Das ist zugleich Nachweis dafür, dass der Vertrieb mindestens den Nutzen stiften kann, den ein Interessent im Zusammenhang mit einer Kaufentscheidung erwartet.[5]

---

[5] Bei Existenzgründern ist zu berücksichtigen, dass zu Beginn der Tätigkeit noch kein Akquiseerfolg vorliegt. Dies bedeutet jedoch nicht, dass das Vertriebsmodell ineffektiv ist.

Es wurde gezeigt, dass die Information das verbindende Schlüsselelement zwischen Vertriebs- und Entscheidungsprozess ist. Die Information ist der entscheidende Einflussfaktor, da aus ihr der eigentliche Nutzen erwächst. Dabei handelt es sich nicht nur um die Informationen, die der Vertrieb dem Interessenten zur Verfügung stellt, sondern auch um die Informationen, die der Vertrieb vom Interessenten bzw. aus dem Markt erhält und die dann wiederum in den Akquisitionsprozess zurückfließen.

Der Vertriebsaufwand muss daher darauf gerichtet sein, alle Informationen hinsichtlich ihrer Relevanz bzw. ihrer Verlässlichkeit (im Sinne von wahrgenommener Sicherheit) zu beurteilen und entsprechend zu verwenden. Im Umgang mit Informationen zeigt sich demnach, ob der Vertrieb effizient arbeitet oder nicht. Der Vertrieb sollte dabei mindestens ebenso viele relevante Informationen in das Unternehmen hineinleiten wie er in den Markt transportiert (siehe Abb. 3.12). Bei den Informationen, die der Vertrieb im Rahmen eines Akquisitionsprozesses transformiert und versendet, handelt es sich aus produktionstechnischer Sicht um Zwischenprodukte. Die eigentlichen Inputfaktoren sind Geld bzw. Zeit. Es ist Aufgabe der (Vertriebs-)Kostenrechnung diese explizit zu erfassen. Auf diese Weise kann dann dem Ertrag (generierter Umsatzerlös bzw. Deckungsbeitrag) der Aufwand (Vertriebs-einzelkosten) gegenübergestellt werden.

3.3.1 Die Relevanz

Auf die Bedeutung des Filter-Kriteriums Relevanz wurde bereits hingewiesen. Eine Reduzierung auf relevante Fakten bedeutet in jeder Hinsicht eine Steigerung der Effizienz beim Umgang mit Informationen. Dies gilt nicht nur aus der Sicht elektronischer Datenverarbeitung, sondern auch im Hinblick auf die begrenzten menschlichen Fähigkeiten. Die Befassung mit irrelevanten Vorgängen und Daten belasten das gesamte System.

Die Beurteilung der Relevanz ist immer auch vom jeweiligen Zeitpunkt des Empfangs einer Information abhängig. Eine Information mag von grundsätzlichem Interesse sein, entfaltet aber keine weitergehende Wirkung, wenn aktuell kein Beschaffungsprozess läuft oder geplant ist. Ein effizienter Vertriebsprozess setzt demnach das richtige Timing und ein entsprechendes Kommunikationsdesign voraus. Der Vertrieb verfügt über drei Möglichkeiten, einem konkreten Interessenten/Entscheidungsträger[6] Informationen zur Verfügung zu stellen:

- **On Demand** – Der Interessent nimmt den Kontakt zum Vertrieb auf, z. B. aufgrund von Online-Angeboten im Internet, Anzeigenwerbung, Medienberichterstattung, Empfehlung etc. (siehe Abb. 3.13).

[6] Hierbei geht es um die 1:1-Gesprächssituation in Abgrenzung zu der Kommunikation mit dem anonymen Markt. Dies ist Aufgabe des Marketings. Eine Mailingaktion mit konkreten Ansprechpartnern fällt jedoch wieder unter die Kategorie „initiatives Kommunikationsdesign" und ist Sache des Vertriebs.

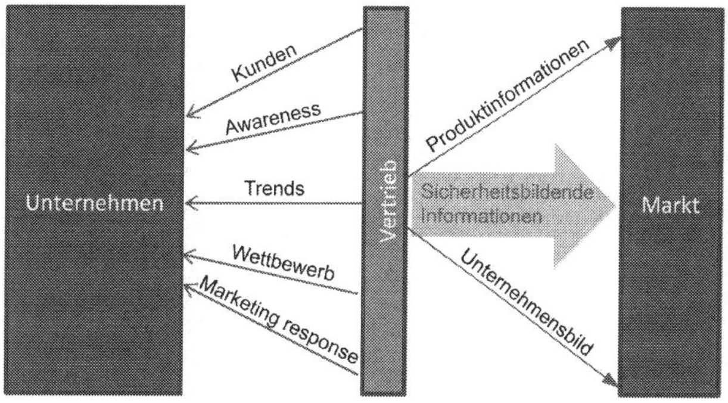

Abb. 3.12 Der Vertrieb kanalisiert Informationsflüsse

- **Ereignis gesteuert** – Aufgrund einer bestimmten Situation kommt der Kontakt zwischen Interessent und Vertrieb zustande, z. B. anlässlich eines Messebesuchs oder im Rahmen gesteuerter Beschaffungsprozesse (z. B. bedarfsorientierte Nachbestellungen).
- **Initiativ** – Der Vertrieb macht ein Informationsangebot, das der Interessent bei Bedarf annehmen kann. Dies ist die klassische **Kaltakquise**.

Der Interessent hat einen Entscheidungsprozess begonnen. Im Verlauf stellt sich heraus, dass Informationsbedarf besteht. Der Interessent wendet sich daher an den Vertrieb. Es ist dabei nicht auszuschließen und durchaus wahrscheinlich, dass sich der Interessent zeitgleich an weitere Anbieter eines Produktes oder einer Dienstleistung wendet. Das Ende des Informationsaustausches wird vom Interessenten bestimmt. Entweder ist der Entscheidungsprozess abgeschlossen oder der hier betrachtete Vertrieb wurde vom Prozess ausgeschlossen (siehe Abb. 3.13).

Fall 1: Der Vertriebler unterbreitet ein Informationsangebot, das vom Interessenten nicht angenommen wird.

Fall 2: Der Vertriebler übernimmt die Initiative und eröffnet ein (Vertriebs-)Gespräch. Der Interessent erkennt den dargestellten Nutzen und entwickelt Informationsbedarf.

Maßgeblich für die Wahl des Transaktionsdesigns ist das jeweilige Beschaffungsverhalten des Zielmarktes. Man kann Beschaffungsvorgänge z. B. nach ihrer Häufigkeit bzw. nach ihrem Rhythmus klassifizieren: selten, bei Bedarf, regelmäßig.

Die Häufigkeit, mit der sich eine Person oder eine Organisation mit einer Kaufentscheidung befasst, lässt sich auch als Wahrscheinlichkeit ausdrücken. Dazu bestimmt man z. B. das Verhältnis der Anzahl der Tage innerhalb eines bestimmten Zeitraums, an denen der Interessent sich mit einer Kaufentscheidung befasst, mit Gesamtzahl der Tage in diesem Zeitraum.

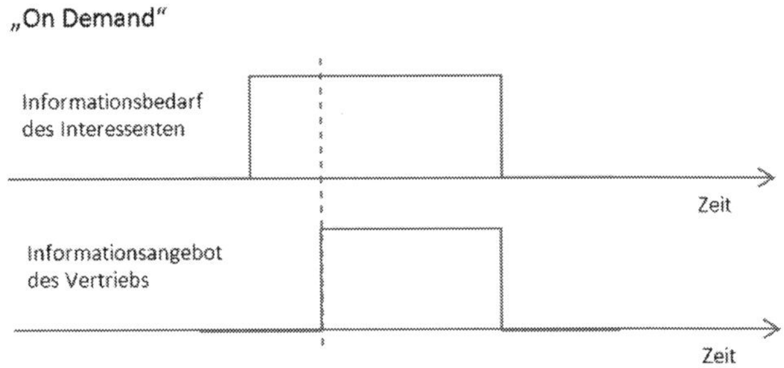

Abb. 3.13 Information "On Demand"

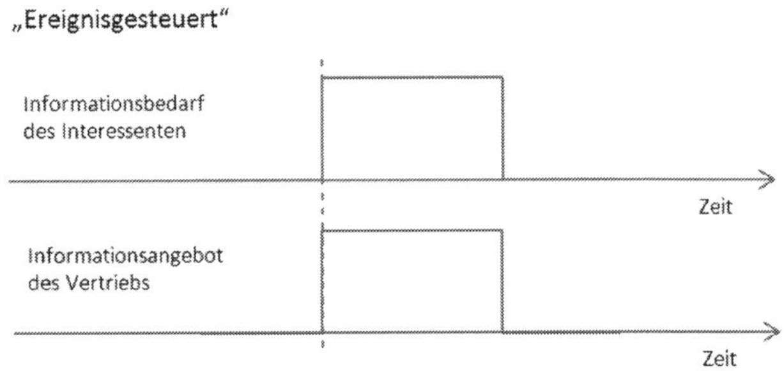

Abb. 3.14 Ereignisgesteuerter Informationsaustausch

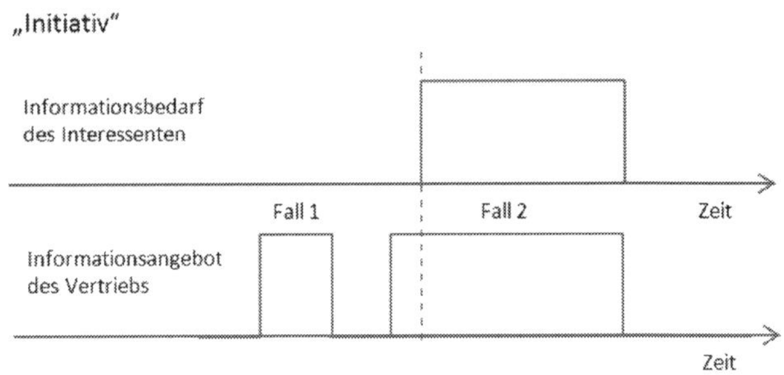

Abb. 3.15 Kaltakquise

Beispiel 1

Ein Hausbesitzer steht durchschnittlich alle 15 Jahre vor der Situation, eine neue Heizungsanlage installieren zu müssen. Da diese Entscheidung einer gründlichen Vorbereitung bedarf, kann der Prozess bis zu einem Vierteljahr dauern.[7]

[7] Diese Betrachtungsweise legt den Schluss nahe, diese ca. 90 Tage wären über den Zeitraum der 15 Jahre gleichverteilt. Davon kann jedoch nicht ausgegangen werden, da der Entscheidungsprozess vermutlich erst gegen Ende der 15 Jahre einsetzen wird. Da sich jedoch viele Hausbesitzer zu unterschiedlichen Zeitpunkten vor dieser Entscheidung sehen, kann man bezogen auf den Zielmarkt dennoch von einer Gleichverteilung ausgehen.

$$p(X = \text{Person plant den Kauf einer Heizungsanlage}) = \frac{90}{15 \cdot 365} \cong 1{,}64\ \%$$

Beispiel 2

Befasst sich eine Person einmal pro Jahr mit der Auswahl eines Reiseziels für den Sommerurlaub und dauert dieser Entscheidungsprozess durchschnittlich 2 Wochen, so lässt sich die Wahrscheinlichkeit bestimmen, mit der eine Werbebotschaft den Entscheidungsträger in einer Phase erreicht, in der diese ggf. als relevant betrachtet wird. Überwiegend findet dieser Entscheidungsprozess in der ersten Jahreshälfte statt. Der Beobachtungszeitraum beträgt demnach ca. 182 Tage.

$$p(X = \text{Person befasst sich mit der Urlaubsplanung}) = \frac{14}{182} \cong 7{,}62\ \%$$

Beispiel 3

Ein Unternehmen kauft regelmäßig einen 3-Monats-Vorrat eines bestimmten Rohstoffs ein. Dazu werden innerhalb von zwei Wochen die Preise der jeweiligen Anbieter eingeholt und verglichen.

$$p(X = \text{Unternehmen befindet sich in der Beschaffungsphase}) = \frac{14}{90} \cong 15{,}55\ \%$$

Die berechneten Werte geben demnach ein Maß für die Wahrscheinlichkeit an, mit der ein Vertriebler im Rahmen der Kaltakquise auf einen Interessenten stoßen könnte, der sich gerade in einer Entscheidungsphase befindet und daher das Informationsangebot als relevant erachten könnte.

Ist der Vertriebler in Beispiel 3 hingegen über den Bestellzyklus des Unternehmens informiert, kann er diese Wahrscheinlichkeit signifikant erhöhen, indem er den Zeitpunkt für die Ansprache des Interessenten entsprechend wählt. Das bedeutet zugleich einen Übergang von der initiativen Kaltakquise zur ereignisgesteuerten Akquise oder sogar zum Akquisitionsprozess „On Demand", wenn er nach erfolgter Kontaktaufnahme in Zukunft von dem Unternehmen ebenfalls zur Abgabe eines Angebotes aufgefordert wird.

Akquisitionsvorgänge „On Demand" haben aus Sicht des Vertriebs gegenüber den beiden anderen Methoden den Vorzug, dass der Interessent mit einer zumeist qualifizierten Anfrage den Akquisitionsprozess eröffnet. Das vereinfacht die Klärung der Bedarfslage. Ein gewisses Maß an Vertrauen scheint auf Seiten des Interessenten ebenfalls bereits zu bestehen, was den Vertriebler wiederum von der Notwendigkeit befreit, in der ersten Phase des Akquisitionsprozesses zunächst das Vertrauen des Interessenten einwerben zu müssen.

Ereignisgesteuerte Akquisitionsprozesse haben ihren Vorteil gegenüber der Kaltakquise darin, dass der Interessent über ein generelles Interesse an einer Kontaktaufnahme und den Informationen des Vertrieblers hat. Meist liefert das zugrundeliegende Ereignis dem Vertriebler einen guten Einstieg in den Akquisitionsprozess.

Der direkte Vergleich macht deutlich, dass es hinsichtlich der Effizienz der drei Transaktionsdesigns eine klare Abstufung gibt. Demzufolge sollte dem Modell „Akquisition On Demand“ stets der Vorzug gegeben werden. Jedoch kommen viele Vertriebsformen nicht ohne die klassische Kaltakquise aus. Vielfach ist es der einzige Weg, neue Kundenkreise zu erschießen. In diesen Fällen besteht für den Vertriebler eine Möglichkeit darin, mit der ersten Kontaktaufnahme die Voraussetzungen für einen erneuten, ereignisgesteuerten Akquisitionsprozess zu schaffen.

Verlässt sich der Vertrieb hingegen auf eine Informationsversorgung „On Demand“, so steht es dem Interessenten frei, welchen Anbieter er für seine Kontaktaufnahme auswählt. Seine Wahl wird er ggf. auf Basis von Empfehlungen, Image, regionalem Bezug oder ähnlichen Kriterien treffen. Je größer die Anzahl der Wettbewerber, umso geringer ist die Wahrscheinlichkeit vom Interessenten ausgewählt zu werden. Es ist Aufgabe des Marketings an dieser Stelle für einen Vorteil zu sorgen.

Vergebliche Akquisitionsbemühungen durch Kaltakquise lassen sich – wenn auch sicherlich nur ungern - leicht erfassen. Es ist jedoch ungleich schwerer, die Zahl der Akquisitionen zu ermitteln, die niemals zustande kamen, da sich der Interessent mit seiner Anfrage an den Wettbewerb gewandt hat.[8] Findet der Beschaffungsprozess zudem nur selten statt, erhält man so schnell keine zweite Chance, als möglicher Anbieter berücksichtigt zu werden. Die Zahl der möglichen Interessenten muss zudem verhältnismäßig groß sein, damit pro Anbieter genügend Akquisitionsprozesse zustande kommen.

Tab. 3.2 fasst diese Erkenntnisse vereinfachend zusammen.

Auch während des Akquisitionsprozesses verändert sich die Relevanz einer Information. Am Beginn einer Kontaktaufnahme sind die Zahlungskonditionen und Lieferbedingungen meist noch ohne Belang. Die Effizienz des Vertriebsprozesses ist demnach nicht unerheblich von der Gesprächsführung während des Akquisitionsprozesses abhängig. Es besteht die Gefahr, dass wichtige Informationen unberücksichtigt bleiben, wenn sie zur Unzeit oder gegenüber dem falschen Prozessbeteiligten geäußert werden. Es wird einerseits als unhöflich empfunden, wenn der Vertriebler mit „der Tür ins Haus fällt“, andererseits sollte er auch „zum Punkt kommen“, um die Zeit des Interessenten nicht über Gebühr zu beanspruchen.

3.3.2 Die Verlässlichkeit

Der Zugewinn an empfundener Sicherheit, der von einer zusätzlichen Information ausgeht, ist maßgeblich für die Wirkung auf den Entscheidungsprozess. Auch hier gehen wir

[8] An dieser Stelle führt das Effizienzkriterium ggf. zu einer falschen Empfehlung. Erfolglose Versuche der Kaltakquise verbrauchen mehr Ressourcen als das Warten darauf, dass ein Interessent sich selbstständig meldet.

Tab. 3.2 Transaktionsdesign und Beschaffungsverhalten

		Informationsübermittlung des Vertriebs		
		On Demand	Ereignis gesteuert	Initiativ
Beschaffungsverhalten	Selten	Bedingt geeignet	Geeignet	Ungeeignet
	Bei Bedarf	Geeignet	Geeignet	Bedingt geeignet
	Regelmäßig	Geeignet	Geeignet	Geeignet

von einem ertragsgesetzlichen Zusammenhang zwischen empfundener Sicherheit und empfangener Information aus. Jede zusätzliche Information führt zu einem Mehr an empfundener Sicherheit. Üblicherweise nimmt dabei mit jeder weiteren Information deren Wirkung ab. Sobald man auf der Detailebene angelangt ist, erzeugt eine zusätzliche Information kaum noch einen Zugewinn an Sicherheit. Im Vertrauen darauf, dass eine Information authentisch ist, lässt sich leichter eine Entscheidung begründen.
Informationen, die sich als unsicher oder gar falsch erweisen, wirken belastend auf das Vertrauensverhältnis. Es kann dazu führen, dass auch zukünftigen Aussagen weniger Bedeutung beigemessen wird oder ältere Aussagen nachträglich in Zweifel gezogen werden. Dies mündet zuweilen in einem erheblichen **Imageschaden**.

Missverständnisse sind immer ärgerlich. In brisanten Vorgängen können sie mitunter fatale Folgen haben. Sie gehen in der Regel zurück auf Störungen auf einer der **drei Kommunikationsebenen**: Inhalts-, Prozess- oder Beziehungsebene.

Effizienz bedeutet in diesem Zusammenhang auch die Vermeidung von Missverständnissen und Fehlinterpretationen bzw. deren negativen Auswirkungen. Dieser Aspekt ist vor dem Hintergrund unterschiedlicher Interessen von besonderer Bedeutung. Wunsch des Interessenten ist es, ein Gut zu erwerben, das den erwarteten Nutzen stiftet. Der dafür zu zahlende Preis soll möglichst gering sein. Ziel der Bemühungen des Vertrieblers ist, mit dem Verkauf eines Gutes einen maximalen Betrag zu erlösen. Sein hierfür notwendiger Einsatz soll möglichst gering sein. Beide Akteure versuchen, ihre Positionen im Wege der Verhandlung durchzusetzen. Dazu werden gedanklich Minimalforderungen fixiert, die bei einer Übereinkunft mindestens erfüllt sein müssen. Es gehört zur Verhandlungsstrategie, diese dem jeweiligen Gegenüber zu verheimlichen. Diese Zieldivergenz legt den Keim des Zweifels in jede Interpretation einer Information.

Interessent wie auch Vertriebler wissen, dass sie ihre Position durch die Preisgabe bestimmter Informationen schwächen können. Das führt dazu, dass so manche entscheidungsrelevante Information zurückgehalten wird.

Eine effiziente Verhandlungsführung muss diese Faktoren berücksichtigen und das Risiko einschätzen, dass von diesen verborgenen Informationen ausgeht. Für den Interessenten besteht die Möglichkeit, den verlangten Kaufpreis nur in Relation zu dem eigenen

Nutzen zu betrachten. Die Frage „Was wäre der niedrigste Preis gewesen?" sollte nicht gestellt werden. Der Vertriebler kann sein erzieltes Vertriebsergebnis objektiv beurteilen, ohne die Frage zu stellen „Welchen maximalen Preis hätte der Kunde bezahlt?".

Das Effizienzkriterium richtet sich nicht nach „Was wäre gewesen, wenn…" - Überlegungen. Ein erfolgreicher Akquisitionsprozess wird nicht dadurch ineffizient, dass der Kunde bereit gewesen wäre, auch einen höheren Preis zu akzeptieren. Effizienzbetrachtungen bedürfen mindestens zweier **realisierter Ereignisse**.

Fazit

Vertrieb lässt sich wie ein technischer Prozess betrachten. Er transformiert Geld und Zeit in Umsatzerlöse bzw. Deckungsbeiträge. Als Zwischenprodukte entstehen Informationen. Aus den Informationen werden Sicherheit und daraus wiederum Erwartungsnutzen. Hat der Erwartungsnutzen ein Niveau erreicht, das über dem empfundenen Malus liegt, der von der Erbringung der vereinbarten Gegenleistung (z. B. Zahlung des Kaufpreises) ausgeht, kommt eine Kaufentscheidung zustande.

Aufgabe des Vertriebs ist es, diesen Entscheidungsprozess zugunsten des eigenen Unternehmens zu beeinflussen. Dazu bedient er sich der Informationssteuerung. Die Wahl des Transaktionsdesigns und der Umgang mit relevanten Informationen entscheiden über die Effektivität und die Effizienz der Akquisitionsprozesse.

4 Zwischenbemerkung - Was tut ein Vertriebscontroller?

Zusammenfassung

Nachdem die vorangegangenen Kapitel die Grundlagen für den anschließenden Analysen- und Methodenteil bereitet haben, folgen einige grundsätzliche Überlegungen zum Vertriebscontrolling.

„Vertriebscontroller" – Dieses Wort zeigt sprachliche Parallelen zu dem Begriff „Kunstsachverständiger". Es klingt wie ein Widerspruch in sich. Vertrieb ist eine höchst individuelle Angelegenheit. Häufig wird der Auftritt eines Vertrieblers durch seinen Stil beschrieben. Es gibt den forschen Typ, den technikorientierten, den methodischen, den kumpelhaften, den akribischen, den ausdauernden oder den elegant zurückhaltenden. Der eine „macht nur seinen Job", der andere findet im Vertrieb seine Passion, einer „sieht die Sache sportlich", einen anderen locken die variablen Gehaltsanteile und die Selbstbestätigung.

Manchmal ist Vertrieb in der Tat eine Kunst. Im stressigen Alltagsgeschäft, den Einflüssen des Wettbewerbs ausgesetzt, stets einen fairen Interessenausgleich herbeizuführen ist eine Herausforderung. Viele vertriebserfahrene Kollegen sprechen von einem permanenten Drahtseilakt. Auf der einen Seite steht der Kunde, mit dem man vielleicht bereits durch viele gemeinsame Erfahrungen verbunden ist, während der Vertriebler auf der anderen Seite angehalten ist, die Vorgaben seines Dienstherren zu erfüllen. Dazwischen müssen noch die eigenen Vorstellungen und Ansprüche Platz finden.

Das Controlling hingegen muss den Sprung vom Konkreten zum Abstrakten schaffen. Das Controlling versteht sich eben nicht als die Kontrolle von Mitarbeitern. Es geht vielmehr um die Beobachtung, Analyse, Planung, Steuerung und Überwachung von Prozessen. Eine sinnvolle Effizienzbetrachtung kann nur auf einer globalen, allgemeingültigen Ebene stattfinden. Alles andere sind disziplinarische Aufgaben, die in den Bereich der Personalführung fallen.

A. Dietzel, *Vertriebscontrolling optimieren*, DOI 10.1007/978-3-8349-3822-0_4,

Es ist diese Abstraktionsebene, die die Betrachtungen des Controllers für das Management so wichtig machen. Er ist nicht so fest in das operative Tagesgeschäft eingebunden, als dass er selber Teil des Vertriebes wäre. Andererseits sind seine Kenntnisse der Prozesse und der Zustände so nachhaltig, dass er aus einer kritischen Distanz das Vertriebssystem überschauen und beurteilen kann. Sein analytischer Blick hilft, Muster zu erkennen und stichhaltige Schlussfolgerungen zu ziehen.

4.1 Effizienz um jeden Preis?

Wenn Sie dieses Buch nicht aus rein akademischem Interesse lesen, haben sie möglicherweise einen konkreten Anlass. Vielleicht versuchen Sie, eine Antwort auf eine der folgenden Fragen zu finden:

- Wie können wir uns gegenüber dem Wettbewerb besser durchsetzen?
- Wie können wir Kosten im Vertrieb einsparen?
- Arbeiten unsere Mitarbeiter auf höchstmöglichem Niveau?
- Wo haben wir noch Reserven? Wo lauert Verschwendung?
- Woran erkennt man frühzeitig eine verlorene Schlacht?
- Worin ist der Vertrieb besonders stark?
- Wie stehen wir im Vergleich zum Wettbewerb?
- Wie kann man die Trefferquote erhöhen?
- Arbeitet der Vertrieb noch zeitgemäß?
- Wie kann man den vermeintlichen Preisdruck ausgleichen?
- Ist der Vertrieb den gestiegenen Anforderungen noch gewachsen?
- Wer sind die Leistungsträger?
- Welcher Vertriebsweg arbeitet am ressourcenschonendsten?
- Wie ist die Abstimmung mit dem Marketing zu beurteilen?

Meist stellen sich solche Fragen nicht ohne Grund. Hier eine kleine Auswahl:

- Es fehlt ein objektives Benchmarking.
- Das Betriebsergebnis verschlechtert sich, Margen schwinden.
- Sie wollen den Vertrieb verschlanken.
- Sie vermuten versteckte Potenziale im Vertrieb.
- Die Vertriebskosten erscheinen Ihnen zu hoch.
- Sie planen die Erweiterung des Produktportfolios.
- Sie planen die Erschließung neuer Märkte.
- Sie denken über die Sinnhaftigkeit eines „Online Shops“ nach.
- Es erhöht sich der Wettbewerbsdruck.
- Es steht ein Generationswechsel in der Vertriebsmannschaft an.
- Sie müssen neue Mitarbeiter in den Vertrieb integrieren.

- Sie denken über neue Vergütungssysteme nach.
- Sie sind mit der Zuverlässigkeit der Umsatzprognosen unzufrieden.
- Sie möchten etwas über Ihre kritischen Erfolgsfaktoren erfahren.

Um Antworten auf diese Fragen zu finden, werden im Folgenden Analyseverfahren und Methoden vorgestellt, die ein breites Verständnis für die Aufgaben des Vertriebscontrollings liefern sollen. Zuvor aber ein echter Klassiker, dargestellt anhand eines realen Beispiels.

Beispiel:

Eine regional gut aufgestellte Traditionsbrauerei sieht sich rückläufigen Absatzzahlen gegenüber. Das beauftragte Beratungsunternehmen erkennt schnell die Ursachen auf der Kostenseite: Der Vertrieb arbeitet nicht effizient und ist außerdem zu teuer. Mit der Hilfe einer „Geo-Mapping-Software" und einem modernen Routenplaner wurden die Verkaufsgebiete der Außendienstler neu gefasst. Dabei sind mehrere Gebiete zu größeren zusammengelegt worden. Dadurch reduzierte sich die Anzahl der Mitarbeiter im Außendienst. Zwei wechselten in den Innendienst und zwei weitere gingen in den Vorruhestand.

Tatsächlich war die Wirkung dieser Maßnahme direkt spürbar. Die mit den firmeneigenen Leasingfahrzeugen gefahrenen Kilometer reduzierten sich bereits im ersten Monat um 18,5 %. Die Personalkosten der im Außendienst tätigen Mitarbeiter verringerten sich ebenfalls. Diese Entwicklung setzte sich auch den kommenden drei Monaten fort. Danach zeigten sich jedoch erneut negative Tendenzen im Absatz. Nach weiteren zwei Monaten war die Kostenersparnis durch die noch weiter gesunkenen Umsätze sogar wieder aufgezehrt. Bei der Ursachenforschung ging man zunächst folgenden Aspekten nach:

a. Die Konsumgewohnheiten haben sich nachhaltig verändert.
b. Der Wettbewerb wirbt aggressiv den vorhandenen Kundenstamm ab.
c. Substitute verdrängen das aktuelle Angebot (explizit Biermischgetränke und Limonaden)

Die Erklärung für den erneuten Rückgang des Umsatzes lang allerdings auf einer ganz anderen Ebene und wurde von dem beratenden Unternehmen zunächst auch kategorisch ausgeschlossen.

Bei der Neuordnung der Vertriebsgebiete war die geographische Zuordnung das entscheidende Kriterium. Das Effizienzkriterium war demnach die Summe der gefahrenen Kilometer innerhalb eines Monats und die Frequenz der Kundenbesuche. Ansonsten wurden keine weiteren Kriterien bei der Zuweisung der Vertriebsmitarbeiter auf die jeweiligen Gebiete berücksichtigt mit der Begründung, dass es sich bei dem Absatzprodukt um ein homogenes Gut (eben Bier) handelt.

In Einzelgesprächen mit den Außendienstmitarbeitern wurde offensichtlich, dass es sich zwar um ein homogenes Gut handelt, der Absatzmarkt aber deutlich vielschichtiger ist als (von der Unternehmensberatung) vermutet. Die Bandbreite der zu beliefernden gastronomischen Betriebe reicht von der Stammkneipe mit jahrzehntelanger Tradition, bis zur angesagten Szenebar. Innerhalb der einzelnen Regionen ist dieses Spektrum wiederum annähernd gleichverteilt. Das bedeutet, dass jeder Außendienstmitarbeiter in seinem Vertriebsgebiet annähernd die gesamte Palette gastronomischer Betriebe vorfindet.

Über die Jahre hinweg ist es auch unter den verbliebenen Außendienstmitarbeitern zu einer gewissen „Altersspreizung" gekommen. Sie reicht von dem Neuling bis zum Routinier. Die Besuchsberichte, die bislang wenig Resonanz gefunden haben, haben bei genauerem Studium erkennen lassen, dass der Grund für die rückläufigen Umsätze in der schlechten Kommunikation zwischen den Außendienstlern und ihrer Zielgruppe zu suchen ist.

Routinier Horst lässt den jungen Szenewirt Lars gern an seinen Erfahrungen teilhaben, was dieser einfach nicht zu schätzen weiß. Neuling Kai bemüht sich redlich, Arnold die Wachstumschancen für seine Eckkneipe darzulegen, wenn dieser in Zukunft auch die neuen Biermischgetränke in die Karte aufnimmt.

Am Ende der Geschichte wurde das neue Gebietskonzept „in Ansätzen verworfen". Stattdessen dominiert jetzt die spartenweise Aufgliederung des Vertriebsgebietes mit einer entsprechenden Spezialisierung der Außendienstler. Es werden zwar wieder mehr Kilometer gefahren, aber die Kollegen im Außendienst sind deutlich lieber bei ihren Kunden und auch die Umsätze entwickeln sich entsprechend.

Das Beispiel zeigt, dass der Wille zur Kostenreduktion zuweilen in blindem Aktionismus mündet. Dem Vertriebscontrolling kommt hier die Aufgabe zu, die Symptome richtig zu deuten. Dazu muss es sich auf seine Beobachtungen, aber auch auf Erfahrungen und ein gewisses Maß an Bauchgefühl und den gesunden Menschenverstand verlassen.

4.2 Nicht gleichzeitig an beiden Enden ziehen

Das ökonomische Prinzip hat uns gelehrt, dass es zwei Ansatzpunkte gibt, um die Effizienz eines Systems zu steigern. Man kann den Output bei gegebenem Einsatz erhöhen oder versuchen, den gleichen Output mit weniger Aufwand zu erreichen.

Häufig entscheiden sich Berater für den zweiten Weg, da dieser vermeintlich schneller zu den gewünschten Ergebnissen führt. Sparen erscheint immer möglich und wirkt sofort.

Mit gleichem Aufwand mehr erreichen zu wollen, wird als deutlich schwieriger empfunden. Wäre es so einfach, hätte man es schon viel früher getan. Und wenn es doch gelingt, muss man sich eben diese Frage gefallen lassen.

Die nachfolgenden Methoden und Betrachtungen zielen – jeweils unabhängig voneinander und doch miteinander kombinierbar – auf beide Ansätze. Es geht um die Erleichterung von Routineabläufen, die Förderung von Transparenz bzw. die Steigerung der Schlagkraft der Vertriebsorganisation.

5 Methoden – Beobachten

Zusammenfassung

Erfahrungen sind verarbeitete Erinnerungen. Erfahrungen zu sammeln, ist eine effiziente Lernmethode. Damit aus Erinnerungen Erfahrungen werden, muss man dem Vergessen entgegenwirken. Das geschieht am besten durch Verschriftlichung. Wie in Abschn. 3.2.5.2 gezeigt, gehen Informationen ohne Strukturen trotz Speicherung verloren.

Die erste Aufgabe eines Controllers besteht im Beobachten. Treffliche Analysen und zielsichere Entscheidungen setzen eine fundierte Wahrnehmung des Umfelds voraus. Dazu bedarf es der geeigneten Beobachtungswerkzeuge. Manche Sachverhalte erfordern sprichwörtlich ein Fernglas, andere lassen sich nur unter der Lupe erkennen.

Da es sich bei dem „Forschungsgegenstand" um Vorgänge handelt, in denen Menschen agieren, muss die Beobachtung stets mit dem notwendigen Maß an kritischer Distanz, Respekt und Einfühlung erfolgen. Es gilt stets zu unterscheiden, wann es sich um die Abbildung eines technischen Ursache-Wirkung-Zusammenhangs handelt und wann man einen Vorgang als das Resultat eines kreativen, individuellen Prozesses interpretiert.

5.1 Datenstrukturen im Vertrieb

Informationen, die einem komplexen System entstammen, bedürfen zur Speicherung einer (Daten-) Struktur, die in der Lage ist, die relevanten Zusammenhänge abzubilden. Die Aussage, dass eine meteorologische Station den Wert 1.020 hPa gemessen hat, mag der Wahrheit entsprechen. Ohne die Mindestangaben Datum, Zeit und Ort ist die Information jedoch wertlos. Gemeinsam mit den Mindestangaben bildet der Messwert dann ein Datenobjekt.

A. Dietzel, *Vertriebscontrolling optimieren*, DOI 10.1007/978-3-8349-3822-0_5,

Dieser Umstand weist auf die Notwendigkeit hin, sich vor (!) Beginn der Datensammlung über die Struktur der zu verwaltenden Datenobjekte Gedanken zu machen. Die Datenobjekte wiederum werden zu einem (relationalen) Datenmodell vereinigt. Dabei geht es um die Bezüge, die zwischen den einzelnen Datenobjekten bestehen (ERM = Entity Relationship Modell[1]) Die Gestalt dieses Datenmodells lässt sich im Wege der Deduktion (Beobachtung und Schlussfolgerung) herleiten.

Relation 1) Jeder Vertriebler betreut mehrere (m) Kunden, aber jeder Kunde hat genau einen (1) Vertriebler als Ansprechpartner (siehe Abb. 5.1).

Relation 2) Die n Kunden beschäftigen mehrere (m) Personen, aber jede Person hat genau einen (1) Arbeitgeber (siehe Abb. 5.2).

Relation 3) Eine Person kauft (o) Produkte und ein Produkt wird von (p) Personen eingekauft (siehe Abb. 5.3).

Wege entstehen dadurch, dass man sie benutzt. Sie sind Ergebnisse der normativen Kraft des Faktischen. Die „Wege" stellen in unserem Beispiel die Relationen dar, die sich durch die gelebte Praxis ergeben. Es entsteht eine Landkarte der Informationsflüsse. Das Entity-Relationship-Modell ist eine mögliche Darstellungsart.

Es besteht zudem die Möglichkeit, bestimmte Flüsse zu kanalisieren oder andere abzugraben. Bereits in der ersten dargestellten Relation unseres Beispiels steckt eine Information über die strategische Ausrichtung des Unternehmens: Offensichtlich verfolgt das Unternehmen die „one face to the customer"-Strategie. Durch die so definierte Relation erhält das Datenmodell einen normativen Charakter. Ist es den Mitarbeitern dieses Unternehmens nicht möglich, einem Kunden einen weiteren Ansprechpartner zuzuschlüsseln, wird dies auch in der Praxis faktisch unterbleiben, der Vertrieb muss sich entsprechend darauf einstellen.

Fazit

Es empfiehlt sich, im Wege der Deduktion ein relationales Datenmodell der relevanten Informationsstrukturen zu erstellen. Dieses Datenmodell hilft die Vorgänge im eigenen Haus nachzuvollziehen und zu dokumentieren. Andererseits kann das Modell gestalterisch genutzt werden, um gewünschte Struktur- und Verhaltensänderungen herbeizuführen.

5.2 Multiple-Choice statt Prosa

Das Berichtswesen, die Besuchsberichte und ähnliches, ist im Allgemeinen der ungeliebte Teil der vertrieblichen Tätigkeit. Man verfasst Prosatexte über Vorgänge, die zuweilen schon gedanklich abgeschlossen sind, für Leute, die sie vermutlich niemals lesen werden.

---

[1] Im Folgenden wird zur Darstellung dieser Datenstrukturen die Darstellungsweise von Peter CHEN, dem Entwickler der Entity-Relationship-Diagramme, verwendet. Es gibt viele andere Darstellungsarten.

Abb. 5.1 Relationale Verknüpfung

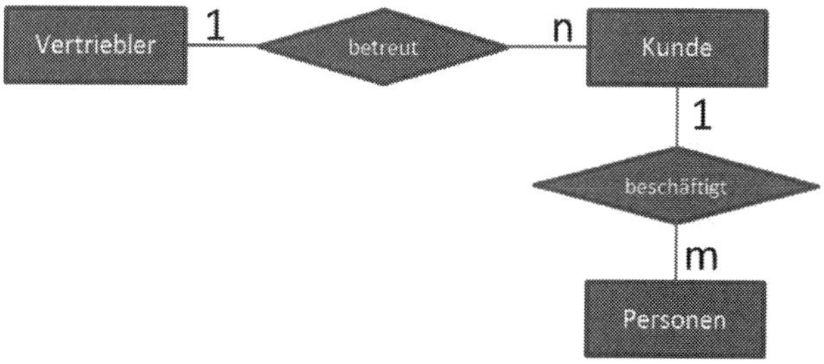

Abb. 5.2 2. relationale Verknüpfungsebene

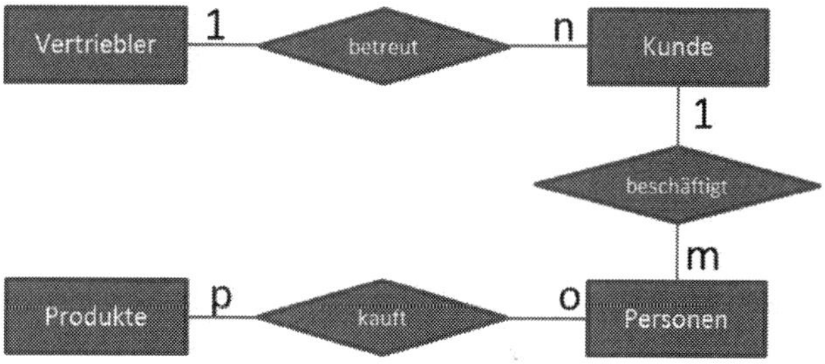

Abb. 5.3 3. relationale Verknüpfungsebene

Ohne ein funktionierendes Berichtswesen ist Vertrieb im Team **unmöglich**! Nach außen entsteht nur dann ein Bild der Geschlossenheit und der Kompetenz, wenn jeder – dem Grunde nach – über alles Bescheid weiß.

Welche Alternativen zur Prosa gibt es? Der Multiple-Choice-Fragebogen fasst die relevanten Aspekte zusammen. Antworten müssen nicht verbal ausformuliert werden. Eine datentechnische Erfassung ist unproblematisch. Dabei muss es nicht immer um „harte Fakten" gehen. Es sind auch Fragen zu subjektiven Eindrücken möglich: Gesprächsatmosphäre, Einschätzung der Auftragswahrscheinlichkeit, persönliches Urteil über den Gesprächspartners hinsichtlich Entscheidungs- oder Sachkompetenz. Natürlich befreit dies nicht von der Notwendigkeit, getroffene Vereinbarungen, Konzepte etc. ausführlich niederzulegen.

Ein solcher Fragebogen ist natürlich eine höchst individuelle Angelegenheit. Er muss die spezifischen Aspekte der Vertriebssituation widerspiegeln. Hier kann es keine allgemeingültigen Empfehlungen geben. Nachfolgend sei daher nur beispielhaft eine mögliche Variante eines Multiple-Choice-Fragebogens als Auszug aus einem Besuchsbericht für die Projektakquisition:

Angaben zum Anlass des Gesprächs

Im Falle eines Erstkontaktes: Wie kam der Kontakt zustande?

Messe ☐ Anzeigenaktion ☐ Kaltakquise ☐ Empfehlung

Was war der Anlass für den Kontakt?

☐ ____________________

☐ Konkretes Projekt ☐ Allgemeiner Informationsbedarf

Gibt es bereits einen Lieferanten für die fraglichen Güter oder Dienstleistungen?

☐ Ja, aber man ist unzufrieden und erwägt einen Wechsel.
☐ Ja, aber man sucht nach einer günstigeren Alternative.
☐ Ja, aber der bisherige Lieferant kann bestimmte Vorgaben nicht erfüllen.
☐ Ja, aber ____________________
☐ Es handelt sich dabei um Firma ____________________
☐ Nein, es handelt sich für den Interessenten um eine neue Thematik.
☐ Nein, aber der Interessent verhandelt parallel mit mehreren möglichen Lieferanten.

Wo fand das Treffen statt?

☐ Im Hause des Interessenten ☐ Im eigenen Haus ☐ Am Projektstandort

☐ ____________________

Sofern Reisekosten entstanden sind, belaufen sich diese auf ____________ €

Angaben zu den beteiligten Personen

Auf Seiten des Interessenten anwesende Personen:

Person 1 bis n)

Name, Vorname	____________________
Abteilung	____________________
Kontaktdaten	____________________
Entscheidungskompetenz in relevantem Umfang	☐
Meinungsführer	☐
Sachkompetenz (1 = wenig, 5 = viel)	1 – 2 – 3 – 4 - 5
Eher Gegner / eher Befürworter	☺ …😐…☹

Zum Gesprächsverlauf

Das Gespräch kann als produktiv bezeichnet werden.	☐
Das gegenseitige Vertrauen ist gewachsen.	☐
Es wurden konkrete Schritte besprochen.	☐
Es wurde bereits ein Zeitplan vereinbart.	☐
Der Interessente fragte bereits nach Preisen und Lieferzeiten	☐
Der Akquisitionsprozess befand sich vorher in Phase (1 bis 4)	___
Der Akquisitionsprozess befindet sich jetzt in Phase (1 bis 4)	___

Zum Verhandlungsgegenstand

Die Erfolgsaussichten werden beurteilt	mindestens mit	___ %
	maximal mit	___ %
	am ehesten mit	___ %
Das Auftragsvolumen könnte sich belaufen auf	mindestens	____________ €
	maximal	____________ €
Der Deckungsbeitrag könnte sich belaufen auf	mindestens	____________ €
	maximal	____________ €
Als Projektzeitraum wird veranschlagt	frühestens	____________
	spätestens	____________

Gibt es besondere Vertriebsaspekte?

Es handelt sich um einen interessanten Referenzkunden. ☐
Der Mitbewerber ist unser unmittelbarer Konkurrent. ☐
Der Kunde eröffnet den Ausblick auf weitere Aufträge. ☐
Der Kunde sucht einen strategischen Partner. ☐
Ermöglicht Erfahrungen in einem neuen Segment. ☐
Es gibt andere strategische Aspekte: ____________________________________

Wie wird sich der Cashflow des Kunden darstellen?

Bei Einmalzahlungen: ___ % Skonto innerhalb von ___ Tagen,
___ % Skonto innerhalb von ___ Tagen,
netto innerhalb von ___ Tagen.

Bei Teilzahlungen:

Im Projektverlauf:	Prozentsatz		Termin
	1. Teilzahlung	________ %	____________
	2. Teilzahlung	________ %	____________
	3. Teilzahlung	________ %	____________
Nach Abschluss: (Ratenzahlung)	Prozentsatz		Termin
	1. Teilzahlung	________ %	____________
	2. Teilzahlung	________ %	____________
	3. Teilzahlung	________ %	____________

Mit welchen Problemen ist während des Akquisitionsprozesses zu rechnen?

- ☐ Die Bindung an den bisherigen Lieferanten ist sehr stark.
- ☐ Es gibt aktuell weitere Wettbewerber: ______________________________
- ☐ Der Termindruck ist sehr hoch.
- ☐ Der Preisdruck ist sehr hoch.
- ☐ Es gibt technische Alternativlösungen
- ☐ Die benötigten Mittel werden nicht bewilligt.
- ☐ Es gibt sprachliche Barrieren. Übersetzungsdienstleistungen werden notwendig.
- ☐ Die politischen Rahmenbedingungen spielen eine Rolle.
- ☐ Kaufmännischer Entscheider ist nicht identisch mit technischem Entscheider, z. B. Abteilung Einkauf.
- ☐ Unannehmbare Zahlungskonditionen
- ☐ Unannehmbare Gewährleistungsbedingungen
- ☐ Es wird aufwendige Vorarbeit verlangt (Anwesenheit bei allen Vorbesprechungen und Lokalterminen, Einbindung in die Kommunikationsinfrastruktur, Anpassung an projektspezifische Standards etc.)
- ☐ Es gibt besondere Anforderungen / Auflagen, die zu erfüllen sind: Beibringung von Bescheinigungen, Genehmigungen oder Referenzen, spezielle Zulassungen, unentgeltliche Muster / Probeinstallationen, technische Planungen etc.
- ☐ ______________________________

Welche Faktoren begünstigen den Akquisitionsprozess?

- ☐ Es gibt technische Alleinstellungsmerkmale: ______________________________
- ☐ Es gibt kaufmännische Alleinstellungsmerkmale: Fragen der Finanzierung, Bürgschaften etc. ______________________________
- ☐ Es gibt administrative Faktoren: Vorschriften, Bestandsinstallationen etc. ___
- ☐ Es gibt Probleme mit dem bisherigen Lieferanten: ______________________________
- ☐ Es gibt bereits eine stabile Vertrauensbasis (private Kontakte etc.) ______________
- ☐ ______________________________

Wie sind die vertrieblichen Vorleistungen zu beurteilen?

Die Vertriebseinzelkosten werden geschätzt auf ________________ €

Können bestimmte Leistungen vor Vertragsabschluss in Rechnung gestellt werden? Wenn ja, in welcher Höhe und wofür?

- ☐ Erstellung von Plänen bis zu einer Höhe von ________________ €
- ☐ Probeinstallationen ________________ €

Wie sehen mögliche Zugeständnisse des Vertriebs aus?

- ☐ Besondere Gewährleistungsansprüche
- ☐ Besondere Lieferbedingungen
- ☐ Sonderkonditionen für Service und Support
- ☐ Sonderkonditionen für Einweisungen und Schulungen
- ☐ ______________________________

Für den „Vertriebsnachwuchs" kann ein solcher Fragebogen auch als Gesprächsleitfaden dienen. Es werden keine wichtigen Aspekte übersehen und die Abfolge der diversen Themenbereiche vermittelt dem Gegenüber den Eindruck einer strukturierten, durchdachten Gesprächsführung. Insofern trägt der Fragebogen ggf. auch dazu bei, die Gesprächsdauer auf das notwendige Maß zu reduzieren ohne dabei wichtige Aspekte zu übersehen.

Fazit

Aktuelle Vertriebsinformationen sind entscheidend für den Erfolg. Das Schreiben von Besuchsberichten in Prosa sorgt bei allen Beteiligten für wenig Erheiterung. Das Multiple-Choice-Verfahren bietet hier eine Alternative. Es reduziert den Erfassungsaufwand auf ein Minimum und macht die Daten leicht auswertbar. Ein klar strukturierter Fragebogen kann als Gesprächsleitfaden dienen.

5.3 Die heiße Phase

Damit Kontrolle effizient ist, müssen der Fokus auf den relevanten Bereich gerichtet werden. Das Signal eines Bewegungsmelders **vor** dem Haus hat eine andere Relevanz, als wenn ein Sensor **im** Haus eine Bewegung feststellt.

Im Rahmen des Akquisitionsprozesses ist Phase 4 von besonderer Bedeutung. Zum Zeitpunkt des Beginns der Phase ist ein wesentlicher Teil der vertrieblichen Vorarbeit abgeschlossen. Man kann davon ausgehen, dass der größte Anteil der Vertriebseinzelkosten entstanden ist, beispielsweise durch Besuche, das Kalkulieren von Angeboten, das Bereitstellen von Mustern oder Besuchen von Referenzanlagen etc. Ab jetzt bedeutet ein Scheitern der Akquisitionsbemühungen, dass diesen Kosten unmittelbar keine Erlöse gegenüberstehen werden.

Die Tatsache, dass Phase 4 überhaupt erreicht werden konnte, zeigt, dass es in diesem Fall grundsätzlich keine sachlich-technischen Gründe gibt, die gegen eine Auftragserteilung sprechen. Akquisitionsvorgänge, die bereits in früheren Phasen abgebrochen werden, erzeugen in der Regel auch entsprechend geringere Vertriebseinzelkosten. Daher stecken in Akquisitionsvorgängen, die in Phase 4 noch aktiv sind, die meisten vertrieblichen Ressourcen und gleichzeitig sind dies die einzigen Vorgänge, die überhaupt Aussicht auf einen baldigen Erfolg bieten.

Versteht sich das VC auch als Monitoring der aktuellen Vertriebsaktivitäten, muss eben diese heiße Phase besonders im Fokus der Kontrollorgane stehen. Die Phasen 1 bis 3 sind geprägt von den Vorstellungen und Wünschen des Interessenten. Mit Eintritt in Phase 4 geht die Initiative auf die Seite des Vertrieblers über. Jetzt geht es darum, den Interessenten zu einer Handlung zu bewegen. Dabei kann es sinnvoll sein, sich – sofern möglich – mit Kollegen über die Wahl der erfolgversprechenden Strategie auszutauschen. Man kann im Falle von Unsicherheiten die Unterstützung verfahrener Kollegen einholen („Wer hat in der Vergangenheit bereits mit einem Kunden verhandelt?", „Wer hat Erfahrungen mit einem bestimmten Vertragsmodell?")

Der verantwortliche Vertriebler **muss** jetzt in der Lage sein, zu jedem Zeitpunkt einen Grund anzugeben, warum bislang noch kein Abschluss erzielt werden konnte. Die Gründe sind dabei ausschließlich auf Seiten des Interessenten zu suchen. Hier einige Beispiele:

- Es bedarf der Zustimmung durch einen Vorgesetzten.
- Es werden noch Angebote des Wettbewerbs erwartet.
- Das Budget ist noch nicht freigegeben.
- Der Vorgang wird vom Einkauf entschieden.
- Es werden noch (technische) Alternativen geprüft.

Es ist nunmehr Aufgabe des Vertrieblers, realistische Begründungen von simplen Ausflüchten zu unterscheiden. **Dabei trägt eine zielsichere Einschätzung und konsequentes Handeln entscheidend zur Steigerung der Effizienz im Vertrieb bei.** Bis zum Erreichen der Phase 4 ist davon auszugehen, dass auch dem Interessenten am Zustandekommen einer Übereinkunft gelegen ist. Auch für den Interessenten bedeutet der Akquisitionsprozess Aufwand in zeitlicher bzw. geldlicher Form. Je höher dieser Aufwand eingeschätzt werden kann, umso größer kann das vorhandene Interesse vermutet werden. Besteht eine Anfrage des Interessenten lediglich aus einem formlosen Anschreiben, ggf. als E-Mail mit undisclosed recipients, sagt dies bereits viel über die Bedarfssituation und das Beschaffungsverhalten aus.

Beginnt der Interessent am Ende des Prozesses damit den Abschluss hinauszuzögern, kann dies neben realen Ursachen natürlich auch verhandlungstaktische Gründe haben. Auch diese kann man, ggf. im Kollegenkreis, als solche identifizieren und entsprechende Gegenmaßnahmen ergreifen.

Fazit

In Phase 4 entscheidet sich – zuweilen kurzfristig – ob a) die eingesetzte Vertriebsarbeit vollends abgeschrieben werden muss oder ob b) sich der angestrebte Erfolg einstellt. Konzentriert sich das zuständige Kontrollorgan auf die Vorgänge, die sich in Phase 4 befinden, kann der Kontrollaufwand deutlich reduziert werden. Die vertrieblichen Kompetenzen können in dieser Phase gebündelt werden.

5.4 Der Misserfolg – Win-Loss-Analyse, Teil 1

Der Interessent bildet seine Entscheidung auf Basis der ihm vorliegenden Informationen, der daraus abgeleiteten Interpretation und seiner Intuition. Die Entscheidung ist somit immer das Resultat einer subjektiv geprägten Wahrnehmung und eines individuellen Abwägungsprozesses. Es geht daher nicht darum, faktisch „der Billigste" zu sein, sondern der Interessent muss glauben, er hätte den günstigsten Anbieter gefunden. Es gibt diverse Lebensmitteldiscounter, die diese Strategie zur Perfektion getrieben haben. Flackerndes Neonlicht, unansehnliche Bodenbeläge etc. vermitteln den Eindruck, der Anbieter würde an diesen Stellen sparen, um ein günstiges Warenangebot formulieren zu können. Im Vertrieb gilt der Leitspruch: „Der Wurm muss nicht dem Angler schmecken, sondern dem Fisch!" Für den Interessenten ist man so, wie man wahrgenommen wird, nicht so wie man wirklich ist. Um so zu erscheinen, wie man sein möchte, muss man sich ggf. nach außen anders darstellen.

Eine **Win-Loss-Analyse** betrachtet vornehmlich die Gründe, die dazu geführt haben, dass ein Akquisitionsprozess ohne Auftrag abgeschlossen wird. Dabei lassen sich die Entscheidungen nach dem jeweiligen Träger unterscheiden. Üblicherweise entscheidet der Interessent, ob und wann ein Akquisitionsprozess abgebrochen wird. Es gibt jedoch auch Situationen, in denen der Vertriebler erkennt, dass seine Bemühungen nicht zu einem Erfolg führen und daher den Prozess beendet. Darüber hinaus können Veränderungen der Umweltbedingungen dazu führen, dass sowohl Vertriebler als auch Interessent den Wegfall der Gesprächsgrundlage erkennen und einvernehmlich den Akquisitionsprozess beenden.

Vielfach werden diese Entscheidungen auf Basis von sachlichen Beurteilungen getroffen. Diese Beurteilungen zeichnen sich dadurch aus, dass sie dem Grunde nach auch von dem jeweiligen Gegenüber oder einem unbeteiligten Dritten bei entsprechender Kenntnis der Sachlage nachvollzogen werden können.

Intuitiv geführte Argumentationen lassen sich nicht immer vom jeweiligen Gegenüber oder einem unbeteiligten Dritten nachvollziehen. In diesen Fällen geht es häufig um „wollen" bzw. „nicht wollen". Nicht immer bringt das Gegenüber das notwendige Verständnis für eine solche Entscheidung auf. Häufig reagiert eine Verhandlungspartei mit Unverständnis auf eine intuitive Entscheidung der anderen Seite.

In glücklicheren Fällen entscheiden sich beide Parteien intuitiv gleich. Beide kommen bei ihrer Einschätzung zu demselben Ergebnis und leiten identische Konsequenzen für sich daraus ab. Trotz der Tatsache, dass kein Vertragsabschluss herbeigeführt werden konnte, fühlen sich beide Parteien mit der getroffenen Übereinkunft wohl (siehe Tab. 5.1).

Die beschrieben Kategorien stellen „Idealtypen" dar. In der Praxis lassen sich die Ablehnungsgründe nicht immer trennscharf einer bestimmten Kategorie zuordnen. Bereits die unterschiedliche Interpretation eines konkreten Informationsgehaltes kann dazu führen, dass Interessent und Vertriebler einen Sachverhalt entweder als Tatsachenbericht zur Kenntnis nehmen oder eher als Schilderung eines möglichen Szenarios auffassen. Im einen Fall wäre eine daraus abgeleitete Entscheidung wohlbegründet, im anderen Fall eher nach Gefühl getroffen.

Beispiele:

Kategorie A: Der Interessent evaluiert die Angebote zweier Lieferanten anhand eines Scoring-Verfahrens und entscheidet danach.
Kategorie B: Der Interessent wägt die möglichen Handlungsalternativen gegen einander ab und entscheidet sich anschließend auf Basis seines Erwartungsnutzens.
Kategorie C: Der Vertriebler analysiert die Anforderungen des Interessenten und stellt fest, dass er bzw. sein Unternehmen diese nicht erfüllen kann.
Kategorie D: Der Vertriebler muss davon ausgehen, dass er trotz seiner Bemühungen keinen Auftrag platzieren kann. Eventuell ist die Bindung an den bisherigen Lieferanten zu stark oder es gibt bereits einen inoffiziellen Favoriten und der Interessent wurde nur zum Schein um die Abgabe eines Angebotes gebeten. Es gibt Verhandlungssituationen, in denen man von einer verzerrten oder gestörten Wettbewerbssituation ausgehen kann. In der Regel ist es Teil der Strategie, dies nicht offenkundig werden zu lassen. In Extremfällen spricht man von einem „toten Rennen".
Kategorie E: Beide Verhandlungsparteien sind sich darüber einig, dass ein Vertragsabschluss unmöglich geworden ist. Dies kann durch veränderte Umweltbedingungen verursacht oder durch neue Erkenntnisse offenbart worden sein.
Kategorie F: Interessent und Vertriebler haben den Eindruck, dass sich ein Fortsetzen des Akquisitionsvorgangs nicht lohnt. Sie teilen eine Einschätzung zukünftiger Umweltzustände und leiten entsprechende Konsequenzen daraus für sich ab, die in ihrer Wirkung zueinander passen.

Während die Kategorien A, C und E etwas über die reale Position des Unternehmens im Markt aussagen, richten sich die Kategorien B, D und F nach der wahrgenommenen Position im Markt. Es lässt sich empirisch nachweisen, dass diese Positionen üblicherweise nicht deckungsgleich sind. Zudem verlangen diese beiden Gruppen von Kategorien unterschiedliche kommunikative Fähigkeiten. Während bei den Entscheidungen der Gruppe A-C-E der Austausch von Faktenwissen sowie die Anwendung von Sach- und Methodenkompetenzen die Kommunikation dominieren, geht es bei der Gruppe B-D-F um Überzeugungen und Meinungen.

Vertrieb ist immer auch Überzeugungsarbeit. Am bequemsten ist es, mit Tatsachen zu überzeugen. Wo dies nicht ausreicht und die Fakten sich nicht als hilfreich erweisen, muss man deren Interpretation manipulieren. Ob dies gelingt, hat nicht selten es damit zu tun, ob man sich sympathisch ist oder nicht.

Eine Entscheidung entsteht immer aus einer Fülle diverser Faktoren. Meist lässt sich aber ein Faktor als besonders einflussreich identifizieren. Ist dies nicht leicht möglich, ist dies ein deutlicher Hinweis darauf, dass des sich um eine Entscheidung der Gruppe B-D-F handelt.

Tab. 5.1 Abbruchszenarien

	Faktisch begründet	Intuitiv begründet
Interessent	Der Interessent entscheidet sich aufgrund einer *sachlichen Beurteilung* gegen das Angebot des Vertrieblers. (Kategorie A)	Der Interessent entscheidet sich aufgrund einer *subjektiven Einschätzung* gegen die vom Vertriebler angebotene Lösung. (Kategorie B)
Vertriebler	Der Vertriebler erkennt, dass er die Anforderungen des Interessenten nicht erfüllen kann. (Kategorie C)	Aufgrund seiner Erfahrung kommt der Vertriebler zu der Überzeugung, dass die Vertriebsaktivitäten nicht zu einem erfolgreichen Abschluss gebracht werden können. (Kategorie D)
Gemeinsam	Interessent und Vertriebler erkennen, dass aufgrund konkreter Umstände ein Vertragsabschluss unmöglich erreicht werden kann. (Kategorie E)	Interessent und Vertriebler sind gleichermaßen der Meinung, dass eine Fortsetzung der Bemühungen keine Aussicht auf Erfolg hat. (Kategorie F)

In einer Entscheidung bündeln sich die Faktoren wie in einem Brennglas. Die Win-Loss-Analyse wirkt wie ein Prisma und zerlegt den Lichtpunkt wieder in seine Bestandteile (siehe Abb. 5.4).

Gleichzeitig erhält man Informationen über die entscheidungsrelevanten Parameter des Zielmarktes und man erfährt ggf. etwas über die Verortung der unmittelbaren Wettbewerber.

Eine Studie[1] hat gezeigt, dass – trotz der offensichtlichen Vorteile – nur ein geringer Anteil der kleinen und mittelständischen Unternehmen (KMU) diese Methode anwendet.

Als Begründungen werden genannt:

1. Die Vertriebler gehen nicht davon aus, dass Ihnen die Interessenten den wahren Grund für ihre Entscheidung nennen werden.
2. Mit der negativen Entscheidung des Interessenten ist der Fall erledigt.
3. Es wird unterstellt, dass es eine Entscheidung stets nur auf Basis des günstigeren Angebots getroffen wird.

Dem ist zu erwidern:

Ad 1. Warum sollte ein Einkäufer es nicht sagen, wenn er sich aufgrund der kürzen Lieferzeit für einen Wettbewerber entschieden hat? Auch Bedenken hinsichtlich der Qualität etc. kann man äußern, ohne sich zwingend auf weitere Diskussionen einlassen zu müssen. Ein potenzieller Kunde sollte stets daran interessiert sein, das beste Angebot zu erhalten. Wenn die Frage nach dem Ablehnungsgrund einen Beitrag dazu leisten kann, das Angebot in Zukunft zu verbessern, kann dies nur im Sinne des Befragten sein.

[1] Im Jahr 2010 hat der Autor in Zusammenarbeit mit Herrn Benjamin Müller eine privat initiierte Studie zum Thema „Vertriebscontrolling in kleinen und mittelständischen Unternehmen (KMU)" durchgeführt. 40 Unternehmen wurden mittels Fragebogen und in einem Telefoninterview zur Bedeutung des Vertriebscontrollings für ihr Unternehmen und nach ihrer Zufriedenheit befragt. Der Autor bedankt sich an dieser Stelle bei Herrn Benjamin Müller für sein Engagement.

Abb. 5.4 Win-Loss-Analyse

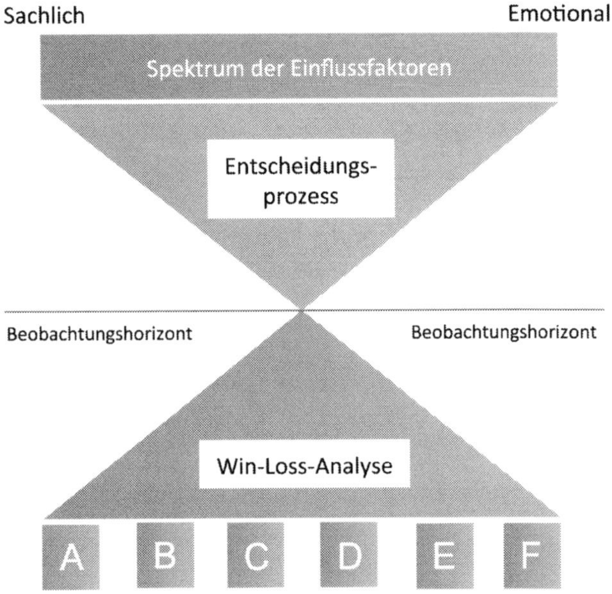

Ad 2. Damit vergibt man die Chance, aus Erinnerungen Erfahrungen werden zu lassen. Das Dokumentationswesen muss die Frage nach dem Ablehnungsgrund zwingend vorsehen.

Ad 3. Der Preis ist der einzige Grund, den der Vertriebler nur in einem gewissen Rahmen selbst beeinflussen kann. Die Erklärung, ein Wettbewerber habe sich das Wohlwollen des Interessenten durch einen Dumping-Preis erkauft, gilt im Allgemeinen als plausibel und wird ohne Nachfrage akzeptiert. Auch an die Erklärung, ein Anbieter aus Fernost habe ein deutlich günstigeres Angebot machen können, hat man sich mittlerweile gewöhnt.

Es ist jedoch viel eher davon auszugehen, dass kein Vertriebler sich gern mit dem Misslingen seiner Vertriebsaktivitäten auseinandersetzt. Niemand wird freiwillig - und vor allem ungefragt - zugeben, dass es ihm nicht gelungen ist, den Interessenten von den Vorzügen des eigenen Angebots zu überzeugen. Auch Begründungen wie „Es fehlte an dem notwendigen Vertrauen“ oder „Wir sind uns nicht sympathisch gewesen“ wird man kaum zu hören bekommen, obwohl diese Ablehnungsgründe durchaus menschlich und nachvollziehbar sind.

Fazit

Beobachtungen finden nicht nur während des laufenden Prozesses statt. Viele Erkenntnisse erlangt man nur in der Retrospektive. Hier werden Erkenntnisse zu Erfahrungen und verarbeitete Erfahrungen sind die besten Lerneinheiten. Lernen Sie ständig! Lernen Sie aus Ihren Fehlern! Fragen Sie nach den Gründen für Ihr Scheitern. Nehmen

Sie die Informationen an, die Ihnen sagen, was Sie in Zukunft besser machen können. Lernen Sie die Stärken Ihres Wettbewerbs kennen. Erfahren Sie etwas über die entscheidungsrelevanten Merkmale Ihrer Produkte und Dienstleistungen – und zwar aus der Sicht Ihrer Kunden. Akzeptieren Sie, dass der Markt Sie anders wahrnimmt, als Sie erscheinen möchten.

5.5 Eine Frage der Visualisierung

Viele Zusammenhänge werden allein durch eine geeignete grafische Aufbereitung transparent. So lassen sich z. B. laufende Akquisitionsprozesse durch ein Kugel-Diagramm darstellen. An den Achsen stehen Auftragsvolumen bzw. Auftragswahrscheinlichkeit. Die Größe der Kugel repräsentiert die absolute Anzahl der Vorgänge (siehe Abb. 5.5).

Mittels dieser Darstellung lässt sich einfach das Portfolio der aktuellen Akquisitionsprozesse evaluieren. Durch einen Periodenvergleich lassen sich Veränderungen leicht sichtbar machen, Verlagerungen des Risikos werden erkennbar.

5.6 Die Rolle des Reportings

Üblicherweise versteht man im Controlling unter einem Report einen periodischen, ausführlichen Bericht an das Management oder ein anderes Aufsichtsgremium. In ihm werden alle relevanten Daten innerhalb des Beobachtungszeitraums zusammengefasst, verdichtet und in der Regel kommentiert.

Er bildet stichtagsbezogene Bestandsdaten ab, die sich innerhalb der Periode durch den Einfluss von Bewegungsdaten verändert haben. Beispielsweise resultiert der Kontostand am Ende einer Periode (Bestandsdaten) aus dem Saldo aller Kontobewegungen (Bewegungsdaten) und dem Anfangsbestand.

Bei der Betrachtung von Prozessdaten spielt die Aktualität eine entscheidende Rolle. Für den Fahrer eines Autos ist die vom Tachometer angezeigte momentane Geschwindigkeit von größerer Bedeutung als die Darstellung des Kilometerstands.

Zur Steuerung der laufenden Vertriebsprozesse und der gebundenen Ressourcen bedarf es Informationen in Echtzeit. Dabei richten sich die Informationen nicht in erster Linie an eine übergeordnete Instanz sondern an die operativen Kräfte des Vertriebs. Voraussetzung hierfür ist, dass „Sensoren“ die benötigten Informationen zeitnah zur Verfügung stellen.

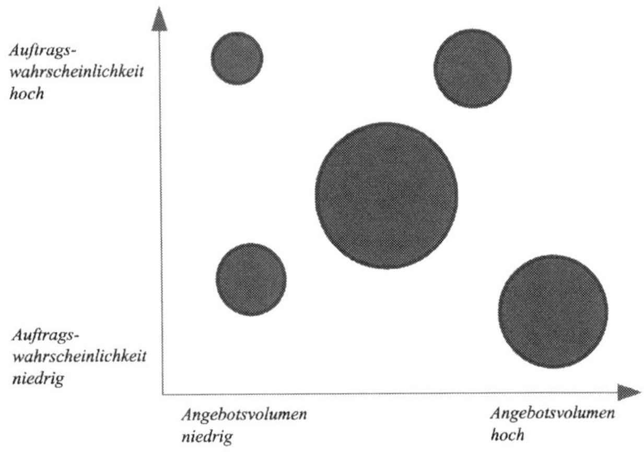

Abb. 5.5 Kugel-Diagramm „Portfolio der Akquisitionsprozesse“

Ein reales Beispiel aus dem Bereich der Projektakquise:
Ein Vertriebsmitarbeiter hat in seiner Projektverwaltungssoftware folgendes Anzeigefenster:
In diesem Monat wurden bisher **46** neue Akquisitionsprojekte angelegt. **40** Projekte wurden im gleichen Zeitraum beendet. Davon wurden **11** zu Aufträgen. Das entspricht einer Quote von **28 %.** Üblicherweise werden **25 %** erwartet. Insgesamt befinden sich nun **203** Projekte in der Bearbeitung. Davon zeichnen Sie für **66** Projekte verantwortlich. Aktuell befinden sich **2** Projekte in Phase 4.

5.7 Prozesskosten – Controllers Liebling

Wir betrachten Zeit und Geld als die maßgeblichen Inputfaktoren für den Vertriebsprozess (siehe Abschn. 3.2). Da sich Geld und Zeit jeweils in einem bestimmten Verhältnis substituieren lassen, kann man sich auf den Faktor Geld beschränken. Das Geld, das im Rahmen der Vertriebsaktivitäten ausgegeben wird, bezeichnen wir als Vertriebskosten. Die Grundlagen für die Effizienzmessung werden somit in der Kostenrechnung gelegt.

5.7.1 Die Prozesskostenrechnung

Die meisten Kostenrechnungssysteme setzen die Existenz von **Kostenstellen** („Wer hat die Kosten verursacht?“) und **Kostenträgern** („Wofür sind die Kosten entstanden?“) voraus. Je nach Art der Wertschöpfung (Produktion, Dienstleistung oder Handel) definiert man entsprechende „Kostensammelstellen“. In der betrieblichen Leistungsrechnung werden diese Kosten den erwirtschafteten Erträgen gegenübergestellt.

Dabei unterscheidet man zwischen Kosten, die in einem direkten kausalen und funktionalen Zusammenhang mit der betrieblichen Leistungserbringung stehen (**Einzelkosten**) und den Kosten, die sich unabhängig davon ergeben (**Gemeinkosten**). Die Gemeinkosten stellen insofern ein besonderes Problem dar, als dass sie zwar betriebsbedingt entstehen, aber sich nur schwerlich einem Verursacher zurechnen lassen. Je größer der Anteil der Gemeinkosten an den Gesamtkosten ist, umso ungenauer wird die Wirtschaftlichkeitsbetrachtung einzelner Kostenträger. Daher ist man stets versucht, die Gemeinkosten so fair wie möglich auf die Kostenträger zu verteilen.

Während bei Systemen, die auf der Basis von **Vollkosten** arbeiten, sowohl Einzel- als auch Gemeinkosten (mehr oder weniger elegant) auf die Kostenträger verteilt werden, werden bei der **Teilkostenrechnung** nur die Einzelkosten dem jeweiligen Verursacher zugerechnet, um deren Deckungsbeiträge zu ermitteln. Damit am Ende bei beiden Verfahren dasselbe Betriebsergebnis erscheint, werden abschließend von der Summe der Deckungsbeiträge die Gemeinkosten abgezogen. Die Teilkostenrechnung findet daher Anwendung, wenn a) die Gemeinkosten nur einen geringen Teil an den Gesamtkosten ausmachen oder b) wenn es um kurzfristige Betrachtungen, wie die Bestimmung einer Preisuntergrenze in einem konkreten Fall, geht.

Sofern der Vertrieb nicht Teil einer Prozesskette im Unternehmen ist, laufen die vertrieblichen Prozesse zumeist autark. Die Ressourcen, die sowohl vom Vertrieb als auch von anderen betrieblichen Funktionen genutzt werden, lassen sich eindeutig identifizieren und deren Inanspruchnahme voneinander abgrenzen. Daher lassen sich die Gemeinkosten überwiegend eindeutig entweder dem Vertrieb oder den übrigen Funktionen als Verursacher zurechnen.

Dieser Umstand öffnet den Weg, im Vertrieb eine eigene **Kosten-Leistungs-Rechnung** (KLR) zu installieren. Durch eine Entflechtung der Gemeinkosten wird deren verursachungsgerechte Verteilung spürbar erleichtert. Zudem besteht innerhalb des Vertriebs die Möglichkeit, die Kostenträger so zu bestimmen, dass sie sich für eine objektive Leistungsbeurteilung eignen.[2]

Bei der **Prozesskostenrechnung** werden die Gemeinkosten nicht wie bei der Vollkostenrechnung üblich über Zuschlagssätze auf die Kostenträger verteilt, sondern sie werden mit den Prozessen assoziiert, die sie tatsächlich in Anspruch nehmen. Nimmt beispielsweise der Außendienst regelmäßig die Leistungen des Vertriebsinnendienstes, dessen Personalkosten als Gemeinkosten erfasst werden, in Anspruch zur Koordination von Besuchsterminen, lassen sich für diese Aktivität die dadurch verursachten Prozesskosten ermitteln. Der Kostenträger, z. B. ein konkretes Projekt, wird dann nur mit dem Anteil an den Gemeinkosten belastet, der durch die Aktivitäten verursacht werden, die im Zusammenhang mit dem Projekt veranlasst wurden.

Die Vereinbarung eines Besuchstermins bedeutet die Inanspruchnahme der Kostenstelle Vertriebsinnendienst. Da es zu aufwendig wäre, die Kosten für jede individuelle

---

2 Üblicherweise werden in Fertigungsbetrieben die Kostenträger so bestimmt, dass sie zum Informationsbedürfnis der Produktionssteuerung passen. Der Informationsbedarf der Vertriebssteuerung kann davon abweichen.

Aktivität zu berechnen, werden Prozesse identifiziert, die häufig wiederkehren. Die Häufigkeit, mit der diese Prozesse innerhalb einer Periode wiederholt werden, bezeichnet man als **Kostentreiber**[3]. Sofern die Vereinbarung von Besuchsterminen die einzige Aufgabe des Vertriebsinnendienstes ist, teilt man die Primärkosten (Personalkosten etc.) pro Jahr durch die Anzahl der Terminvereinbarungen (Prozessmenge) pro Jahr. Das Ergebnis ist der **Prozesskostensatz**. Gemeinkosten, die sich nicht auf diese Weise proportionalisieren lassen, werden nach wie vor über Zuschlagssätze verteilt.

Fazit

Die betriebliche Kostenrechnung richtet sich nur selten nach dem Informationsbedarf der Vertriebssteuerung. Betrachtet man den Vertrieb als eigenständige Leistungseinheit, kann eine separate Kosten-Leistungs-Rechnung dieses Defizit ausgleichen. Hier bietet die Prozesskostenrechnung besondere Vorzüge im Umgang mit den Gemeinkosten.

5.7.2 Vertriebseinzelkosten – Individueller Erfolg richtig erfasst

Die in Abschn. 5.4 erwähnte Studie hat gezeigt, dass die Kosten der Vertriebsorganisation vielfach komplett als Gemeinkosten Einzug in die Kostenrechnung halten. Eine Entscheidung darüber, ob es sich lohnt die Kosten, die durch den Vertrieb ausgelöst werden, jeweils einer Produktgruppe, einer Sparte, einem Projekt oder einem Kunden zuzurechnen muss mit Sicherheit im Einzelfall getroffen werden.

Eine sinnvolle Auseinandersetzung mit dem Begriff der Effizienz setzt aber in jedem Fall die Existenz einer (physikalischen) Größe voraus, die eine entsprechende Messung erlaubt. Wählt man eine monetäre Größe als Basis, setzt dies voraus, dass diese ebenfalls **verursachungsgerecht die eingesetzten Mittel widerspiegelt**. Dies führt unmittelbar zu dem Begriff der Einzelkosten, die direkt einem Kostenträger zugerechnet werden können.

Häufig werden als Vertriebseinzelkosten Reisespesen, Telefongebühren, kostenlose Mustergaben etc. genannt. Die Personalkosten hingegen – zumeist der größte Teil – verschwinden in den Gemeinkosten. Dies erklärt sich aufgrund der fehlenden Möglichkeit zur Proportionalisierung. Findet keine Zeiterfassung im Vertrieb statt, kann über den Vertriebskostenstundensatz keine Verrechnung der Personalkosten auf den Kostenträger stattfinden.

An dieser Stelle wird man häufig einen lauten Aufschrei der Betroffenen vernehmen können. Die Einführung einer Zeiterfassung scheitert zumeist am Widerstand der Vertriebler. Das hat zwei wesentliche Gründe:

a. Die Mitarbeiter fürchten den Mehraufwand, der von einer Zeiterfassung ausgeht.

---

[3] Kostentreiber sind spezifische Bezugsgrößen und bilden sich auf physikalischen Einheiten wie Frequenz, m^2, Stück etc. ab. Voraussetzung ist deren Messbarkeit.

b. Die Vertriebsmitarbeiter arbeiten zumeist selbstständig und damit selbstbestimmt. Die Erfassung und Verrechnung ihrer Arbeitszeit wird als unverhältnismäßiger Eingriff in ihre Autonomie empfunden.

Dem kann erwidert werden, dass mittels moderner Datenverarbeitungssysteme eine Zeiterfassung durchaus unterhalb der Wahrnehmungsgrenze erfolgen kann, z. B. können Gesprächszeiten am Telefon automatisch einem Kostenträger zugeordnet werden.

Personen, die sich bewusst für eine Tätigkeit im Vertrieb entschieden haben, finden ihre Motivation im Wettbewerb mit anderen (oder mit sich selbst). Daher ist die Akzeptanz von Vergütungssystemen mit einem erfolgsabhängigen Anteil bei diesen Mitarbeitern besonders hoch. In den vergangenen Jahren hat dabei eine Verlagerung vom Umsatz hin zum Deckungsbeitrag als Berechnungsgrundlage stattgefunden. Dadurch werden die variablen Gehaltsanteile zu einer echten Gewinnbeteiligung.

Mit unterschiedlichen Stundensätzen lässt sich der Tatsache Rechnung tragen, dass nicht jede vertriebliche Aufgabe gleich zu bewerten ist. Es ließe sich der Zeitaufwand zur Gewinnung eines Neukunden anders gewichten als ein Besuch bei einem Bestandskunden zur Kontaktpflege[4].

Eine detaillierte Zeiterfassung erleichtert zudem die Terminplanung in der Zukunft. Bei der Disposition von Vertriebskapazitäten kann auf empirische Daten zurückgegriffen werden. So kann z. B. im Vorfeld einer Urlaubsvertretung der Bedarf an freien Kapazitäten ermittelt werden, die notwendig sind, um die vertrieblichen Aktivitäten des beurlaubten Kollegen aufrecht zu erhalten.

Speziell im Projektgeschäft lässt sich folgende Besonderheit beobachten. Im Rahmen der Akquisition entstehen Kosten, die später als Einzelkosten des Vertriebs dem Kostenträger zugerechnet werden sollen. Wenn jedoch die Akquisitionsbemühungen erfolglos bleiben, wird es in der Folge keinen Kostenträger geben, dem die Spesen, die Reisekosten, die aufwendige Planung, die vielen Telefonate etc. belastet werden könnten. Im diesem Fall könnte man a) diese Kosten als Gemeinkosten betrachten oder b) einen **virtuellen Kostenträger** definieren, der diese Kosten sammelt.

Je nach Behandlung der Vertriebsgemeinkosten[5] würden im Fall a) die Spesen etc., die durch erfolglose Akquisitionsbemühungen entstanden sind, auf alle „erfolgreichen" Kostenträger umgelegt. Es bleibt der individuellen Beurteilung überlassen, ob dieses Vorgehen als fair bezeichnet werden kann. Führt man hingegen einen virtuellen Kostenträger ein, stehen diese Werte für spätere Analysen zur Verfügung und gleichzeitig werden die erfolgreichen Kostenträger von den „verursachungsfremden" Kosten freigehalten.

Die Forderung nach verursachungsgerechter Verteilung der Vertriebseinzelkosten führt zu der Frage, welche Möglichkeiten zur Definition eines Kostenträgers existieren. Je nach

---

[4] Hiermit soll nicht zum Ausdruck gebracht werden, dass die Bestandskundenpflege unwichtig sei. Die Praxis hat jedoch gezeigt, dass Besuche bei Bestandskunden, gemessen am Ergebnis des Gesprächs, überproportional lange dauern. Dieser Umstand lässt sich auf die vertraute Gesprächsatmosphäre und die bestehenden Gemeinsamkeiten zwischen den Gesprächspartnern zurückführen.

[5] In Abhängigkeit von der Tatsache, ob sich das Unternehmen für die Teil- oder Vollkostenrechnung entschieden hat.

Geschäftsmodell kann es sich bei einem Kostenträger um ein Produkt, eine Produktlinie, oder –sparte handeln. Es kann aber auch der einzelne Kunde sein (häufig bei Dienstleistungsunternehmen) oder auch der eigene Vertriebler.

Definiert man den Vertriebler als Kostenträger, so kommt dies der Funktion eines **Profitcenters** recht nah. Der Vertriebler übernimmt die Verantwortung für seinen Beitrag zum Betriebsergebnis. Gleichzeitig verantwortet er die Kosten, die durch seine Tätigkeit entstehen. Es bedarf keiner Differenzierung nach erfolgreichen bzw. erfolglosen Akquisitionsprozessen, da sie alle ein und demselben Verursacher zuzurechnen sind.

Fazit

Zur Effizienzmessung im Vertrieb bedarf es einer aussagekräftigen Messgröße. Wählt man hierfür die Vertriebskosten, so ist es notwendig, möglichst alle (!) vertriebsbezogenen Kosten als Einzelkosten zu betrachten. Um die Personalkosten als Einzelkosten verrechnen zu können, muss die zeitliche Inanspruchnahme durch den jeweiligen Kostenträger erfasst werden. Dabei bedarf es der Entscheidung im Einzelfall wie der Kostenträger zu definieren ist bzw. wie eine verursachungsrechte Verteilung der Vertriebseinzelkosten sichergestellt werden kann. Nur so ist eine faire Leistungsbeurteilung auf der Basis betriebswirtschaftlicher Fakten möglich.

Methoden – Analysieren

6

Zusammenfassung

Einer bewussten Beobachtung schließt sich immer ein Interpretationsprozess an: „Bei dem von mir visuell wahrgenommenen Objekt handelt es sich um ein Auto." Aus der Wahrnehmung wird dann die Kenntnis eines konkreten Umweltzustands oder Sachverhalts. Sobald der Wunsch nach Erkenntnis über das unmittelbar Beobachtbare hinausgeht oder sich die Frage nach Wirkungszusammenhängen stellt, bedarf es der Analyse: „Warum steht das Auto auf meinem Parkplatz?" Das Wort Analyse stammt aus dem Griechischen und bedeutet „Auflösen". Gemeint ist hiermit die Auflösung eines komplexen Sachverhalts (oder Stoffes) in seine Bestandteile vor dem Hintergrund der Zusammenhänge, die diese miteinander verbinden.

Im Vertriebscontrolling dient die Analyse der Erklärung von Beobachtungen. Warum ist eine bestimmte Maßnahme ineffektiv, welchen Einfluss hat dieser oder jener Faktor, welche Zusammenhänge bestehen? Handelt es sich bei einem erfolglosen Vertriebsmitarbeiter um einen Low Performer (Minderleister) oder gibt es andere Gründe für rückläufige Umsätze?

6.1 Abweichungsanalyse

In der Produktion besteht zwischen vorgegebener Produktionsmenge und geleisteter Arbeit ein funktionaler Zusammenhang. Wird trotz entsprechender Arbeitsleistung das Vorgabeziel nicht erreicht, kann eine Abweichungsanalyse schnell zu Ergebnisse führen. Entweder handelt es sich bei den Ursachen um punktuelle, unvorhergesehene Ereignisse oder auch um systematische Fehler.

In der Vertriebssteuerung sind die Ursache-Wirkung-Zusammenhänge deutlich komplexer. Auch hier kann man davon ausgehen, dass einer Steigerung des Umsatzes eine Intensivierung der Vertriebsbemühungen vorwegging. Jedoch müssen sinkende Umsätze

A. Dietzel, *Vertriebscontrolling optimieren*, DOI 10.1007/978-3-8349-3822-0_6,

nicht gleichbedeutend mit dem Nachlassen der Vertriebsaktivitäten sein. Andererseits können **Soll-Ist-Abweichungen** auch auf Fehler bei der Festlegung der Vorgabewerte zurückzuführen sein. Geht man bei der Planung von falschen Voraussetzungen aus oder sind die Vorstellungen zu ambitioniert, sind Irritationen vorprogrammiert. Anstatt einen Beitrag zur Analyse der Vertriebsaktivitäten zu leisten, kommen auf diese Weise neue Fehlerquellen hinzu.

Diese Erkenntnis steht nicht im Widerspruch mit der ursprünglichen Funktion von Sollgrößen. Die Definition von Zielen und die Formulierung von entsprechenden Vorgaben auf operativer Ebene sind zentrale Elemente eines jeden Planungs- oder Managementprozesses. Jedoch ist es durchaus problematisch, diese Sollgrößen als Referenzmarken für die Messung der Vertriebsleistung zu verwenden. Und schier unmöglich ist es, aus den Abweichungen deren Ursachen abzuleiten.

6.2 Benchmarking

Der Soll-Ist-Vergleich setzt einen theoretisch ermittelten Sollwert ins Verhältnis mit einem empirischen Wert. Dieses Verfahren ist für eine Analyse im Sinne einer Ursachenforschung ungeeignet. Vielmehr bedarf es realer Vergleichsgrößen.

Beim Benchmarking[1] werden Werte gleicher Art miteinander verglichen: Die Umsatzentwicklung des eigenen Unternehmens mit der des Branchendurchschnitts. Der erwirtschaftete Deckungsbeitrag des einen Mitarbeiters mit dem des anderen.

Fällt das eigene Wachstum schwächer aus als das der Wettbewerber hat dies eine andere Aussagekraft, als wenn ein willkürlich festgelegter Zielwert nicht erreicht wird. Die Wahl eines geeigneten Referenzpunktes ist natürlich eine sehr individuelle Aufgabe. Zuweilen ist es sinnvoll, mehrere Vergleichsgrößen für einen bestimmten Wert zu bestimmen, um Beobachtungsfehler leichter erkennen und somit vermeiden zu können.

Die eigentliche Analyse setzt ein, sobald konkrete Hinweise auf signifikante Abweichungen gefunden und ggf. bestätigt wurden. Dann kann man mittels verschiedener Verfahren (Expertenbefragungen, Kreativtechniken, Stochastik, Kausalkettenanalysen, Risikofaktoranalyse etc.) Hypothesen bezüglich möglicher Ursachen formulieren.

6.3 Zeitreihenanalyse

Ein atypisches Benchmarking findet statt, wenn aktuelle Beobachtungen mit Werten aus der eigenen Vergangenheit verglichen werden. Diese Methode hat den Vorzug, dass man leichter über die hierfür notwendigen Informationen verfügen kann als beim Vergleich mit Daten aus anderen Unternehmen. Erschwerend kommt jedoch hinzu, dass sich die Rahmenbedingungen im Zeitverlauf verändern. Krisen, Konjunkturzyklen etc. üben unterschiedliche Einflüsse auf die zu untersuchenden Größen aus.

---

[1] Engl. Bezeichnung für einen trigonometrischen Messpunkt im Gelände.

Die Zeitreihenanalyse stellt eine Methode dar, um historische Daten schrittweise hinsichtlich relevanter Einflussfaktoren zu untersuchen. Dabei geht man von vier unterschiedlichen Kategorien von Einflüssen aus:

1. Saisonale Einflüsse Beispiele: Jahreszeiten, Mode, Weihnachtsgeschäft, Landwirtschaft, Haushaltsjahr abweichend vom Kalenderjahr (z. B. Forstwirtschaftsjahr) - Wellenlänge: 1 Jahr
2. Zyklische Komponente Beispiele: Konjunktur, Produktions- / Beschaffungszyklen, Leit- / Ordermessen, Legislaturperioden, Ersatzinvestitionen, Ferien - Wellenlänge: zwischen 7 Jahren und wenigen Wochen
3. Sondereffekte Beispiele: Räumungsverkauf, exogene Schocks, extreme Witterungsbedingungen, Streiks, Einführung eines ERP-Systems, Insolvenz eines Schlüsselkunden Häufigkeit: punktuell
4. Irreguläre Komponente Stochastische Störgröße, Mittelwert gleich 0, unerklärter Rest mit geringem Einfluss auf die Gesamtaussage

Bedingung für die Durchführung einer Zeitreihenanalyse ist, dass das zu untersuchende Datenmaterial prinzipiell den genannten Einflüssen unterliegt. Häufig erlaubt eine grafische Aufbereitung der Daten erste Vermutungen.

Sobald die historischen Daten um diese Einflüsse „bereinigt“ sind, erhält man a) einen Sockel, b) einen grundlegenden Trend und c) ein Modell, das für die Prognose zukünftiger Entwicklungen dient.

Im Folgenden wird dieses Verfahren anhand eines realen Beispiels beschrieben. Untersucht wird die Entwicklung der verzeichneten Anfrageeingänge. Im Sinne einer Vereinfachung wird nur die absolute Anzahl der Anfragen untersucht. Um eine zusätzliche Streuung der Werte zu vermeiden, verzichten wir auf eine Betrachtung der aus den Anfragen resultierenden Angebotswerte. Die Werte werden in der folgenden Abb. 6.1 über jeweils ein Quartal aggregiert dargestellt.

Aufgrund der Form der Kurve lässt sich vermuten, dass die Entwicklung einem zyklischen Einfluss unterliegt. Um diesen auf dem Wege einer mathematischen Funktion abzubilden, bedient man sich einer Winkelfunktion. Die Sinus-Funktion nimmt die Werte zwischen -1 und +1 an. Die unabhängige Variable ist der jeweilige Winkel. Der Verlauf der Funktion ist zyklisch und überspannt einen Bereich von 360°. Beträgt die Länge einer Welle etwa ein Jahr, verteilt man die 360° entsprechend auf 12 Monate. Man erhält somit für jeden Monat einen neuen Winkel.

Da die Welle nicht zwingend im ersten Monat unserer Betrachtung beginnt, muss sie entsprechend verschoben werden. Das geschieht, indem man zu jedem Winkel eine Konstante α hinzuaddiert.

Die Höhe der Welle (ihre Amplitude) variiert man durch Multiplikation des Sinuswertes mit einer weiteren Konstanten A. Es ergibt sich folgende allgemeine Funktion[2] (siehe Abb. 6.2):

---

[2] Bitte beachten: In der Regel erwarten Tabellenkalkulationsprogramme, dass bei der Verwendung von trigonometrischen Funktionen die Winkel im Bogenmaß angegeben werden. Die Umrechnung erfolgt entsprechend: $\frac{\textit{Winkel in Grad} \times \Pi}{180}$

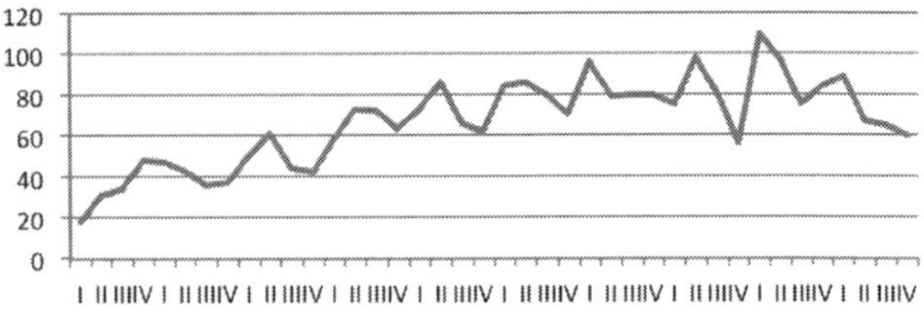

Abb. 6.1 Anfrageeingänge pro Quartal

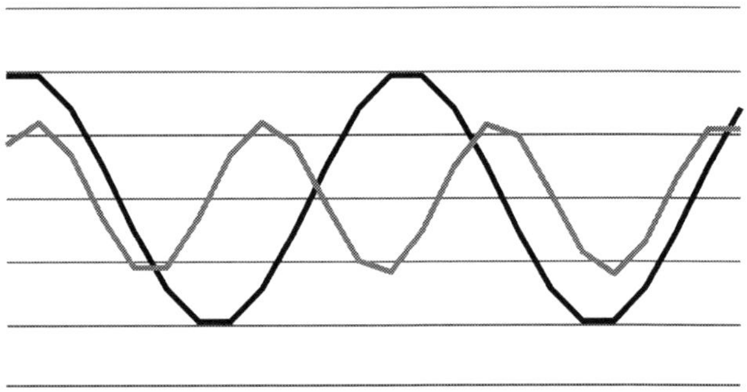

Abb. 6.2 Sinusfunktion mit unterschielicher Amplitude, Wellenlänge, Verschiebung

$$f(x) = \sin(x \times \frac{360}{\lambda} + \alpha) \times A;\ \lambda = \textit{Länge der Welle in Perioden};\ x = \textit{Beobachtungsperiode}$$

Überlagert man die aufgezeichneten Daten mit der modellierten Schwingung, kann man z. B. durch Ausprobieren versuchen, eine Angleichung herbeizuführen (siehe Abb. 6.3).

Die graue Kurve zeigt eine akzeptable Anpassung in Bezug auf die Wellenlänge und die Verschiebung. Über einen Abgleich der Lage der Extremwerte mit den Erwartungen (z. B. ausgehend von Weihnachtsgeschäft, Urlaubsphase etc.) kann die Form der Kurve auf Plausibilität geprüft werden. In diesem konkreten Fall betragen Wellenlänge und Verschiebungswert:

$$\frac{360}{\lambda} = 84 \Rightarrow \lambda = \frac{360}{84} \cong 4{,}28[\textit{Quartale}]; \alpha = 120°$$

Eine Erklärung dafür, dass die Wellenlänge von den erwarteten 4 Quartalen deutlich abweicht liegt bis heute nicht vor. Es lässt sich ferner vermuten, dass sich die Wellenlänge im Laufe der Jahre verändert. Während sie in der ersten Hälfte des Beobachtungszeitraumes tendenziell zu kurz ist, wirkt sie in der zweiten Hälfte etwas zu lang. Mit anderen Worten: Die Frequenz der Schwankung $f = \frac{1}{\lambda}$ hat sich im Zeitverlauf erhöht.

In einem zweiten Schritt zieht man die berechneten Werte von den tatsächlichen ab und prüft, ob daraus eine Glättung resultiert. Die Höhe der dafür geeigneten Amplitude schätzt man auf Basis der Schwankungsbreite der realen Daten (siehe Abb. 6.4).

Eventuell lassen sich nach diesem Schritt weitere zyklische Einflüsse erkennen. In diesem Fall würde man die vorgenannte Prozedur wiederholen.

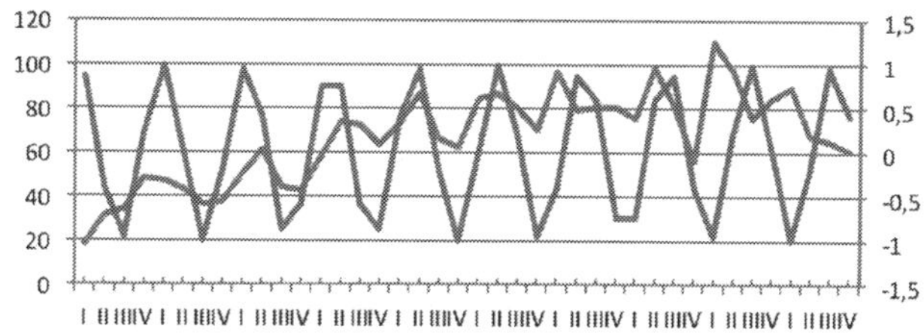

Abb. 6.3 Überlagerung mit Sinuskurve

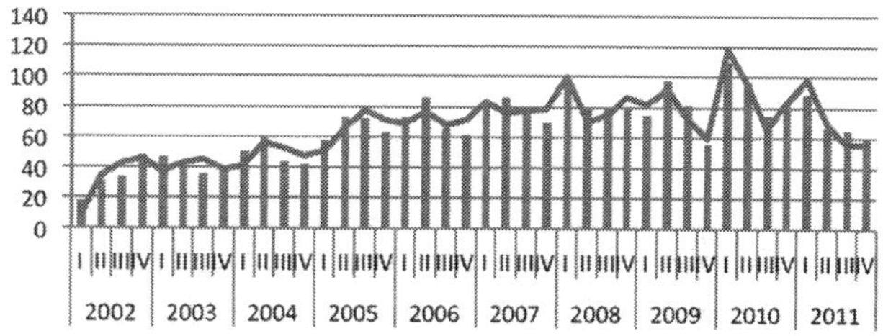

Abb. 6.4 Erste Bereinigung

In einem weiteren Schritt betrachtet man sogenannte Ausreißer oder Anomalien. Hier fallen vor allem die jüngeren Quartale auf. Im Rahmen der Ursachenforschung sind diese Stellen für das Vertriebscontrolling von besonderem Interesse. In unserem Fall lassen sich die Auswirkungen der beginnenden Finanzkrise Ende 2008 (mit einem Verzug von ca. 6 Monaten) und ein sich unmittelbar anschließender Nachholeffekt als Ursachen identifizieren. Es ist zudem erkennbar, dass die Ausschläge seit diesem Zeitpunkt tendenziell höher sind als vor diesem Zeitpunkt.

Um diese Ausreißer für weitere Analysen aus der Betrachtung auszuschließen, kann man an deren Position mit **interpolierten** Werten arbeiten. Diese ergeben sich z. B. als Mittelwert ihrer beiden Nachbarwerte (sofern der Effekt nur in einer Periode auftritt). Im konkreten Beispiel kann man auch mit eine Verlagerung der Werte operieren. Spitzen, die in einer Periode auftreten, werden abgeschnitten und füllen benachbarte Lücken. Dadurch verändert sich die Gesamtzahl der Vorgänge nicht[3].

Anschließend lässt sich mit Hilfe verschiedener Regressionsverfahren ein Trend ermitteln, der der Entwicklung zugrunde liegt. Dafür bieten Tabellenkalkulationsprogramme entsprechende Werkzeuge an (siehe Abb. 6.5).

In diesem Fall liefert das verwendete Programm zusätzlich die Gleichung der Trendlinie. Damit haben wir die Möglichkeit auf Basis dieser Gleichung und der zuvor bestimmten Schwingungsfunktion den Werteverlauf zu modellieren.

$$y = 19,879x^{0,4123} + 9,6\ \sin(84x + 36)$$

Es ergibt sich das Bild wie in Abb. 6.6 dargestellt.

[3] Es empfiehlt sich, bei der Darstellung der Werte darauf hinzuweisen, dass die Datenbasis durch Bereinigung oder Glättung verändert wurde, z. B. durch einen Farbwechsel.

Abb. 6.5 Bereinigte Daten mit Trendlinie

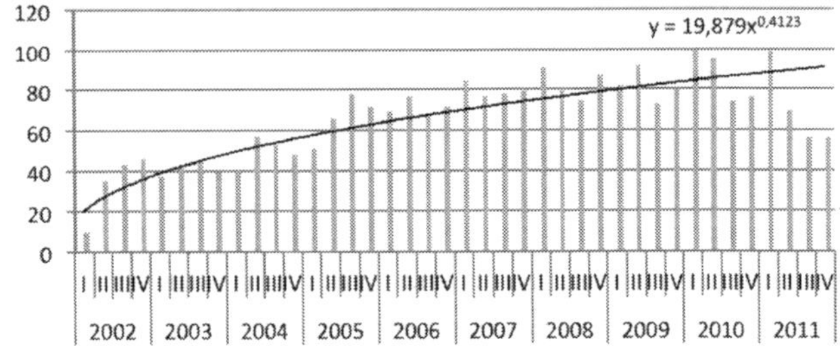

Abb. 6.6 Zeitreihenmodell

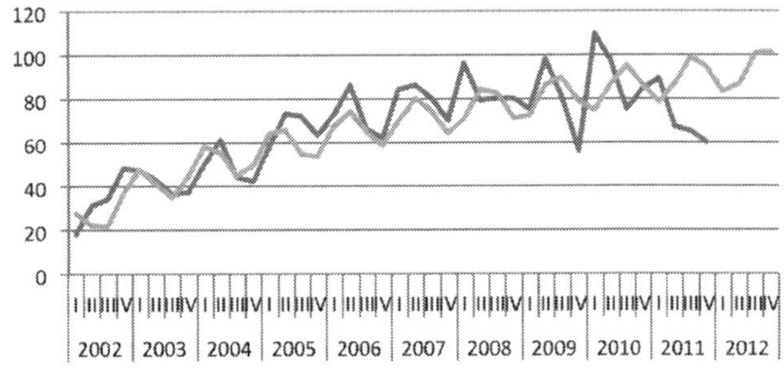

Bis zur Störung in der zweiten Hälfte des Jahres 2009 liefert das Modell eine passable Anpassung. Es bleibt abzuwarten, ob dieser Zeitpunkt einen **Strukturbruch** markiert. Sofern die Daten des Frühjahrs 2012 diese Vermutung bestätigen, muss ab diesem Ereignis ein neues Modell berechnet werden.

Der Trend, dem eine längerfristige Entwicklung unterliegt, auch Wachstumspfad genannt, liefert Erkenntnisse über verschiedenste Aspekte.

Ein **linearer** Trend steht für eine statische Entwicklung. Dabei kann unterschieden werden zwischen einem konstanten Verlauf (die Steigung der Trendlinie beträgt null) und einem Verlauf mit einer konstanten positiven oder negativen Steigung. Ein linearer Trend resultiert aus einer konstanten Beziehung zwischen der Größe „Zeit" und der abhängigen Größe z. B. dem Umsatz. Steigt der Umsatz eines Unternehmens oder eines Produktes linear, bedeutet dies, dass mehr Kunden (Fall A) die angebotenen Güter nachfragen oder dass die vorhandenen Kunden mehr Güter nachfragen (Fall B). In diesem Fall spricht man von einem konstanten Wachstum.

$$\frac{x_t}{x_{t-1}} = const.$$

Für den Vertrieb bedeutet dies, dass das Wachstum nur über die Gewinnung von Neukunden (Fall A) oder das Wachstum von Bestandskunden (Fall B) erfolgt (siehe Abb. 6.7). Dabei ist zu unterscheiden, ob es sich bei den Kunden um Einmalkunden handelt oder sie zu Stammkunden werden.

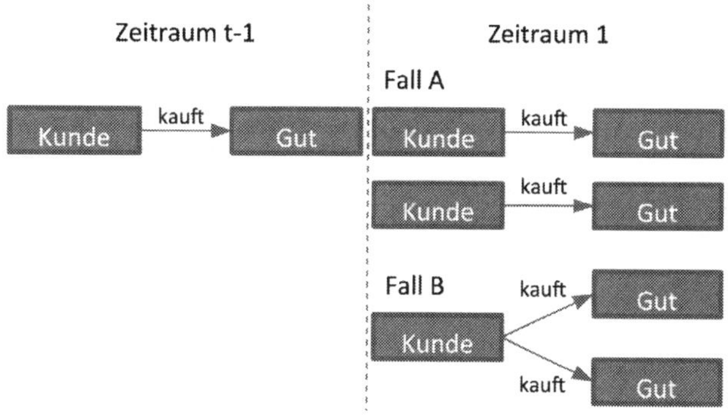

Abb. 6.7 Linearer Wachstumsprozess

Auf der Basis von Stammkunden, die einen gleichbleibenden Umsatz generieren, kann ein konstantes Umsatzniveau gehalten werden. Im Fall von Einmalkunden bedarf es dazu einer permanenten Neukundenakquise (siehe Projektgeschäft oder Bestattungsunternehmen). Rein lineare Trends sind im ökonomischen Umfeld eher selten anzutreffen (siehe Abb. 6.8).

Ein **exponentielles** Wachstum deutet auf einen Verzinsungseffekt. Dieser kommt zustande, wenn beispielsweise mehr Kunden gewonnen werden können, deren Nachfrage zugleich im Zeitverlauf steigt (Fall C) oder wenn Neukunden aufgrund ihrer Zufriedenheit wiederum neue Kunden an das Unternehmen heranführen (Fall D) (siehe Abb. 6.9).

Die Formel für ein schrittweises exponentielles Wachstum wird ebenfalls bei der Zinsberechnung verwendet:

$$x_t = x_0 \cdot (1+r)^t \; bzw. \; x_t = x_{t-1} \cdot (1+r) \; mit \; r = Zinssatz$$

Ein natürlicher Wachstums- (oder Zerfalls-)prozess lässt sich über eine Exponentialfunktion abbilden:

$$x_t = x_0 \cdot e^{rt} \; bzw. \; x_t = x_{t-1} \cdot e^r \; mit \; r = Wachstumsrate$$

In dem beobachteten Fall (siehe Abb. 6.10) handelt es sich um eine weitere Variante eines Trends. Er weist in der Frühphase ein besonders starkes Wachstum auf, das sich im Zeitverlauf kontinuierlich abschwächt.

Die allgemeine Schreibweise der Funktion lautet:

$$x_t = \alpha \cdot t^\beta \; ; t = Periode$$

Bei einem Exponenten β nahe 0,5 und einem Faktor $\alpha > 1$ nimmt die Kurve das Aussehen einer gestreckten Wurzelfunktion an (siehe Abb. 6.11).

Dieser Verlauf ist typisch für die Entwicklung von Absatzzahlen bei einem Neueintritt in einen bestehenden Markt ohne eigene Wachstumsdynamik. Das größte Wachstum ist im Zeitpunkt des Markteintritts zu beobachten. Zu dieser Zeit bedeutet jede zusätzlich

Abb. 6.8 Trend, linear

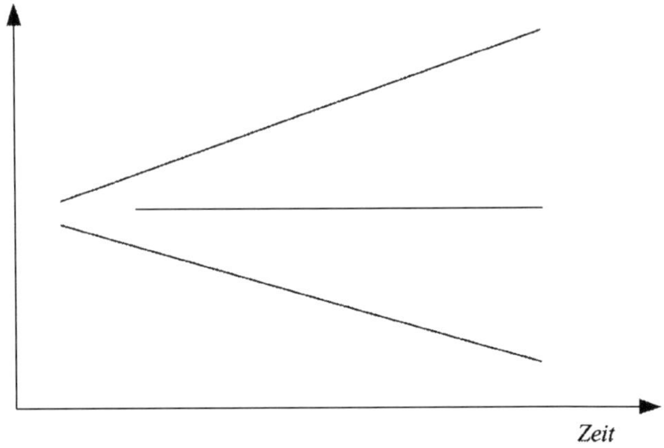

Abb. 6.9 Exponentieller Wachstumsprozess

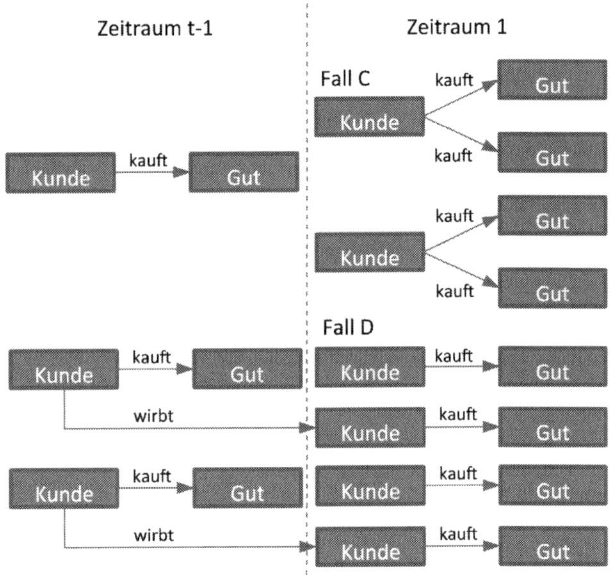

verkaufte Einheit einen hohen prozentualen Zuwachs. Im Verlauf schwächt sich dieser ab. Wachstum erfolgt überwiegend auf der Basis von Verdrängung. Der Absatzmarkt selbst liefert keine wachstumsfördernden Momente.

Darüber hinaus gibt es eine Vielzahl weiterer Möglichkeiten, die Daten einer Zeitreihe mittels eines mathematischen Zusammenhangs abzubilden. Diese sind jedoch in der Regel sehr komplex und liefern zu wenige Möglichkeiten, empirische Beobachtungen zu interpretieren. Ein Polynom n-ten Grades ist in der Lage, n Werte einer Zeitreihe unmittelbar und ohne Abweichung durch eine einzige Funktion darzustellen. Der Verlauf einer solchen Funktion wirkt jedoch meist recht „chaotisch" und lässt sich daher nur schlecht mit

Abb. 6.10 Exponentielles

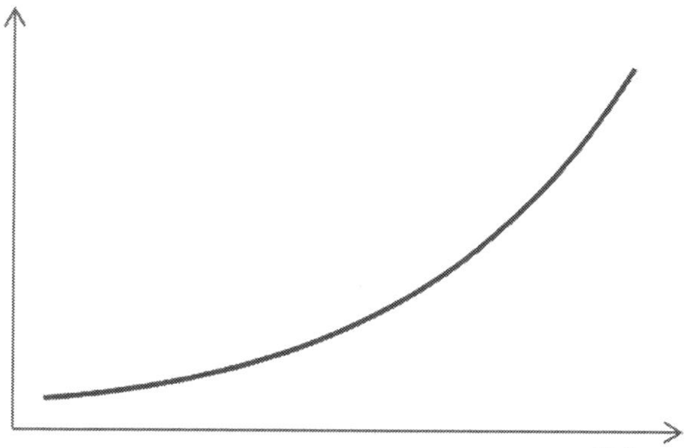

Abb. 6.11 Spezieller exponentieller Wachstumstrend

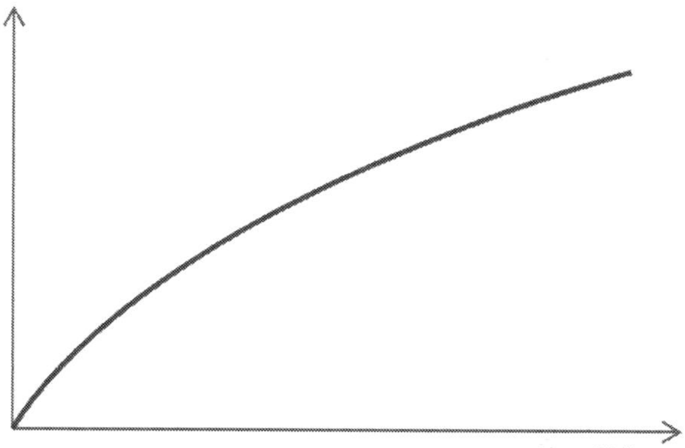

der Realität in Verbindung bringen. Daher sollte der gewählte Ansatz zur Formulierung einer Trendkurve möglichst einfach sein[4].

Fazit

Das Vertriebscontrolling benutzt die Zeitreihenanalyse nicht allein zur Prognose. Sie hilft darüber hinaus, auf Störungen oder nachhaltige Veränderungen aufmerksam zu machen und diese mit möglichen Einflüssen in Zusammenhang zu bringen. Der Trend, der einer Entwicklung zugrunde liegt, lässt Rückschlüsse auf Marktreife, -durchdringung, -potenzial, Produktlebenszyklus, Wettbewerbssituation etc. zu. Signifikante Abweichungen geben ggf. einen Anlass für eine detaillierte Risikofaktoranalyse.

---

[4] An dieser Stelle sei auf alternative Verfahren zur Zeitreihenanalyse verwiesen. Andere Verfahren bilden die Zeitreihen durch Polynome nach. Zu erwähnen sind z. B. Box-Jenkins-Modelle, die Polynome auf Basis autoregressiver Prozesse bilden. Andere Verfahren basieren auf Differentialgleichungen, deren Handhabung ein gewisses Maß an Versiertheit erfordern.

6.4 Prozessanalyse

Die Zeitreihenanalyse hat die Komponente Zeit ins Spiel gebracht, wobei sie sich nur mit einer zeitlichen Abfolge von punktuellen Ereignissen oder systematischen Einflüssen befasst.

Die Analyse von dynamischen Prozessen unterscheidet sich grundlegend von der Analyse von statischen Zuständen. Während ein Zustand das aktuelle Ergebnis vorangegangener, also im Nachhinein unveränderbarer Ereignisse ist, handelt es sich bei Prozessen um Vorgänge, die reproduzierbar sind und somit wiederholt ablaufen können. Hielte man alle Einflussgrößen konstant, bekäme man bei jedem erneuten Durchlauf des Prozesses dasselbe Ergebnis.

Ein Prozess kann auch losgelöst von der Zeit betrachtet werden. In diesem Fall geht es allein um die Analyse von Ursache-Wirkung-Zusammenhängen. Dabei wird die Abfolge der Prozessschritte nicht von der Zeit oder einem Zeittakt determiniert, sondern ergibt sich aus der kausalen Verkettung von Ursache und Wirkung (siehe Abb. 6.12).

Die Abfolge der Prozessschritte ergibt nur in dieser Reihenfolge einen Sinn. Würde man auch nur einen Prozessschritt umstellen, wird der Prozess **inkonsistent** (im Sinne von widersprüchlich oder unlogisch). Prozesse, die Inkonsistenzen beinhalten, sind häufig ineffektiv, in jedem Fall aber ineffizient im Vergleich mit einem konsistenten Prozess mit gleichem Output.

Geht es also um die Analyse von Prozessen vor dem Hintergrund, deren Effektivität oder deren Effizienz zu steigern, ist zunächst zu prüfen, ob die Abfolge der Prozessschritte in sich schlüssig und widerspruchsfrei ist. Üblicherweise bezeichnet man den Aufwand, der durch die Überwindung von Inkonsistenzen entsteht, als **Reibungsverlust**. Jedes technische System erfährt eine Effizienzsteigerung, indem man diese Verlustleistung minimiert. In Extremfällen führen Inkonsistenzen zum Ausbleiben des erwarteten Prozessergebnisses. In diesen Fällen sind die Prozesse als ineffektiv zu bezeichnen.

Speziell an der Schnittstelle zwischen zwei Systemen, so wie es sich im Besonderen für den Vertrieb darstellt, ist mit Reibungsverlusten zu rechnen. Hier lauern Inkonsistenzen vor allem in den Bereichen Informationsübertragung und Informationsauswertung. Das beginnt bei Teileliste, die von einem System in ein anderes umgeschlüsselt werden müssen, damit sie von den unterschiedlichen EDV-Systemen verarbeitet werden können, über die Harmonisierung von Vorschriften und Normen bis hin zu interkulturellen Aspekten.

Prozesse, deren Schrittabfolge maßgeblich durch die Zeit geprägt ist, haben zumeist den Charakter eines Projektes. Zusätzlich zu der ereignisgesteuerten Abfolge von Einzelschritten gibt es einen Zeittakt, der Schritte initiieren kann (siehe Abb. 6.13).

Bereits dieses vergleichsweise einfache Flussdiagramm beinhaltet eine Aussage über das zugrundeliegende Prozessdesign, die Anlass für Diskussionen bieten kann. Das Prozessdesign sieht vor, dass ein Angebot solange aktiv verfolgt wird, bis eine Entscheidung des Interessenten vorliegt. In der Theorie ist es demnach möglich, dass ein Angebot niemals aus der Verfolgung genommen wird, da keine Entscheidung des Interessenten vorliegt.

Abb. 6.12 Beispiel für einen Prozess ohne Zeittaktung

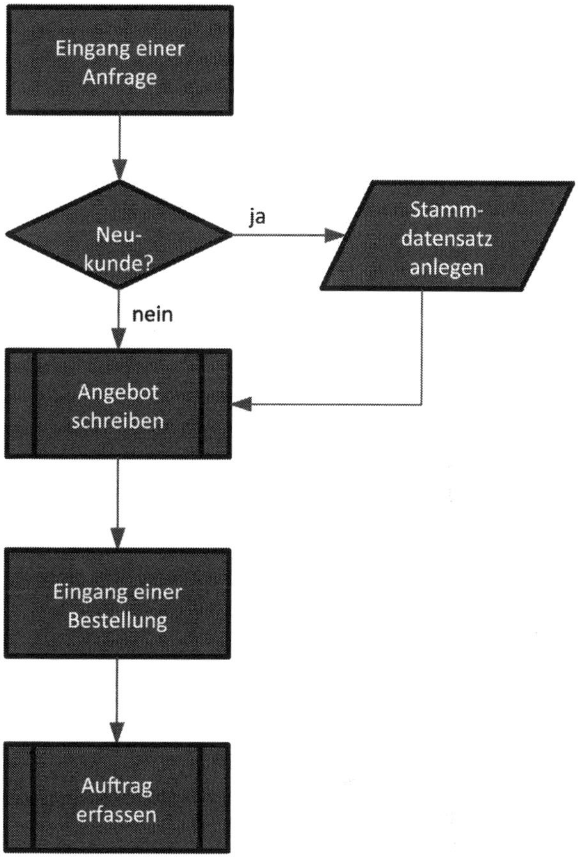

Solange werden auch entsprechende Kapazitäten gebunden. Offensichtlich bedarf es hier einer weiteren Kontrollfunktion, die überwacht und entscheidet, wann eine Angebotsverfolgung eingestellt wird aufgrund fehlender Rückmeldung aus dem Markt. Nach welchen Kriterien wird diese Entscheidung getroffen? Ist allein die gemessene Zeitspanne relevant oder gibt es auch andere Aspekte? Wie ist das Risiko zu beurteilen, einen Akquisitionsprozess zu beenden, der eigentlich noch zu einem Vertriebserfolg geführt hätte?

Bei Akquisitionsprozessen dominiert die ereignisgesteuerte Schrittabfolge, da sich die Interessenten kaum an einen vorgegebenen Takt halten werden. Dennoch bedarf es einer zeitlichen Kontrolle und Steuerung von Prozessschritten, da es darum geht, ab einem bestimmten Punkt die Initiative in dem Prozess zu übernehmen. In der Praxis definiert der Vertriebler sogenannte „Wiedervorlagetermine", um sich zu gegebener Zeit daran erinnern zu lassen, in einer bestimmten Angelegenheit wieder aktiv zu werden.

Die Zeit ist zudem wie bereits ausgeführt ein wichtiges Kriterium für die Effizienzmessung. Je länger ein Akquisitionsprozess dauert, umso länger sind Ressourcen gebunden. Die Intensität der Inanspruchnahme der Ressourcen differiert natürlich im Zeitverlauf.

Abb. 6.13 Prozessabfolge mit Zeittaktung

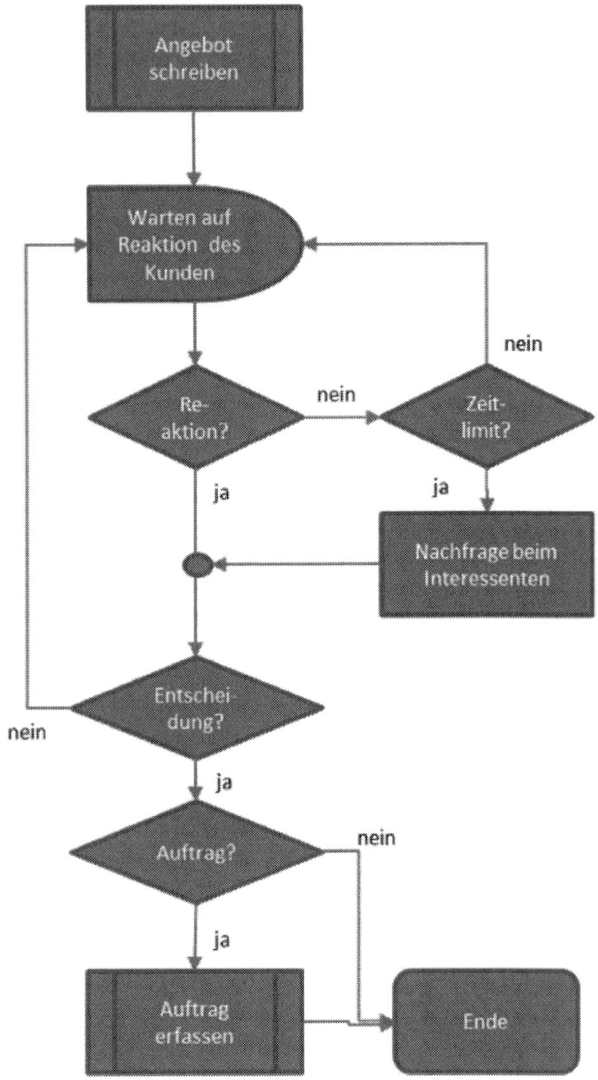

In den Zeiten, in denen man auf eine Reaktion des Interessenten wartet, kann man sich anderen Aufgaben zuwenden. Dennoch bedarf jeder offene Vorgang der Aufmerksamkeit.

Das Benchmarking bietet hier Ansätze, um das Laufzeitverhalten von Akquisitionsprozessen zu analysieren. Die Prozessanalyse liefert zudem Erklärungen dafür, warum z. B. die Akquisitionsprozesse des Vertrieblers X in der Regel 25 % länger dauern als im Durchschnitt.

Die Aufteilung der Akquisitionsprozesse in vier Phasen (vgl. 3.2.4.5) lässt sich für die Prozesssteuerung wie ein „Metatakt" interpretieren. Dieser Takt ist nicht zeitlich determiniert, unterteilt aber die Prozessschritte chronologisch bzw. inhaltlich in vier verschiedene Abschnitte. Untersucht man das Laufzeitverhalten von Akquisitionsprozessen aufgelöst in die vier Phasen, gewährt dies einen tieferen Einblick in das Kommunikationsdesign.

Hier ein paar Vorschläge für mögliche Interpretationen:

- Dauert Phase 1 verhältnismäßig lang, geht es häufig um Belange der **Beziehungsebene**. Themen, die die **Sachebene** betreffen folgen ab Phase 2. Ist die Qualität des Vertrauensverhältnisses von besonderer Relevanz für die Entscheidung des Interessenten, kann dies von Vorteil sein.
- Ist der Anteil der Phase 2 überbetont, ist davon auszugehen, dass die Bedarfslage des Interessenten relativ komplex ist oder nur unzureichend erschlossen. In dieser Phase geht es darum, den Bedarf des Interessenten soweit zu ermitteln, dass man in der sich anschließenden Phase 3 ein entsprechendes Angebot erstellen kann. Da man in der Phase 2 auf die Zuarbeit des Interessenten angewiesen ist, hat der Vertriebler nur wenig Einfluss auf die zeitliche Gestaltung.
- Die Dauer der Phase 3 ist im Wesentlichen abhängig von der Komplexität der verhandelten Lösung. Je umfangreicher die eigentliche Thematik ist, umso extensiver wird die Befassung damit ausfallen.
- Die Phase 4 steht im Zeichen des Interessenausgleichs. Konnte in den vorangegangen Phasen eine solide Basis für die anstehende Verhandlungsphase gelegt werden, sollte diese nur wenig Zeit in Anspruch nehmen. Sind jedoch a) die Entscheidungswege beim Interessenten kompliziert, b) die vertriebliche Vorarbeit unzureichend oder c) der Einfluss von Wettbewerbern spürbar kann die Phase 4 mehr Zeit in Anspruch nehmen als geplant.

Einige Analyseansätze im Zusammenhang mit dem Phasenmodell:

- Lassen sich Milestones innerhalb des Akquisitionsprozesses im Zusammenhang mit einem Phasenwechsel definieren? Auf diese Weise lässt sich frühzeitig erkennen, wenn ein Prozess zeitlich aus dem Ruder läuft. Die Milestones können entweder a) Punkte auf einer absoluten Zeitskala (Kalender) sein oder b) anhand des eingeplanten Zeitbudgets bestimmt werden (Beispiel: Nach 20 % der investierten Arbeitszeit sollte ein Übergang von Phase 1 nach Phase 2 erreicht worden sein. Nach weiteren 30 % sollte Phase 3 erreicht worden sein. Nach insgesamt 85 % der budgetierten Arbeitszeit sollte Phase 4 beginnen.)
- Komplexe Akquisitionsprozesse, in denen die Interessen des potenziellen Kunden über mehrere Ebenen (disjunkt) verteilt sind, kann es sinnvoll sein, den Vertriebsprozess auf mehrere Beteiligte zu verteilen: Phase 1) „der Kontakter", Phase 2) „der Zuhörer", Phase 3) „der Löser", Phase 4) „der Verhandler". Bedingung für ein solches Vorgehen ist, dass die Personen von der Vertrauensbasis ihres jeweiligen Vorgängers profitieren können. Andernfalls müsste jede Person für sich das Vertrauen des Interessenten auf allen Ebenen erwerben.

Fazit

Inkonsistenzen in Prozessen vernichten Leistung. Daher setzt eine Prozessanalyse stets bei der Frage nach der Schlüssigkeit der einzelnen Prozessschritte an.

Zyklisch ablaufende Prozesse geben immer wieder die Möglichkeit, nur einzelne Parameter oder ein komplettes Design zu verändern. Mit jedem Durchlauf kann geprüft werden, ob die theoretischen Überlegungen in der Praxis ihre Bestätigung finden.

Prozesse können sowohl von einem Zeittakt gesteuert werden, als auch sich als Kausalkette von Einzelaktivitäten darstellen. Im Vertrieb sind ausschließlich Mischformen hiervon anzutreffen. Kein Interessent wird sein Verhalten durch einen externen Zeittakt bestimmen lassen, andererseits ist die Zeit ein knappes Gut. Nur wer die Initiative übernimmt kann für einen effizienten Zeiteinsatz sorgen und Zeitverschwendung vermeiden.

6.5 Win-Loss-Analyse, Teil 2

Die meisten Marktforschungsinstrumente sind für Konsumgütermärkte konzipiert. Für den Vertrieb von Investitionsgütern oder für die projektbezogene Akquise gibt es vergleichsweise wenig Auswahl.

Die Marktforschung verwendet beispielsweise Techniken wie dem **Customer Profiling**, um anhand von demographischen, geographischen bzw. soziographischen Kriterien die passende Zielgruppe für ein bestimmtes Angebot zu identifizieren.

Die **Kundenzufriedenheitsanalyse** dient dazu, ein Angebot möglichst genau nach den Wünschen und Vorstellungen der Kunden auszurichten mit dem Ziel, die Bindungskräfte zwischen Kunden und Unternehmen zu steigern. Ferner hilft sie Trends wahrzuzunehmen und liefert Informationen für das CRM (Customer Relationship Management).

Bei der projektbezogenen Akquise geht es häufig nicht um Kundenbindung – Es geht um den **einen** Auftrag. Daher bedarf es hier anderer Wege, um etwas über die Anforderungen und Vorstellungen der Interessenten zu erfahren. Zudem befassen sich die meisten Methoden der Marktforschung nicht mit den Personen, die unser Angebot bereits abgelehnt haben. Nichts lehrt uns mehr über uns selbst, als eine begründete Ablehnung. Wer etwas über die entscheidungsrelevanten Faktoren seiner Kunden erfahren will, muss danach fragen. Und ja, wir werden Antworten bekommen!

Wurde ein Akquisitionsprozess erfolgreich abgeschlossen, wurde offensichtlich alles richtig gemacht. Das Angebot entspricht in den relevanten Details den Vorstellungen des Kunden und man konnte sich auch gegenüber dem Wettbewerb durchsetzen.

Muss man hingegen erfahren, dass „das Angebot bei der Entscheidung leider nicht berücksichtigt werden konnte", lohnt es sich nach den Gründen zu fragen.

- Waren die Gründe eher kaufmännischer, technischer oder organisatorischer Natur?
- Von wem wurde die Entscheidung maßgeblich beeinflusst? Waren alle Beteiligten auf Seiten des Interessenten einer Meinung oder gab es unterschiedliche Standpunkte?
- Hätte es Möglichkeiten gegeben, die Entscheidung doch noch positiv zu beeinflussen?

- Hat sich der Interessent für einen Wettbewerber entschieden, eine technische Alternative oder hat der Interessent überhaupt keine Kaufentscheidung getroffen?
- Waren die relevanten Unterschiede gradueller Art (z. B. Angebotspreis des Wettbewerbs lag um 5 % niedriger) oder absolut im Sinne eines K.O.-Kriteriums (z. B. technische Eigenschaften sind vorhanden oder eben nicht)?
- Kann man ggf. konkrete Hinweise erhalten, was man beim nächsten Mal besser machen kann?

Nicht alle Fragen richten sich dabei an den Interessenten. Eine Vielzahl von Antworten findet man im eigenen Haus.

- Gab es bereits während des Entscheidungsprozesses Hinweise auf Probleme? (Technische Anforderungen, Preisgestaltung, Service, Lieferzeit etc.) Wann sind die Probleme angesprochen worden? Von wem wurden die Probleme thematisiert?
- Gab es Hinweise auf Missverständnisse?
- Wie ist im Nachhinein die Vertrauensbasis zu beurteilen?
- Gibt es Hinweise auf eigene Fehler? (Schlechte Erreichbarkeit, mangelnde Präsenz, schlechtes Timing, falsche Einschätzung der Gesprächspartner hinsichtlich ihrer Rolle im Entscheidungsprozess (Meinungsführer, Kompetenz- oder Bedenkenträger, Verhinderer, Förderer etc.), unzureichende Aufklärungsarbeit)?
- Wurden während des Akquisitionsprozess Fristen versäumt oder gab es unvorhergesehene Terminverschiebungen?
- Hat sich das Kommunikationsverhalten während des Entscheidungsprozesses verändert? Wurden Ansprechpartner ausgetauscht? Sind neue Kompetenzträger hinzugekommen? Wurden neue Forderungen gestellt?
- Bestand der letzte Kontakt zu einem technischen oder einem kaufmännischen Kompetenzträger?

In Kap. 5.4 wurde bereits die Win-Loss-Analyse als Methode erwähnt. Nachfolgend seien anhand eines konkreten Falles die Ergebnisse einer Win-Loss-Analyse exemplarisch dargestellt.

Bei dem betrachteten Unternehmen handelt es sich um einen Lieferanten von Komponenten für die technische Gebäudeausrüstung. Dessen Kunden sind Elektroinstallationsbetriebe und Anlagenbauer, die als Ausführende unmittelbar an Baumaßnahmen beteiligt sind. Vor Beginn einer solchen Maßnahme werden die gesamten Leistungen ausgeschrieben. Die Kunden, die als Bieter an dem Ausschreibungsverfahren teilnehmen, fragen entsprechende Teilleistungen und Komponenten an.

Die Daten stammen aus den Jahren 2003 bis 2011 und zeigen die prozentuale Verteilung der „Statusmeldungen" am Ende der Akquisitionsprozesse. Es wird unterschieden zwischen „Auftrag erhalten" bzw. 7 identifizierten Ablehnungsgründen.

- Grund 1) „zu teuer" Der Interessent hat sich im direkten Vergleich aufgrund des Preises für ein Wettbewerbsprodukt entschieden
- Grund 2) „Position gestrichen" Obwohl die Angebotsposition ursprünglich in der Planung berücksichtigt wurde, ist sie bei der späteren Ausführung entfallen.

- Grund 3) „kein Kontakt zum Auftragnehmer" Die Anfrage kam von einem Teilnehmer des Ausschreibungsverfahrens, der im anschließenden Vergabeverfahren einem anderen Bieter unterlegen ist. Trotz einer eingehenden Recherche durch den Vertrieb ist kein Kontakt zum späteren Auftragnehmer zustande gekommen.
- Grund 4) „Bauvorhaben wurde eingestellt" Das Bauvorhaben, für das das Unternehmen Anfragen erhalten hat, ist niemals zur Ausführung gekommen.
- Grund 5) „anderer Wunschpartner" Aufgrund einer bestehenden Beziehung zu einem anderen Lieferanten hat sich der Interessent für ein Wettbewerbsprodukt entschieden.
- Grund 6) „andere Lösung" Bei der Ausführung des Projektes wurde die ursprüngliche Lösung durch eine technische Alternative ersetzt, die nicht zum Portfolio des Unternehmens gehört und daher nicht angeboten werden konnte.
- Grund 7) „Akquisition verschlafen" Der Kontakt zu dem Interessenten kam erst zustande, nachdem der Interessent einen Auftrag bei einem Wettbewerber platziert hat.

Eine Analyse der Daten erlaubt folgende Interpretationen:

1. Die Quote der Akquisitionsprozesse, die zu einem Auftrag führen, schwankt im Beobachtungszeitraum nur geringfügig. Im Mittel liegt die Quote bei ca. 25 %.
2. Der Anteil der Akquisitionsprozesse, die aufgrund eines direkten Preisvergleichs zugunsten eines Wettbewerbers entschieden werden, ist mit durchschnittlich 3 % sehr niedrig, obwohl es eine Reihe von direkten Wettbewerbern gibt. Offensichtlich wird das Angebot des Unternehmens überwiegend als „preiswert" empfunden.
3. Der Status „anderer Wunschpartner" weist eine durchschnittliche relative Häufigkeit von ca. 8 % auf. Hier lässt sich untersuchen, ob sich diese „Bindungskräfte" z. B. durch preisliche Anreize überwinden lassen.
4. Eine „andere Lösung" wird gewählt, wenn ein Produkt zum Einsatz kommt, das nicht zum Portfolio des anbietenden Unternehmens gehört. Damit erhält man unmittelbar eine Potenzialanalyse des entsprechenden Marktes. Das Unternehmen kann nunmehr abschätzen, welches Umsatzvolumen hinter diesen Alternativprodukten steckt und kann sich ggf. für eine Ausweitung der Produktpalette entscheiden.
5. Bedauerlich sind die Fälle, in denen die vertrieblichen Bemühungen den Interessenten nicht rechtzeitig erreichen. Offensichtlich bestand hier eine Nachfrage nach den Produkten des Unternehmens, die bei einem Wettbewerber befriedigt wurde. Häufig wird dies damit erklärt, dass die Vertriebsmitarbeiter vorübergehend durch andere Vorgänge zu stark in Anspruch genommen waren. Geschieht dies öfters oder ist die Quote durchgängig zu hoch, könnte z. B. eine Verstärkung des Vertriebsteams notwendig sein.Das Säulendiagramm in Abb. 6.14 lässt sich lesen wie die Jahresringe eines Baumes. Einige Ereignisse hinterlassen deutliche Spuren. Die Finanzkrise beginnend im Jahr 2008 hat dazu geführt, dass sich die Zahl der „eingestellten Bauvorhaben" in dem Jahr 2010 absolut verdoppelt hat, während sie bereits 2011 wieder abnahm.

Auch im Kleinen lassen sich punktuelle Ereignisse und ihre nachhaltigen Wirkungen feststellen. 2005 verließ ein erfolgreicher Vertriebsmitarbeiter das Unternehmen. In der Folge mussten die von ihm betreuten Vorgänge auf die übrigen Mitarbeiter umverteilt werden. Das machte sich in einer spürbaren Erhöhung des Anteils „verschlafener Prozesse" deutlich, der erst nach zwei Jahren wieder auf das ursprüngliche Niveau zurückkehrte und dann sogar unterschritt, da gerade hierauf in der Folge ein besonderes Augenmerk gelegt wurde.

Hinsichtlich ihrer Aussage lassen sich diese Statusmeldungen unterteilen in a) unvermeidbare und b) vermeidbare Gründe bzw. Umstände die dazu führen, dass Akquisitionsprozesse erfolglos verlaufen. So kann man die Einstellung eines Bauvorhabens oder die Streichung einer Angebotsposition als unvermeidbar betrachten. Setzt man nunmehr die erfolgreichen Akquisitionsprozesse ins Verhältnis zu den als vermeidbar klassifizierten Absagen der Interessenten, so erhält man eine treffliche Aussage über die Schlagkraft der eigenen Vertriebsorganisation.

Die Veränderungen lassen sich entweder im Zeitverlauf darstellen (Abb. 6.14) oder man stellt Teilmärkte einander gegenüber. In Abb. 6.15 werden für denselben Zeitraum die Vertriebsregionen einander gegenübergestellt.

Aus dieser Darstellung lassen sich gegebenenfalls regionale Besonderheiten ablesen, wie z. B. den lokalen Einfluss eines Wettbewerbers, die eigene vertriebliche Präsenz, Unterschiede in Bezug auf Preissensitivität etc. Analog lässt sich diese Betrachtungsweise auf Produktsparten oder -linien übertragen.

Fazit

Die Identifikation von Ablehnungsgründen ist ein höchst sensibles Unterfangen. Sie muss für jedes Unternehmen, jede Sparte oder Produktlinie bzw. für jeden Vertriebskanal individuell vorgenommen werden. Dennoch lassen sich unter Zuhilfenahme eines entsprechenden Rasters (vgl. Abschn. 5.4) Kategorien von Entscheidungssituationen formulieren, in denen die empirischen Befunde zusammengefasst werden können.

6.6 Conjoint-Analyse einmal andersherum

Die Marketingwissenschaften gehen davon aus, dass sich der Nutzen eines Gutes für den Betrachter aus mehreren Aspekten zusammensetzt. Eine Conjoint-Analyse (zusammengesetzt aus den englischen Begriffen „**con**sidered **joint**ly" – „gemeinsam betrachtet") dient dazu, die Einzelkriterien hinsichtlich ihres Einflusses auf die Wahrnehmung und damit auf eine mögliche Kaufentscheidung zu gewichten.

Bei einer Conjoint-Analyse werden Versuchspersonen aufgefordert, ihre auf einen Untersuchungsgegenstand gerichteten Wahrnehmungen zu artikulieren und diese gemäß deren Intensitäten zu gewichten. Es entsteht ein entsprechendes Profil, das Rückschlüsse auf die Präferenzen der Versuchspersonen und damit den Grad an Akzeptanz bzw. Ablehnung zulassen. Diese Methode wird z. B. im Rahmen eines Produktdesigns zum Einsatz gebracht. Ein Ergebnis kann lauten: Verknüpfe die positiven Wahrnehmungen von Gegenstand A hinsichtlich des Merkmals X mit den positiven Wahrnehmungen des Gegenstands B in Bezug auf die Eigenschaft Y. Es entsteht dann ein Produkt C, das mehrheitlich den Präferenzen der jeweiligen Zielgruppe entspricht.

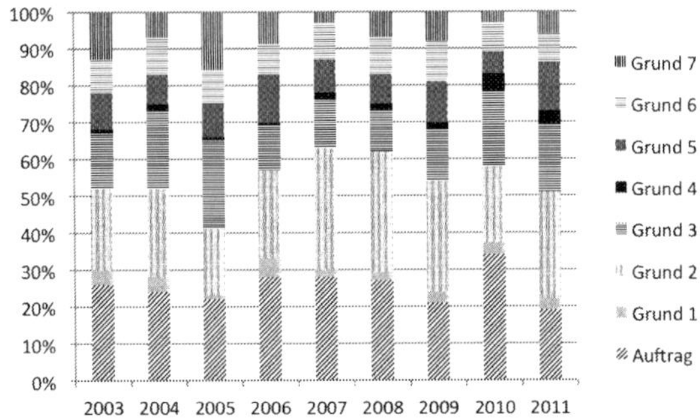

Abb. 6.14 Statusmeldungen im Zeitverlauf

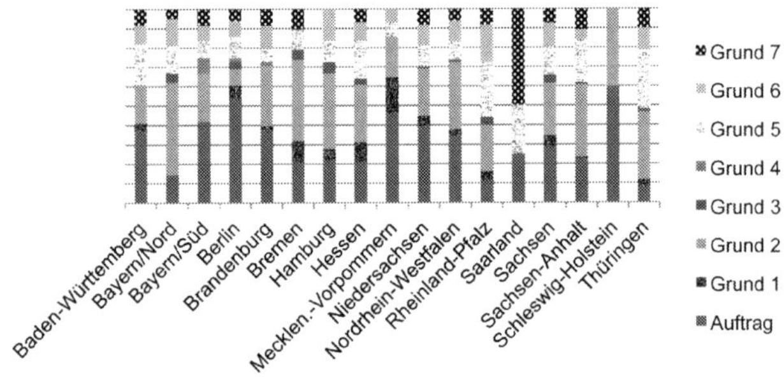

Abb. 6.15 Statusmeldungen je Vertriebsregion (innerhalb Deutschlands)

Sofern sich die in diesem Beispiel betrachteten Akquisitionsprozesse hinsichtlich unterschiedlicher Merkmale, die als entscheidungsrelevant betrachtet werden können, in Gruppen (Cluster) unterteilen lassen, lassen sich Faktoren bzw. Faktorkombinationen ermitteln, die entscheidenden Einfluss auf den Vertriebserfolg haben.

Dargestellt an dem Beispiel der Produkte für die technische Gebäudeausrüstung ergibt sich folgendes Bild (siehe Tab. 6.1):

Offensichtlich haben Akquisitionsprozesse im Zusammenhang mit privaten Neubauvorhaben eine im Vergleich geringere Aussicht auf Erfolg.
Das Ergebnis lässt sich wie folgt interpretieren: Das angebotene Produkt basiert auf konventioneller Technik. Auftraggeber gewerblicher Neubauvorhaben tendieren dazu, an dieser Stelle eine moderne Technologie zum Einsatz zu bringen. Die öffentliche Hand setzt – aus Kostengründen – bei Neubaumaßnahmen noch häufiger auf die konventionelle Technik. Bei Veränderungen im Bestand lohnt in der Regel nicht die Einführung der modernen Systeme.

Zur Überprüfung des Ergebnisses können die Prozesse untersucht werden, deren Statusmeldungen „andere Lösung bevorzugt" lauten (siehe Tab. 6.2):

Tab. 6.1 Erfolgsquote innerhalb verschiedener Cluster

Erfolgsquote der Akquisitionsprozesse			
	Neubauvorhaben	Umbau / Erweiterungen	Sanierungen
Öffentlich	25 %	33 %	29 %
Gewerblich	20 %	33 %	30 %

Tab. 6.2 Gescheiterte Akquisitionsprozesse aufgrund des Einsatzes anderer Lösungen

Statusmeldung „Andere Lösung bevorzugt“			
	Neubauvorhaben	Umbau / Erweiterungen	Sanierungen
Öffentlich	16 %	17 %	10 %
Gewerblich	39 %	16 %	2 %

Das Ergebnis bestätigt demnach unsere Vermutung. Die Bevorzugung einer technischen Alternative ist bei gewerblichen Neubauvorhaben mit Abstand der häufigste Grund für ein Scheitern des Akquisitionsprozesses. Gleichzeitig eröffnet diese Analyse einen Ausblick auf das vorhandene Marktpotenzial. Das Unternehmen kann somit abschätzen, ob eine Erweiterung des Produktportfolios sinnvoll ist.

Andererseits existieren offensichtlich Produkteigenschaften, die keinen nachweisbaren Einfluss auf das Entscheidungsverhalten der Interessenten haben. Vermeintliche Ablehnungsgründe, die jedoch nicht in dem tatsächlich beobachteten Katalog von Ablehnungsgründen auftauchen, sind a) entweder nicht entscheidungsrelevant oder b) das Unternehmen liefert keinen Anlass, dessen Produkte aus diesen Gründen abzulehnen. Keiner der zuvor genannten Gründe betrifft beispielsweise das Kriterium „Design“. Es lässt sich nunmehr vermuten, dass das Aussehen der Produkte für die Interessenten keine Entscheidungsrelevanz besitzt. In der Tat haben die Produkte überwiegend funktionellen Charakter. Die Kunden sind demnach auch nicht bereit, für ein besonderes Design einen höheren Preis zu zahlen. Das Kriterium „Lieferzeit“ wird zwar genannt, die relative Häufigkeit liegt jedoch deutlich unter einem Prozent und wird daher bei der Win-Loss-Analyse vernachlässigt. Offensichtlich finden die Beschaffungsvorgänge der Interessenten nicht unter Zeitdruck statt.

Methoden – Planen

7

Zusammenfassung

Jeder rational handelnde Mensch plant. Dabei handelt es sich um einen kreativen Vorgang vor dem Hintergrund realer Gegebenheiten. Diese Gegebenheiten, Zustände und Zusammenhänge erkennen wir auf dem Wege der zuvor beschriebenen Analyse. Insofern stellt die Planung im Sinne einer Synthese, also eines schöpferischen Vorgangs, das Gegenstück zur Analyse dar. Sobald man sich der Gegebenheiten bewusst ist, kann man sie sich zu Nutze machen.

Ein Plan beschreibt den zukünftigen Einsatz knapper Ressourcen zum Zwecke der Erreichung eines vorgegebenen Zieles. Das bedeutet, dass ein Plan immer auch das Vorhandensein eines Zieles voraussetzt. Die Erstellung eines Planes ohne genaue Kenntnis des Zieles ist widersinnig. Es lässt sich ferner schlussfolgern, dass zwischen der Erfüllung bzw. Umsetzung eines Planes und der Erreichung eines Zieles ein kausaler Zusammenhang besteht bzw. bestehen sollte. Ob ein Plan nun **effektiv** ist, lässt sich somit – ex post - an seinem Beitrag zur Zielerreichung bemessen.

Nicht ganz ernst gemeint ist folgendes Zitat: „Der Plan ist der Ersatz des Zufalls durch den Irrtum." In der Tat birgt jeder Plan den Keim des Scheiterns. Dies ist zurückzuführen auf Fehleinschätzungen, unvorhergesehene Umstände oder Einflüsse, Fehldeutung der Zielvorgaben etc. Zeigt sich, dass ein Plan nicht bis zur endgültigen Erreichung des Zieles umgesetzt werden kann, greift man zu "Plan B". Ein guter Plan zeichnet sich durch eine gewisse Robustheit gegenüber unsicheren Faktoren aus. Die Szenariotechnik findet Einsatz, um einen Plan unter verschiedensten Gegebenheiten auf seine Umsetzbarkeit und seinen nachhaltigen Beitrag zur Zielerreichung zu überprüfen.

Gleichzeitig ist man seit jeher bemüht, mit verschiedensten Methoden zukünftige Entwicklungen vorherzusehen, um die Unsicherheiten, auf die ein Plan während seiner Umsetzung stoßen kann, so gering wie möglich werden zu lassen. Jeder Feldherr hat vor

A. Dietzel, *Vertriebscontrolling optimieren*, DOI 10.1007/978-3-8349-3822-0_7,

einer wichtigen Schlacht seinen Astrologen befragt. Moderne Prognostiker bedienen sich da heute im Wesentlichen der Statistik oder auch der Entscheidungstheorie.

7.1 Der Einfluss des Ziels auf den Plan

Es ist eine zentrale Aufgabe des Managements, aus einer Vision Ziele zu formen. Diese Ziele werden dann zu Vorgaben. Deren Erreichung wird wiederum Aufgabe der Mitarbeiter. Aus der Sicht des Controllings sind Ziele nichts anderes als Sollgrößen.

Im Rahmen eines Managementprozesses wird unterstellt, dass von einem gemeinsamen (!) Ziel eine motivationssteigernde Wirkung ausgeht. Häufig spricht man davon, dass ein Ziel „s.m.a.r.t" sein soll:

- Spezifisch
- Messbar
- Attraktiv
- Realistisch
- Terminiert

Im englischen Sprachgebrauch sieht das zuweilen noch ein bisschen anders aus:

- Specific
- Measurable
- Attainable
- Relevant
- Timeframe

De facto repräsentiert ein Ziel eine bestimmte Erwartungshaltung. Diese richtet sich an einen Personenkreis, dessen Aufgabe es ist, alles ihm Mögliche zur Erfüllung dieser Erwartungen beizutragen. Häufig ist die Vergütung dieser Personen mit der Erreichung der Ziele verknüpft. Daher liegt es in ihrem besonderen Interesse, dass die Zielvorgaben „s.m.a.r.t." sind. Wird eine solche Vorgabe von vornherein als unerreichbar oder unrealistisch eingeschätzt, kann dies demotivierend wirken.

In Japan sieht man das anders. Ein gemeinsames Ziel muss eine Herausforderung darstellen, die eine übermenschliche, kollektive Leistung verlangt. Sollte dieses Ziel trotz aller äußersten Bemühungen wider Erwarten nicht erreicht werden, muss niemand sein Gesicht verlieren. Im Gegensatz zu den uns vertrauten westeuropäischen Sozialsystemen geht man in Japan eben einfach davon aus, dass jeder sein Möglichstes zum Wohle der Gemeinschaft tut.

Wie dargestellt, handelt es sich bei Zielen um Steuerungsinstrumente des Managements, z. B. im Rahmen des Management-by-Objectives. Es ist nicht die Aufgabe des Vertriebscontrollings, in diesen Steuerungsprozess einzugreifen. Vielmehr kann das Vertriebscontrolling Antworten auf die Fragen liefern, welche Ziele unter welchen Bedingungen mit welcher Wahrscheinlichkeit erreichbar sind oder welches Potenzial noch aktiviert werden kann.

Für das Vertriebscontrolling findet der Planungsprozess also unabhängig von strategischen Zielvorgaben oder Wunschdenken statt. Es geht um eine sachliche Betrachtung technisch relevanter Größen und Strukturen und deren Interpretation.

Insofern muss im Umgang mit den Begriffen „Plan“ und „Planung“ deutlich unterschieden werden. Zum einen versteht man den Plan als Resultat eines gestalterischen Prozesses, der gemeinhin als Planung bezeichnet wird. Diese Verwendung des Begriffs „Plan“ deutet zugleich auf das Vorhandensein eines zugrundeliegenden Zwecks.

Zum anderen existiert ein Verständnis von **Plangrößen** oder **Planzahlen** als dem Ergebnis eines Prognoseverfahrens. Hierbei signalisiert die Verwendung des Begriffs „Plan“, dass es sich um erwartete zukünftige Werte handelt. Dabei bleibt unberücksichtigt, ob die Ausprägungen dieser Werte gewünscht sind oder eher eine Katastrophe bedeuten.

Ein Beispiel:

Eine Trendanalyse ergibt eine geplante Umsatzsteigerung in Höhe von 3,5 % im Vergleich zum Vorjahreszeitraum. Die Vertriebsleitung hat hingegen in seiner Planung ein Ziel von 5,0 % festgeschrieben.

Es ist nur zu verständlich, dass man – allein aufgrund dieser „Zweideutigkeit“ – bei der Auswertung von Planungsdaten, z. B. einer Planbilanz oder eines Business-Plans, zu unterschiedlichen Einschätzungen gelangt.

In diesem Kapitel wird daher zunächst der Aspekt der Planung behandelt, der sich mit der Einschätzung und den Erwartungen zukünftiger Ereignisse befasst. In Kap. 8 geht es dann um die mit der Planung in Verbindung stehende Zielerreichung und die Frage, wie Steuerungsinstrumente zur Planerfüllung eingesetzt werden können.

Zudem ist davon auszugehen, dass viele Unternehmen für eine ganzheitliche Planung ihren Ausgangspunkt im Vertrieb wählen. Häufig handelt es sich beim Vertrieb um den betrieblichen Engpassbereich. Erich Gutenberg bezeichnet diesen als Minimumsektor. Sofern es keine anderen Knappheitssituationen, z. B. im Personalwesen oder bei der Rohstoffbeschaffung gibt, wirkt der Absatz auf alle übrigen Leistungen des Unternehmens deterministisch. Daher ist die Vertriebsplanung z. B. der Produktionsplanung vorgelagert.

7.2 Vom Umgang mit der Unsicherheit

Niemand vermag alle Facetten der Zukunft mit absoluter Genauigkeit vorherzusagen. Selbst sicher geglaubten Prozessen gelingt es immer wieder, zu überraschen. Gerne spricht man daher vom Einfluss des Zufalls. Überall dort, wo der „Faktor Mensch“ eine Rolle spielt, muss mit unvorhergesehenen Wendungen gerechnet werden. Dies gilt umso mehr im Vertrieb.

Ob ein Kunde sich für oder gegen ein Produkt entscheidet hat, wird jedoch in den seltensten Fällen allein mit dem Einfluss des Zufalls begründet. Um diesem Phänomen näher zu kommen, betrachten wir getrennt voneinander die Begriffe Zufall und - im Anschluss daran - Unsicherheiten im Zusammenhang mit menschlichen Entscheidungen.

7.2.1 Kopf oder Zahl

Betrachten wir den klassischen Münzwurf. „Kopf" oder „Zahl". Handelt es sich um eine faire Münze, erwarten wir beide Ereignisse mit einer Wahrscheinlichkeit von 50 %. Nun geht es nicht darum, mittels eines Münzwurfes die Wahrscheinlichkeit eines Auftrages zu ermitteln. Vielmehr geht es um den Unterschied zwischen einem Zufallsereignis und einem Prozess mit unsicherem Ausgang.

Dreimal hintereinander erscheint bei den Münzwürfen „Kopf". Wie lautet unsere Prognose für den vierten Wurf? Irgendwann muss ja mal „Zahl" erscheinen. „Also dreimal „Kopf"... dann wird es jetzt aber höchste Zeit für „Zahl"." Tatsächlich haben aber die bisherigen Ergebnisse keinerlei Einfluss auf den nächsten Wurf. Die Münze hat keinerlei Gedächtnis. Die Wahrscheinlichkeit, mit der eines der beiden Ereignisse realisiert wird, beträgt nach wie vor 50 %.

Und dennoch wissen wir, dass – sofern es sich um dieselbe Münze handelt – das Ergebnis „Kopf" oder „Zahl" lauten wird. Es wird derselbe Kopf und dieselbe Zahl zu sehen sein. Es wird nicht auf einmal ein „Adler" erscheinen. Dies gilt immer unter der Maßgabe, dass bestimmte Parameter, hier die Identität der Münze, nicht verändert werden. Trotz aller Wahrscheinlichkeiten gibt es somit Aussagen, die mit absoluter Sicherheit zutreffen werden. Somit kann man der Aussage: „Beim nächsten Wurf erscheint entweder Kopf oder Zahl" eine Eintrittswahrscheinlichkeit von 100 % beimessen.

Ein Golfspieler, der regelmäßig spielt und sich den Regularien der internationalen Golfgemeinde unterordnet, hat ein Handicap (im Deutschen auch „Stammvorgabe"). Diese Zahl bewertet die Spielstärke eines Spielers und wird laufend aus den bisherigen Ergebnissen ermittelt. Sofern man nicht von einem spontanen Leistungssprung ausgeht, hat dieser Wert seine Bedeutung für das jeweils nächste Spiel. Das Handicap beinhaltet demnach implizit eine Aussage über die vermutete Anzahl der Schläge, die ein Spieler bei seinem nächsten Spiel (auf einem bestimmten Platz) benötigen wird.

Das klingt eigentlich sehr gewagt. Dabei bleibt die Tagesform des Spielers, der Einfluss der Mitspieler etc. unberücksichtigt. Und doch gibt es offensichtlich relevante Einflussgrößen, die über einen längeren Zeitraum konstant oder zumindest vorhersehbar sind.

Die Genauigkeit, mit der ein altgedienter, mechanischer Reisewecker die Zeit misst, mag nicht unbedingt als Referenz für das Verständnis von Präzision gereichen. Ist man aber mit seinen Besonderheiten vertraut, kann man sich trefflich zur rechten Stunde von ihm wecken lassen.

Sind die Wechselwirkungen innerhalb eines Systems und die Einwirkungen von außen hinreichend bekannt, kann man Aussagen mit verblüffender Genauigkeit über das zu erwartende Verhalten treffen. In diesem Sinne kommt der Fähigkeit zum analytischen

Denken eine größere Bedeutung zu als der Fähigkeit, mit den Werkzeugen der Stochastik jonglieren zu können.

Das Ereignis „Exakt um 15.17 Uhr am morgigen Tag setzt im Raum Köln Regen ein" tritt aus Sicht der Statistik mit einer Wahrscheinlichkeit von nahe null Prozent ein. Genau gesagt beträgt der Wahrscheinlichkeitswert $\frac{1}{\infty}$. Denn beginnt es bereits um 15.16 Uhr oder erst um 15.18 Uhr zu regnen, ist die Aussage falsch. Häufig hört man hingegen, dass die Regenwahrscheinlichkeit an einem konkreten Ort innerhalb eines bestimmten Zeitfensters z. B. 20 % beträgt. Und der Aussage, dass es innerhalb der kommenden 6 Monate in Köln mindestens einmal regnen wird, wird kaum ein Kölner Bürger widersprechen, da er mit Sicherheit davon ausgeht, dass das beschriebene Ereignis eintritt.

Es wird somit ein gewisser Zusammenhang deutlich: Je präziser eine Aussage über ein zukünftiges Ereignis formuliert wird, desto geringer wird die Eintrittswahrscheinlichkeit.

7.2.2 Menschliches Verhalten ist selten zufällig

Der Mensch ist ein Gewohnheitstier. Sein Verhalten ist von Mustern geprägt. Empathie ist der entscheidende Schlüssel, die Absichten meines Kontrahenten zu antizipieren. Routinierte Vertriebler erklären ihre Vertriebserfolge mit Menschenkenntnis.

Dennoch ist es schon eine Frage des Zufalls, ob sich in einem Schuhgeschäft gerade heute genau das seit Wochen gesuchte Paar schwarze, halbhohe Schnürschuhe befindet. Als Betreiber eines Schuhgeschäftes kann man dem Zufall ein bisschen auf die Sprünge helfen, indem man ein möglichst breites Sortiment anbietet. Und man könnte es schon als Pech bezeichnen, wenn der neue Filialist und schärfste Wettbewerber gerade heute in seiner Schaufensterdekoration eben den gesuchten Schuh dekoriert hat.

Andererseits wird es kaum einen Grund geben, warum ein Interessent, der den passenden Schuh in angenehmer Atmosphäre zum akzeptablen Preis gefunden hat, diesen nicht kaufen wird. In diesem Fall ist lediglich noch die Frage offen, ob man den Kunden im Rahmen der Phase 4 auch noch von einem Schuhspanner und dem passenden Pflegemittel überzeugen kann.

7.3 Wie entstehen verlässliche Forecasts?

Für die meisten Unternehmen beginnt die Ergebnisplanung mit der Absatzplanung. Dadurch wird dem Umstand Rechnung getragen, dass die Absatzmengen weitgehend durch den Markt determiniert werden – andernfalls würde es keiner aktiven vertrieblichen Aktivitäten bedürfen.

Sofern der Absatz nicht durch langfristige, stabile Kundenbeziehungen geprägt ist, die nur geringen Veränderungen unterliegen, bedarf es je nach Geschäftsmodell geeigneter Prognosemethoden.

1. **Befragung** der Vertriebsmitarbeiter: Die Vertriebler werden aufgefordert, die von ihnen betreuten laufenden Vorgänge hinsichtlich Angebotsvolumen, Realisierungszeitpunkt und Auftragswahrscheinlichkeit zu beurteilen. Diese Vorgehensweise ist üblich bei Projekt-, Anlagen- oder Systemgeschäften im Industriegütersektor. In Vertriebssystemen, in denen die individuelle Beurteilungsmöglichkeit von einzelnen Akquisitionsprozessen fehlt, ist man auf die persönliche Einschätzung des Vertrieblers angewiesen, wie sich z. B. jeder einzelne Kunde entwickelt. Daher basieren diese wiederum z. B. auf den von Kunden geäußerten Erwartungen. Darüber hinaus gibt es weitere Indikatoren und Informationsquellen wie Fachmessen, Fachzeitschriften, Kollegengespräche, Insolvenzen auf Seiten der Kunden wie Wettbewerbern etc.
2. **Faustformeln** wie die „100 : 10 : 4 : 1"-Regel, die von Versicherungsvertretern angewandt wird: Von 100 Kontakten führen 10 zu einem Gespräch. 4 von den 10 Gesprächspartnern bitten um ein Angebot, vom denen genau 1 zu einem Auftrag wird.
3. **Vorgabe** durch die Vertriebs- oder Geschäftsleitung „Alles wie bisher plus 5 %". In der Vorgabe und Überwachung von Vertriebszielen sieht die Vertriebsleitung oftmals einen wesentlichen Teil ihrer Managementaufgaben. Dabei rückt die Frage nach dem wie zuweilen in den Hintergrund.
4. **Fremdeinschätzung** durch das Marketing: Durch die Analyse des Marktpotenzials, die Beobachtung von Wettbewerbsaktivitäten, die Untersuchung von gesellschaftlichen Trends etc. kommt das Marketing zu Schlussfolgerungen hinsichtlich der Veränderung der eigenen Marktsituation. Diese Erkenntnisse können sich in den Erwartungen, die an den Vertrieb gestellt werden, berücksichtigt werden. Manchmal wird auch das Marketingbudget – im Sinne einer erwarteten Verzinsung - ins Verhältnis gesetzt zu den geplanten Umsatzzuwächsen.
5. **Einfache Prognoseverfahren** liefern in einem stabilen Umfeld kurzfristig akzeptable Vorhersagewerte. Dazu zählen zum Beispiel die Methode der gleitenden Durchschnittswertermittlung oder die exponentielle Glättung (erster oder höherer Ordnung)
6. Die **Zeitreihenanalyse** liefert weitreichende Informationen über die relevanten Faktoren. Sie liefert bei ausreichendem, verlässlichem Datenmaterial bei konsequenter Anwendung aussagekräftige Ergebnisse, die sich in der Regel trefflich mit der Realität in Einklang bringen lassen.

Im Folgenden sollen die Vertriebsmodelle untersucht werden, in denen das Vertriebscontrolling zur Planung von Absatzmengen herangezogen werden kann. Die Zusammenstellung des Instrumentariums muss natürlich im Einzelfall erfolgen.

In der nachfolgenden Tab. 7.1 werden einige Prognoseverfahren zusammengestellt. Dabei werden diese hinsichtlich ihrer Anwendbarkeit unterschieden auf Basis des Akquisitionsprozesstypus und der Reichweite der Planung. Die Differenzierung der Planungsreichsweite ist kein absolutes Kriterium sondern erfolgt im Verhältnis zur Dauer eines „typischen" Akquisitionsprozesses. Dauert ein durchschnittlicher Akquisitionsprozess üblicherweise mehrere Monate, spricht man von kurzfristig, wenn der Prognosezeitraum kürzer als z. B. ein halbes Jahr ist.

Tab. 7.1 Prozesstypen und Prognoseverfahren

	Reichweite der Planung		
Akquisitions-prozesstypen	langfristig	mittelfristig	kurzfristig
Häufige, gleichartige Akquiseprozesse	Zeitreihenanalyse, Trendforschung, multivariate Verfahren	Gleitender Durchschnitt, exponentielle Glättung	Gleitender Durchschnitt, exponentielle Glättung
Individuelle, aber vergleichbare Akquiseprozesse	Zeitreihenanalyse, Trendforschung	Zeitreihenanalyse	Mitarbeiterbefragung, Einzelbetrachtung
Unabhängige, projektbezogene Akquiseprozesse	Trend-/Marktforschung, gleitender Durchschnitt, exponentielle Glättung	Mitarbeiterbefragung, Einzelbetrachtung	Mitarbeiterbefragung, Einzelbetrachtung

7.3.1 Die Dreiecksverteilung

In vielen Reporting-Listen findet man einzelnen Vertriebsprozessen Einschätzungen hinsichtlich der Auftragswahrscheinlichkeit zugeordnet. Wie dargestellt, ist für den Menschen der Umgang mit Unsicherheit bzw. Ungewissheit nur schwer möglich. Zu viele subjektive Eindrücke überlagern rationale Gedanken. Andererseits – so sagt die Bewusstseinsforschung – werden im Bauchgefühl viele rationale Ansätze verarbeitet, die nur nicht den Weg über das Bewusstsein genommen haben.

So kann einem Akquisitionsprozess intuitiv eine Wahrscheinlichkeit entweder größer oder kleiner 50 % beigemessen werden. Einen statistischen Wahrscheinlichkeitswert von unter 25 % assoziiert man vielleicht mit „eher unwahrscheinlich“, 75 % und mehr erscheinen „recht wahrscheinlich“. Um im Rahmen einer „Befragung des Bauchgefühls“ so dicht wie möglich an der emotionalen Ebene zu bleiben, werden diese diskreten Wahrscheinlichkeitsausprägungen durch Smilies, Farben o. ä. symbolisiert. Diese müssen zwecks einer späteren Verarbeitung und Auswertung wieder in numerische Werte übertragen werden.

Geht es um die Entwicklung des Umsatzes mit einem Kunden oder einem Produkt oder in einem Gebiet, so wird der Befragte Vertriebler zumeist eine Ober- und eine Untergrenze für seine Schätzung nennen können. Auch wird er voraussichtlich einen Wert als den „wahrscheinlichsten“ markieren können.

Die Dreiecksverteilung nimmt diese Werte auf und liefert darüber hinaus weitere Informationen. Sie ist keine Verteilungsfunktion, deren Gültigkeit sich empirisch nachweisen lässt. Sie ist aber ein probates Mittel, um eine (uns unbekannte) Verteilung nach unseren Vorstellungen zu simulieren (siehe Abb. 7.1).

Abb. 7.1 Die Dreiecksverteilung

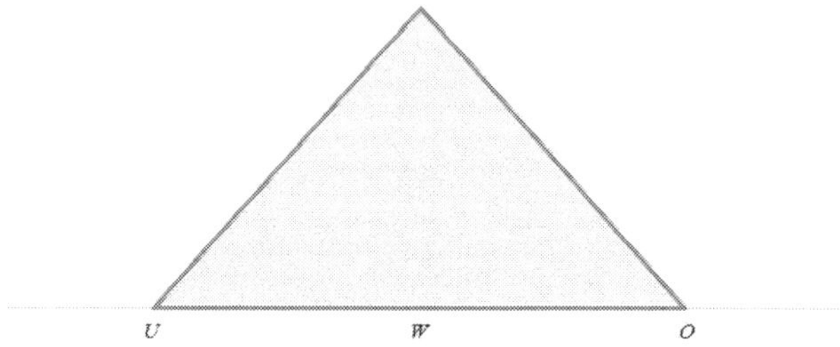

Die Grundlinie des Dreiecks repräsentiert alle wahrscheinlichen Werte, begrenzt durch die Obergrenze „O“ und die Untergrenze „U“. „W“ markiert den wahrscheinlichsten Wert („most likely“). Die Größe des Dreiecks beträgt genau eine Flächeneinheit und bildet somit die 100 % Wahrscheinlichkeit ab, mit der einer der verzeichneten Werte realisiert wird.

Im Fall unserer Auftragswahrscheinlichkeiten gilt: O = 1 und U = 0. Wahrscheinlicher als absolut sicher kann der Erfolg nicht sein, ebenso gibt es keine Steigerung von unmöglich (siehe Abb. 7.2).

Die drei dargestellten Dreiecksverteilungen beschreiben die unterschiedlichen Erwartungen mit den Eintrittswahrscheinlichkeit W_1, W_2 und W_3.

Analog ist das Vorgehen zur Schätzung einer bestimmten Umsatzgröße. Zusätzlich variieren dann die jeweiligen Ober- und Untergrenzen (siehe Abb. 7.3).
Der Erwartungswert[1] der Dreiecksverteilung bestimmt sich über.

$$E(X) = \frac{U + O + W}{3}$$

Die Varianz[2] ergibt sich als.

$$Var(X) = \frac{U^2 + W^2 + O^2 - OU - OW - UW}{18}$$

1 Der Erwartungswert ist der Wert, der sich als Mittelwert aller Beobachtungswerte bei einer Vielzahl von Wiederholungen ergibt.

2 Die Varianz ist ein Maß für die Streuung einer Verteilung und gibt an, wie weit die realisierten Werte von deren Mittelwert abweichen. Ein hoher Wert für die Varianz sagt aus, dass a) die einzelnen Beobachtungswerte weit auseinander liegen und somit b) der Mittelwert nur eine geringe Genauigkeit als Prognosewert hat.

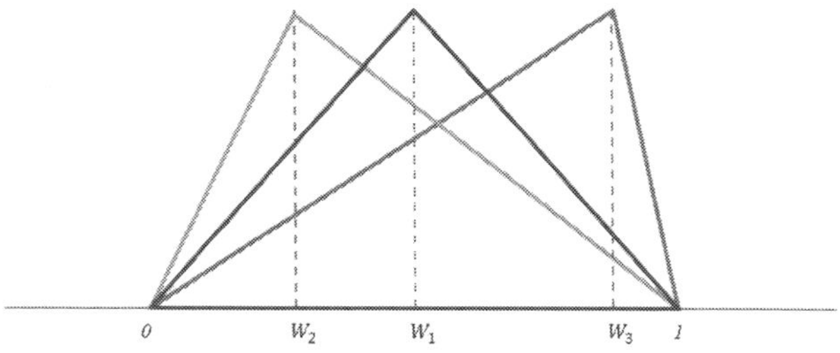

Abb. 7.2 Drei unterschiedliche Wahrscheinlichkeitsverteilungen

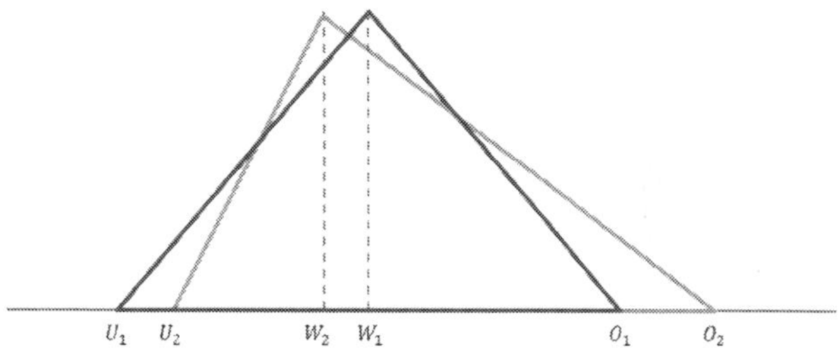

Abb. 7.3 Zwei Wahrscheinlichkeitsverteilungen zusätzlich mit unterschiedlichen Grenzen

7.3.2 Einfache Prognoseverfahren

An dieser Stelle werden zwei einfache Prognoseverfahren vorgestellt, die sich leicht implementieren lassen. Die notwenige Datenbasis muss dazu nicht besonders umfangreich sein. Daher eigenen sich diese Verfahren auch für „Neueinsteiger".

7.3.2.1 Der gleitende Durchschnitt

Vielfach verwendet der Mensch die Bildung eines Durchschnitts – häufig bereits unbewusst – zur Vorhersage eines zukünftigen Ereignisses. Beispiel: In sieben von zehn Jahren hat in einer Wintersportregion im Monat März Schnee gelegen. Wir beurteilen daher die Wahrscheinlichkeit für gute Skibedingungen im selben Zeitraum des kommenden Jahres intuitiv mit 70 %, zunächst ungeachtet einer möglichen Diskussion über den Klimawandel.

Damit haben wir im Kopf folgende Rechnung vollzogen:

Das Ereignis „Es liegt Schnee im März des Jahres i" wird repräsentiert durch den Wert $x_i = 1$, das Ereignis „Es liegt kein Schnee im März des Jahres j" durch den Wert $x_j = 0$. Folgende Berechnung führt uns zu unserem Ergebnis:

$$p(x_{11} = 1) = \frac{1}{10} \cdot \sum_{i=1}^{10} x_i = 0,7$$

Mit anderen Worten: Die Wahrscheinlichkeit dafür, dass im Jahr 11 Schnee im März liegt, also $p(x_{11}=1)$, beurteilen wir aufgrund dieser Methode mit 70 % [3].

Trägt man die Werte dieser Zeitreihe explizit auf, nimmt sie vielleicht diese Gestalt an: {0; 1;1;0;1;1;1;0;1;1}. Unterstellt man die Existenz eines dreijährigen, regionalen Schneezyklus (vielleicht auf Basis einer Bauernregel oder meteorologischer Metadaten), kann es sinnvoll sein, die Vergangenheitswerte entsprechend dieser Vermutung zu „Dreierpäckchen" zusammenzufassen. Damit ergibt sich beginnend mit dem ersten Jahr unserer Aufzeichnung folgendes Bild:

$$y_n = \frac{1}{3} \cdot \sum_{m=3n-2}^{3n} x_m \; ; n \in \{1;2;3\} \rightarrow y_1 = \frac{2}{3} \; ; y_2 = \frac{2}{3} \; ; y_3 = \frac{2}{3}$$

Dieses vermeintlich konstante Bild legt den Gedanken nahe, dass die Eintrittswahrscheinlichkeit für das erwünschte Ereignis eher bei $\frac{2}{3} \cong 66\,\%$ liegt.

Das Prognosejahr fällt in das vierte „Dreierpäckchen", für das bereits ein Wert vorliegt: $x_{10}=1$. Sofern wir annehmen, dass auch $y_4 = \frac{2}{3}$ gilt, darf nur einer der beiden Zufallsvariablen x_{11} *oder* x_{12} annehmen. Die Wahrscheinlichkeit, dass gerade x_{11} den Wert 1 annimmt, liegt somit jedoch nur bei 50 %.

Sofern $y_4 = \frac{2}{3}$ gelten soll und im zehnten Jahr doch kein Schnee gelegen hätte, also $x_{10}=0$, so müsste man davon ausgehen, dass es in den Jahren 11 und 12 sicher schneien wird.

Trotz dieser verwirrenden Eigenschaften ist die Methode des gleitenden Durchschnitts sehr gebräuchlich. Immer dann wenn man z. B. einen Monats-, Quartals- oder Jahresumsatz bestimmt und daraus den durchschnittlichen Umsatz pro Tag oder pro Woche oder für das kommende Jahr berechnet, greift man dieses Verfahren auf. Je mehr Werte zu einem Durchschnitt zusammengefasst werden, umso „glatter" erscheint deren Verlauf.

Ferner ist hierbei zu beachten, dass bei dieser Überlegung alle Vergangenheitswerte denselben Einfluss haben. Sollte sich also mittlerweile der Klimawandel bemerkbar machen, empfiehlt es sich, den jüngeren Beobachtungen eine größere Bedeutung beimessen, als den weiter zurückliegenden.

7.3.2.2 Exponentielles Glätten

Die exponentielle Glättung wirkt wie das Diskontieren der beobachteten Vergangenheitswerte der zugrunde liegenden Zeitreihe. Im Falle einer unendlich in die Vergangenheit zurückreichenden Zeitreihe stellt sich die Prognosefunktion für den Zukunftswert x_{t+1} wie folgt dar:

[3] Betrachten wir hingegen das Ereignis „Es liegt Schnee im Beobachtungszeitraum" als von den Vorjahresereignissen als unabhängig, so ergibt sich als Erwartungswert 50 %, ähnlich einem Münzwurf.

$$x_{t+1} = \alpha \cdot \sum_{i=0}^{t} (1 - \alpha)^i \cdot x_{t-i} \; mit \; \alpha \in \mathbb{R} \; und \; 0 < \alpha < 1$$

Hierbei wird α als Glättungsparameter gezeichnet. Je größer dieser Parameter gewählt wird, umso stärker ist der Einfluss aktueller Werte. Geht der Wert gegen null, gewinnen die historischen Werte an Bedeutung, gleichzeitig ist die glättende Wirkung maximal und die Reagibilität der Prognose minimal. Die Funktion reagiert „träge" auf plötzliche Veränderungen.

7.3.3 Die hypergeometrische Verteilung

Aus Erfahrung wissen wir, dass im Mittel 25 % aller Akquisitionsprozesse mit einem Auftrag enden. Im Jahresdurchschnitt befinden sich kontinuierlich ca. 200 Prozesse in der Bearbeitung, d. h. sie werden jeweils von einem Vertriebler betreut. In jedem Monat kommen ca. 30 neue Prozesse hinzu, während sich ungefähr die gleiche Anzahl entscheidet, d. h. die werden zu einem Auftrag oder werden als erfolglos abgelegt. Betrachten wir diese 30 Entscheidungen als zufällige Stichprobe (aus der Grundgesamtheit der 200 Prozesse), handelt es sich hierbei um ein Experiment der Art „Ziehen ohne Zurücklegen".

In diesem Fall lassen sich mithilfe der hypergeometrischen Verteilung Aussagen über die Zusammensetzung der Stichprobe gewinnen. Hierbei bezeichnen wir die Grundgesamtheit der Prozesse mit dem Buchstaben **N**. Aus der Vergangenheit wissen wir, dass wir davon ausgehen können, dass ein Viertel davon zu Aufträgen wird. Daher sollten aus insgesamt 200 Prozessen 50 Aufträge resultieren. Diese Menge bezeichnen wir mit dem Buchstaben **M**. Der Umfang unserer Stichprobe, repräsentiert durch den Buchstaben **n**, umfasst 30 Prozesse.

Die Dichtefunktion der hypergeometrischen Verteilung hat folgende Gestalt:

$$P(X = k) = \frac{\binom{M}{k}\binom{N-M}{n-k}}{\binom{N}{n}}$$

Wir können nunmehr Fragen formulieren, auf die wir eine Antwort wünschen:

- Wir erwarten eine bestimmte Anzahl an Aufträgen pro Monat. Unsere Frage lautet daher: Wie hoch ist die Wahrscheinlichkeit, dass sich genau sieben (Buchstabe **k**) Aufträge aus den von uns betrachteten Prozessen ergeben?

$$P(X=k)=\frac{\binom{50}{k}\binom{150}{30-k}}{\binom{200}{30}}$$

Das nachfolgende Säulendiagramm (siehe Abb. 7.4) zeigt die Verteilung der Wahrscheinlichkeiten in dem von uns vorgegebenen Bereich. Es zeigt sich, dass dem Ereignis „Es werden genau sieben Aufträge generiert." die größte Wahrscheinlichkeit (knapp 18 %) beigemessen wird.

- Die Wahrscheinlichkeit dafür, dass maximal sieben Aufträge eingehen, berechnet sich wie folgt:

$$P(X\le 7)=\sum_{k=0}^{7}P(X=k)\cong 51\,\%$$

Die Wahrscheinlichkeit dafür, dass mindestens acht (also mehr als sieben) Aufträge verzeichnet werden, beträgt analog:

$$P(X>7)=1-P(X\le 7)\cong 1-51\,\%=49\,\%$$

7.3.4 Monte Carlo verheißt Gewinn

Für den Zufallsprozess „Auftrag ja/nein" gibt es nur diese beiden Ausprägungen. Mit 100 %iger Wahrscheinlichkeit wird also einer der beiden Zustände eintreten. Es wäre demnach falsch, ein Angebot über 100.000,00 EUR und einer „gefühlten" Wahrscheinlichkeit von z. B. 50 % zu gewichten und dann mit 50.000,00 EUR in die Absatzplanung zu übernehmen.

Es ist kaum sinnvoll möglich, im Rahmen einer Prozessbetrachtung eine zielgenaue Vorhersage für einen einzigen Zufallsprozess zu treffen. Vielmehr interessiert bei der Absatzplanung nur die Summe der Ereignisse sowie deren aggregierten Ausprägungen. Somit bildet die Gesamtheit unserer Akquisitionsprozesse ein System von einzelnen (unabhängigen) Annahmen.

Grundsätzlich gilt: Umsatz = Absatzmenge x Verkaufspreis. Formal beschrieben lautet der Zusammenhang:

$$U=\sum_{i}x_i\cdot p_i$$

Sofern die abzusetzenden Güter durchweg homogener Art sind (Massengüter wie z. B. Rohstoffe oder Energie) und über identische oder nur geringfügig streuende Verkaufspreise verfügen, steht das Merkmal der Menge im Vordergrund. In diesen Fällen werden

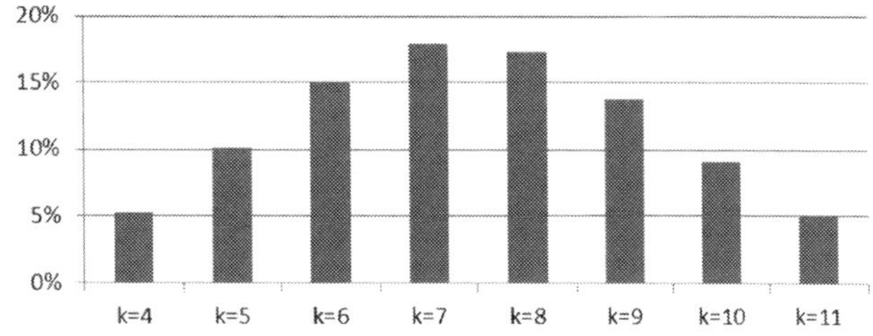

Abb. 7.4 Beispiel einer hypergeometrischen Verteilung

für diese beiden Größen unterschiedliche Prognoseverfahren zum Einsatz kommen. Ein Energieproduzent wird beispielsweise seine erwarteten Verkaufspreise (Preis pro Kilowattstunde) auf Basis einer Extrapolation (z. B. 200-Tage-Durchschnitt) von historischen Werten an den relevanten Börsenplätzen unter Berücksichtigung persönlicher Einschätzungen bilden.

Ein Einzelhändler kennt sein Sortiment und dessen Verkaufspreise bzw. bestimmt sie in Abhängigkeit von der Situation auf den Beschaffungsmärkten oder im Rahmen einer strategischen bzw. operativen Preispolitik. Für ihn ist somit die Zusammensetzung der Abverkaufsmenge von Interesse.

Im Projektgeschäft (z. B. Sondermaschinenbau) hingegen kann das Auftragsvolumen erheblich schwanken und bedarf daher einer individuellen Betrachtung.

Gleiches gilt für die abgesetzten Mengen. Ein Unternehmen, dass über einen ausgeprägten Anteil an Stammkunden verfügt, deren Nachfrage weitgehend stabil ist, tut sich bei der Planung der Absatzmengen vergleichsweise leicht. Hier richtet sich ggf. das Augenmerk auf die Zusammensetzung der Kunden. Gibt es große Einzelkunden, deren Nachfrageausfall ein Risiko für das Unternehmen bedeutet? Diese Frage wird jedoch eher vom Risikocontrolling aufgeworfen.

Der Hersteller eines Markenkonsumproduktes wird sich bei seiner Absatzplanung möglicherweise an demografischen Größen orientieren. Die Position innerhalb des Produktlebenszyklus liefert zusätzlich wichtige Anhaltspunkte. Daher steht hier die Absatzplanung in enger Verbindung mit der Produkt- oder Markenpflege, die Aufgaben des Marketings sind.

Im Rahmen des Vertriebscontrollings sind vorzugsweise die individualisierbaren Akquisitionsprozesse von Interesse. Dabei bleibt zu differenzieren, ob es sich um die Akquisition eines Kunden handelt, der in der Folge Umsatz generiert, oder ob es sich um die Akquisition im Rahmen eines Projektgeschäftes handelt. Insofern bilden z. B. Errichter von Staudammprojekten und freiberufliche Hebammen eine Gruppe, da es in beiden Fällen um die Akquisition von Projekten geht, bei denen man nicht zwingend davon ausgehen kann, dass derselbe Auftraggeber (Kunde) Folgeaufträge garantiert.

Die andere Gruppe akquiriert Kunden in der Hoffnung, mit diesen in der Zukunft auf unbestimmte Zeit Umsatz zu generieren. Betrachtet man die Deckungsbeiträge aus dieser zeitlich verteilten Abfolge von Einzelaufträgen, so lässt sich daraus der Kapitalwert eines Kunden herleiten. Dieser Kapitalwert ist bei diesem Ansatz vergleichbar mit dem erwarteten Deckungsbeitrag aus einem Projektgeschäft. Auf dieser Basis lassen sich beide Gruppen bei der nachfolgenden Betrachtung zu einer vereinheitlichen.

Wie bereits eingangs beschrieben, kann es sinnvoll sein, die Beurteilung von Auftragswahrscheinlichkeit und die Schätzung der erwarteten Auftragshöhe voneinander zu trennen. Ein Auftrag kann als hochwahrscheinlich eingestuft werden, während das Auftragsvolumen noch unbestimmt ist. Andererseits kann die Höhe des möglichen Auftrags bereits feststehen, jedoch besteht noch das (einschätzbare) Risiko des Scheiterns der Akquisition.

Gehen wir daher davon aus, dass diese beiden Merkmale eines Akquisitionsprozess voneinander **unabhängig** sind. D.h., dass die absolute Höhe (also nicht im Vergleich zum Wettbewerb) des Angebots keinen Einfluss auf den Erfolg der Bemühung hat. Es stellt sich nunmehr die Frage, wie die Ereignisse und deren Wahrscheinlichkeiten miteinander zu einer sinnvollen Prognose verknüpft werden.

Es ist unrichtig anzunehmen, dass zwei 50 %-Chancen gleichbedeutend mit einer 100 %-Chance wären. Es ist ferner falsch, eine 50 %-Chance auf einen Auftrag mit einem Volumen von einer Million Euro mit einem Akquisitionsprozess gleichzusetzen, der mit einer 25 %igen Wahrscheinlichkeit zu einem Zwei-Millionen-Auftrag führt.

Betrachten wir beispielhaft die kurzfristige Umsatzplanung eines Unternehmens, dass zu diesem Zweck die Wahrscheinlichkeiten von drei (unabhängigen) Akquisitionsprozessen betrachtet, die sich aktuell in Phase IV befinden und bei denen unmittelbar mit einer Entscheidung des Interessenten gerechnet wird. Die drei Akquisitionsprozesse werden zur Unterscheidung mit den Buchstaben *X*, *Y* und *Z* bezeichnet. Das Ereignis, dass ein Auftrag zustande kommt, bezeichnen wir mit A, einen Misserfolg mit $\overline{A}$. Die Wahrscheinlichkeit, dafür dass der Akquisitionsprozess Y mit einem Erfolg endet, lautet demzufolge $P(A_Y)$ und für den Fall eines Misserfolgs von *Z* entsprechend $P(\overline{A}_Z)$.

Es gelten folgende Zusammenhänge:

$$0 \leq P(A) \leq 1$$

$$P(A) + P(\overline{A}) = 1 \; bzw. P(A) = 1 - P(\overline{A})$$

Da im Rahmen der Umsatzplanung die Gesamtheit der drei Akquisitionsprozesse interessiert, müssen diese gemeinsam betrachtet werden. Am Ende der zu planenden Periode können keiner, einer, zwei oder alle drei Prozesse zu Aufträgen geworden sein. Damit insgesamt zwei Prozesse zu Aufträgen werden, bedingt dies, dass genau ein Prozess ohne Auftrag endet. Dafür gibt es genau drei mögliche Kombinationen:

$$X \rightarrow A; Y \rightarrow A; Z \rightarrow \overline{A}$$

$$X \rightarrow A; Y \rightarrow \overline{A}; Z \rightarrow \mathrm{A}$$

$$X \rightarrow \overline{A}; Y \rightarrow A; Z \rightarrow \mathrm{A}$$

Tab. 7.2 Angenommene Wahrscheinlichkeitswerte

	Akquisitionsprozess X	Akquisitionsprozess Y	Akquisitionsprozess Z
Erfolg	$\frac{1}{2}$	$\frac{3}{4}$	$\frac{1}{3}$
Misserfolg	$\frac{1}{2}$	$\frac{1}{4}$	$\frac{2}{3}$

Tab. 7.3 Angebotswerte je Akquisitionsprozess

	Akquisitionsprozess X	Akquisitionsprozess Y	Akquisitionsprozess Z
Angebotswert	20.000 EUR	70.000 EUR	40.000 EUR

Tab. 7.4 Auftragswahrscheinlichkeiten ermittelt durch totale Enumeration

Prozess X [€]	Prozess Y [€]	Prozess Z [€]	Umsatz [€]	Wahrscheinlichkeit
20.000	70.000	40.000	130.000	13 %
20.000	70.000	-	90.000	25 %
20.000	-	40.000	60.000	4 %
20.000	-	-	20.000	8 %
-	70.000	40.000	110.000	13 %
-	70.000	-	70.000	25 %
-	-	40.000	40.000	4 %
-	-	-	-	8 %

Insgesamt gibt es $2^3 = 8$ Kombinationen. Wären die Chancen auf Auftrag gleichverteilt, betrüge die Wahrscheinlichkeit, dass sich genau ein Misserfolg einstellt, *3/8*. Entsprechend beträgt die Wahrscheinlichkeit für genau zwei Aufträge *1-3/8 =5/8*.

Abb. 7.5 Wahrscheinlichkeitsbaum

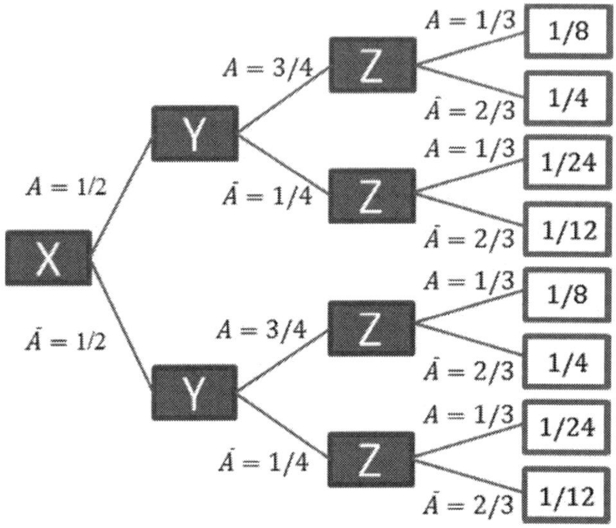

Im Folgenden seien diese Wahrscheinlichkeitswerte, z. B. ermittelt auf Basis einer Dreiecksverteilung aus Kap. 7.3.1, für die Akquisitionsprozesse angenommen (siehe Tab. 7.2):

Die Kombinationen von Wahrscheinlichkeitswerten werden in einem Wahrscheinlichkeitsbaum in Abb. 7.5 dargestellt.

Die Wahrscheinlichkeit, dass alle Prozesse erfolgreich enden, liegt also bei *1/8 = 0,125*. Die Gefahr, dass alle Prozesse keinen einzigen Auftrag liefern, liegt entsprechend bei *1/12*.

Die Angebotswerte werden wie in Tab. 7.3 dargestellt angenommen.

Daraus resultieren die Wahrscheinlichkeitswerte in Tab. 7.4.

Es zeigt sich, dass dieses Verfahren zwar vollständige (durch totale Enumeration) und richtige Informationen liefert, diese aber kaum für eine Absatzplanung taugen. Mit einer Wahrscheinlichkeit von jeweils 25 % wird zum einen ein Umsatz in Höhe von 90.000 € und zum anderen 70.000 € realisiert. Der Wert 60.000 € liegt relativ dicht an 70.000 €, wird jedoch nur mit einer Wahrscheinlichkeit von 4 % erreicht.

Zudem wird dieses Verfahren sehr schnell sehr umfangreich. Mit jedem zusätzlichen Akquisitionsprozess verdoppelt sich die Anzahl der Kombinationen. Darüber hinaus ist es sehr aufwendig, Abweichungen zwischen den aktuellen Angebotswerten und den daraus möglicherweise resultierenden Auftragswerten in das Modell zu integrieren.

An dieser Stelle stellt eine **Monte-Carlo-Simulation** eine elegante Methode dar, um mittels eines geeigneten stochastischen Algorithmus auf Grundlage einer Vielzahl von Zufallszahlen einen Prozess zu modellieren.

Das Verfahren wurde im Zusammenhang mit der Analyse kernphysikalischer Effekte entwickelt und lässt sich auch in anderen technischen und naturwissenschaftlichen Bereichen einsetzen.

Dieses Simulationsverfahren ist vergleichbar mit der Betrachtung eines Objektes, das vor uns in einem absolut dunklen Raum steht. Mit einer Taschenlampe können wir das

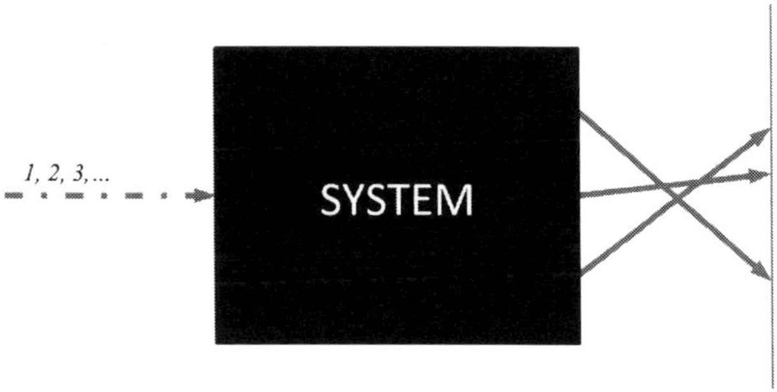

Abb. 7.6 Grundidee der Monte-Carlo-Simulation

Objekt blitzlichtartig punktuell beleuchten. Jedes Blitzlicht reflektiert neue Informationen auf unsere Netzhaut. Wechselt man fortwährend die Perspektive oder den Blickwinkel, komplettiert sich das Bild zunehmend (siehe Abb. 7.6).

Ein System bestehend aus Annahmen und Prämissen wird bei einer Monte-Carlo-Simulation einer großen Zahl von Zufallsereignissen ausgesetzt. Als Ergebnis jedes Zufallsprozesses wird – in unserem Fall – die Summe aller Angebotswerte der sich einstellenden erfolgreichen Akquisitionsprozesse verzeichnet. Jede Wiederholung führt im Rahmen unserer Annahmen zu einem neuen Ergebnis. Die Menge der Ereignisse bilden wiederum eine Verteilungsfunktion, die sich hinsichtlich ihres Erwartungswertes und ihrer Varianz untersuchen lässt.

Der Erwartungswert dieser Simulation entspricht dann dem Prognosewert unseres Systems und damit dem gesuchten „sales forecast". Die Varianz gibt an, mit welcher Streuung zu rechnen ist.

Nachfolgend soll exemplarisch ein Experiment zur Beurteilung eines Akquisitionsprozesses auf Basis der Dreiecksverteilung (vgl. 7.3.1) dargestellt werden.

In einem **ersten Schritt** wenden wir uns der Modellierung der Auftragswahrscheinlichkeit zu. Wir gehen davon aus, dass uns eine Schätzung für die Auftragswahrscheinlichkeit, z. B. aufgrund einer Beurteilung durch den Vertriebler, vorliegt. Diese stellt sich wie folgt dar.

Jedem Akquisitionsprozess werden sowohl eine Unter- wie eine Obergrenze für die geschätzte Auftragswahrscheinlichkeit x zugeordnet. Hinzu kommt eine Vermutung hinsichtlich der größten Wahrscheinlichkeit.

Als Beispiel soll folgende Einschätzung dienen: Der Vertriebler ist sehr optimistisch den Verlauf des Akquisitionsprozesses betreffend. Dennoch hat er natürliche Vorbehalte, die ihn davon abhalten, den erwarteten Auftrag schon als sicher zu bezeichnen. Aus dieser Überlegung heraus versieht er seine Schätzung für die Obergrenze der Auftragswahrscheinlichkeit mit einem Abschlag in Höhe von 10 %, also O = 90 %. Den Einfluss möglicher Faktoren, die den erhofften Vertragsabschluss noch verhindern könnten, schätzt der Vertriebler ebenfalls gering ein. Die Untergrenze für seinen Schätzwert liegt demnach bei ebenfalls 10 %, also U = 10 %. Der wahrscheinlichste Wert wird als Resultat der positiven Grundeinschätzung mit 70 % angegeben, also W = 70 % (siehe Abb. 7.7):

Abb. 7.7 Monte-Carlo-Simulation – erster Schritt

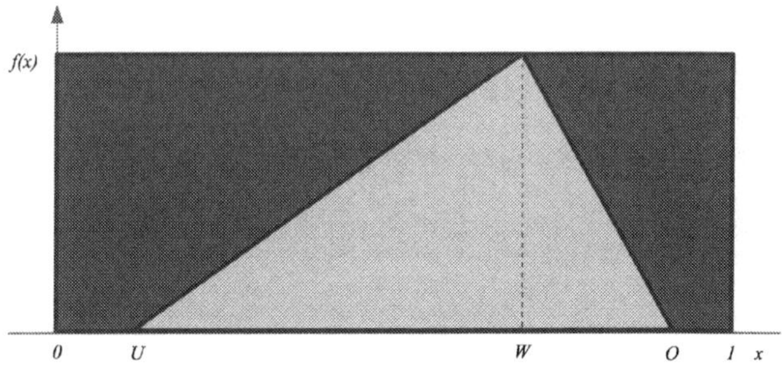

Die Verteilungsfunktion liegt über dem Intervall [U; O] ⊆ [0;1] mit $x \in [U;O], O > U$ und der Wert mit der höchsten wahrgenommenen Wahrscheinlichkeit liegt an der Stelle W. Die Höhe des Dreiecks betrage 2 Längeneinheiten, während die Strecke von 0 bis 1 eine Längeneinheit lang ist. Die Fläche eines Dreiecks, dessen Basis den gesamten Bereich von 0 bis 1 überspannt, beträgt entsprechend genau eine Flächeneinheit.

Nun wird ein Zufallsprozess angestoßen, der 2-dimensionale, jeweils voneinander unabhängige, gleichverteilte Punktwerte in Form von 2-Tupeln generiert mit $U \le x_i \le O \, und \, 0 \le y_i \le 2, \forall i$. Diese wirken auf das „Ziel-Rechteck" wie ein Schuss aus einem „Schrotgewehr". Die Lage der „Einschusslöcher" mit den Koordinaten $(x_i; y_i)$ wird anschließend ausgewertet (siehe Abb. 7.8).

Das Ergebnis jedes einzelnen „Schusses" wird verdichtet auf die Aussage „Treffer liegt innerhalb des Dreiecks (1) oder außerhalb (0)". Die Form der Verteilungsfunktion lässt erkennen, dass die meisten „Treffer" innerhalb des Dreiecks in der Nähe des Wertes W (also $x \ge W - \varepsilon \, und \, x \le W + \varepsilon, \varepsilon > 0$) zu verzeichnen sein werden, da hier die Höhe des Dreiecks maximal ist[4].

Die "Trefferfläche" wird durch das umhüllende Rechteck begrenzt. Daraus ergibt sich für die Verteilungsfunktion folgendes Bild:

$$f(x) = \begin{cases} 0, \; x < U \\ \dfrac{2}{W-U} \cdot (x-U), \; U \le x \le W \\ \dfrac{2}{O-W} \cdot (O-x), \; W < x \le O \\ 0, \; x > O \end{cases}$$

[4] Dabei ist es wichtig, auf die Güte der Zufallsfunktion zu achten. Es ist nicht unproblematisch, Zufallszahlen zu erzeugen, die wirklich eine unverzerrte Verteilung der Treffer liefern. Hierzu sind die Hinweise in der einschlägigen Literatur zu beachten.

Abb. 7.8 Monte-Carlo-Simulation – „Der Beschuss“

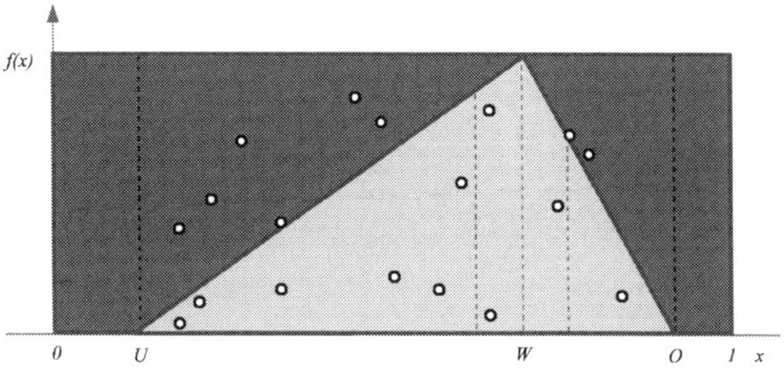

Abb. 7.9 Gleichverteilte Wahrscheinlichkeit für die Auftragshöhe

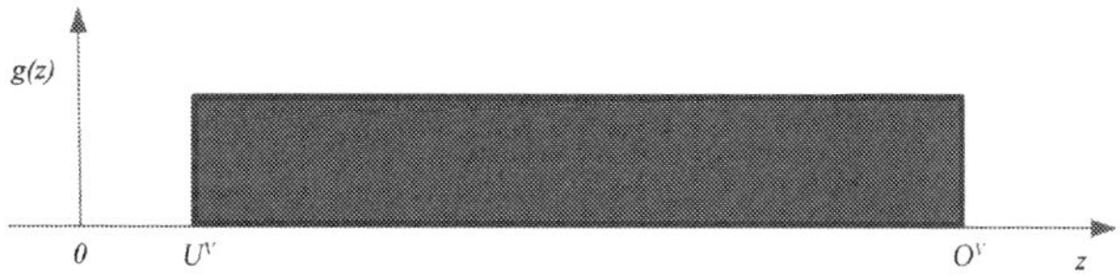

In einem zweiten Schritt bestimmen wir in gleicher Weise die Höhe des geschätzten Auftragsvolumens. Wir gehen vereinfachend davon aus, dass die Wahrscheinlichkeit der Auftragshöhe innerhalb eines Intervalls, dessen Grenzen z. B. von den Vertrieblern geschätzt werden, gleichverteilt ist. Die Schätzung basiert ggf. auf der Überlegung, ob der Interessent noch einen Rabatt aushandeln möchte, eventuell Angebotsteile nicht beauftragt werden oder mögliche Erweiterungen bzw. Ergänzungen berücksichtigt werden sollen[5] (siehe Abb. 7.9).

$$g(z) = \begin{cases} 0, \; z < U^V \\ \dfrac{1}{O^V - U^V}, \; U^V \leq z \leq O^V \\ 0, \; z > O^V \end{cases}$$

In einem zweiten Zufallsprozess wird eine ebenfalls gleichverteilte Zufallszahl aus dem Intervall $z_i \in [U^V; O^V]$ gezogen.

Nun beginnt der Beschuss mit der Auswahl der ersten drei Zufallszahlen x_1, y_1, z_1.

Damit wird in folgender Weise der Wert φ_1 berechnet:

[5] Selbstverständlich lässt sich auch hier eine andere Verteilung, z. B. die Dreiecksverteilung, anwenden.

$$\varphi_1 = \begin{cases} x_1 \cdot z_1, & y_1 \leq f(x_1) \\ leer, & sonst \end{cases}$$

Dieser Vorgang wird beliebig oft wiederholt. Jedes Mal entsteht ein neuer Wert φ_i. In einem Histogramm werden diese Werte in Clustern entsprechender Breite gesammelt.

Beispiel:

Es soll die Auftragswahrscheinlichkeit und das mögliche Auftragsvolumen für einen einzelnen Akquisitionsprozess geschätzt werden. Zur Verfügung steht uns die Einschätzung des Vertriebs.

1. Der Vertrieb schätzt, dass der Auftrag mit mindestens 75 %iger Wahrscheinlichkeit erteilt wird $U = 0{,}75$) (Es verbleibt eine Unsicherheit in Höhe von 10 % $(O = 0{,}9)$. Für am wahrscheinlichsten halten wir, dass wir den Zuschlag zu 80 % sicher haben $(W = 0{,}8)$.
2. Dem Interessenten wurden verschiedene Optionen angeboten. Man kann noch nicht genau sagen, wofür der Interessent sich endgültig entscheiden wird. Wir gehen davon aus, dass der Einkauf vor Auftragsvergabe den Preis zu verhandeln sucht. Ggf. muss hier ein Abschlag in Kauf genommen werden. Der Vertrieb legt als Untergrenze für eine bevorstehende Verhandlung 52.000 € fest (U^V = 52.000). Sollte sich der Interessent für alle angebotenen Optionen entscheiden und akzeptiert er unsere Zahlungsbedingungen ohne zuvor einen Rabatt auszuhandeln, erreicht der Auftrag die obere Volumengrenze in Höhe von 60.000 € (O^V = 60.000).

Diese Werte werden in unserem Modell eingestellt und einem Beschuss mit 1.000 3-Tupeln $[\{x_1, y_1, z_1\}; \ldots; \{x_{1000}, y_{1000}, z_{1000}\}]$ aus gleichverteilten, unabhängigen Zufallszahlen ausgesetzt.

Für die Verteilung der absoluten Häufigkeiten ergibt sich folgendes Bild (siehe Abb. 7.10).

Von ursprünglich 1.000 Schüssen lagen 503 innerhalb des Verteilungsdreiecks, was dem erwarteten Wert von 500 hinreichend entspricht und einen Hinweis auf die tatsächliche Gleichverteilung der Zufallszahlen gibt.

Bei einer ersten Betrachtung lässt sich die Spannweite der Verteilung ablesen. Als minimaler Wert ergibt sich 43.903.91 €. Das Maximum liegt bei 53.281,84 €.

Durch Division durch die Gesamtzahl der Werte lassen sich die absoluten in relative Häufigkeiten überführen. Die Breite der Cluster lässt individuell bestimmen. Interpretiert man die relative Häufigkeit als Maß für die Wahrscheinlichkeit, lässt sich der Erwartungswert der Verteilungsfunktion berechnen:

$$E(X) = \mu = \sum_{j=1}^{26} x_j \cdot p(x_j)$$

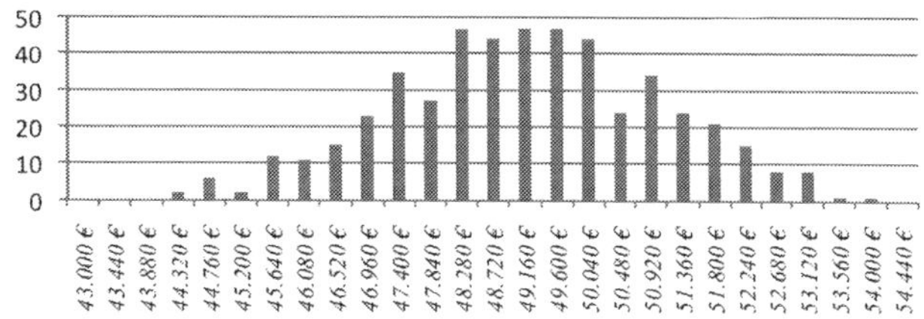

Abb. 7.10 Häufigkeitsverteilung einer Monte-Carlo-Simulation

In unserem Beispiel liegt der Erwartungswert bei 49.173,87 €.

Ferner ist zur Beurteilung des Akquisitionsvorgangs die Streuung der möglichen Auftragswerte von Bedeutung. Hierfür stellt die Varianz das entsprechende Maß dar.

$$Var\left(X\right) = \sum_{j=1}^{26} [x_j - E(x)]^2 \cdot p(x_j)$$

In unserem Beispiel beträgt die Varianz 3455730,4. Die Standardabweichung entspricht der Quadratwurzel der Varianz: σ = 1859,0.

Sofern

$$W \cong U + \frac{O-U}{2}$$

gilt, ist zu erwarten, dass die Verteilung der Häufigkeitswerte annähernd symmetrisch ausfällt. In diesem Fall lässt sich mit diesen Werten eine Normalverteilung bestimmen mit folgender Gestalt:

$$F\left(x\right) = \frac{1}{\sigma \cdot \sqrt{2\pi}} \int_{-\infty}^{x} e^{-\frac{1}{2}\cdot\left(\frac{t-\mu}{\sigma}\right)^2} \cdot dt$$

Mit Hilfe dieser Verteilungsfunktion lassen sich die Wahrscheinlichkeitswerte für einen Akquisitionsprozess als kontinuierliche Funktion darstellen (siehe Abb. 7.11).

Fazit

Mit Hilfe der Monte Carlo-Simulation lässt sich aus einer leicht abfragbaren Einschätzung eine komplexe Verteilungsfunktion generieren. Dieses Verfahren lässt sich auch über alle relevanten Akquisitionsvorgänge gleichzeitig bzw. summarisch durchführen. Bildet man überdies Gruppen der Akquisitionsprozesse vor dem Hintergrund ihrer erwarteten zeitlichen Realisierung (im Sinne von kurzfristig, mittelfristig, langfristig), erhält dieses Prognoseverfahren einen dynamischen Charakter.

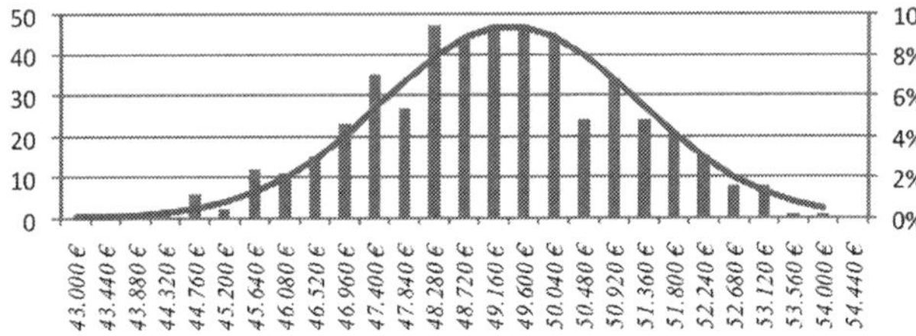

Abb. 7.11 Simulationswerte mit Normalverteilungsfunktion

Dieses Verfahren dient gleichermaßen der Risikoabschätzung. Da hier im Rahmen des Simulationsverfahrens alle Merkmalskombinationen berücksichtigt werden, beinhaltet diese Methode zugleich unterschiedliche Szenarien. Mit der jeweiligen Wahrscheinlichkeit werden Fälle betrachtet, die im Rahmen einer Szenario-Betrachtung als Worst Case bzw. als Best Case bezeichnet würden. Es zeigt sich, dass diese Extrem-Fälle mit nur geringer Wahrscheinlichkeit eintreten. Man nennt diese daher auch „Black Swans", da schwarze Schwäne im Vergleich zu weißen nur sehr selten auftauchen.
Aufgrund seiner einfachen Grundannahmen ist das Modell recht robust und leicht auf Fehler zu überprüfen.

7.3.5 Im Netz der Neuronen

Bei unseren Überlegungen in Abschn. 7.3.4 sind wir davon ausgegangen, dass die beobachteten Vorgänge (stochastisch, kausal, funktional) unabhängig voneinander sind. Das bedeutet, dass ein Prozess keine Auswirkungen auf den Verlauf eines anderen Prozesses hat.

In diesem Kap. wollen wir uns den Faktoren zuwenden, die einen systematischen Einfluss auf die von uns betrachteten Prozesse haben. Tatsächlich ist davon auszugehen, dass die Interessenten bestimmte wahrgenommene Signale identisch interpretieren. Wie bereits in den Abschnitten 6.5 und 6.6 gezeigt wurde, führen bestimmte Konstellationen von Merkmalen zu signifikanten Abweichungen.

In der Stochastik werden solche Abhängigkeiten zwischen Einflussfaktoren z. B. mittels multivariater Analyseverfahren untersucht. Dazu zählen die Kovarianz-, Faktor- oder die Regressionsanalyse.

Diese Verfahren setzten jedoch das Vorhandensein einer großen Datenmenge (Grundgesamtheit) voraus. Es ist jedoch davon auszugehen, dass mit Einführung einer systematischen Planung im Vertrieb häufig nicht auf größere Bestände historischer Daten zurückgegriffen werden kann.

Daher werden in diesem Kap. neuronale Netze vorgestellt, deren Aussagekraft auf plausiblen Annahmen beruht und als Zeichen einer künstlichen Intelligenz in der Lage sind, aus Fehlern zu lernen. Sie sind im Besonderen dazu geeignet, um verflochtene Einflüsse

Abb. 7.12 Aufbau eines neuronalen Netzes

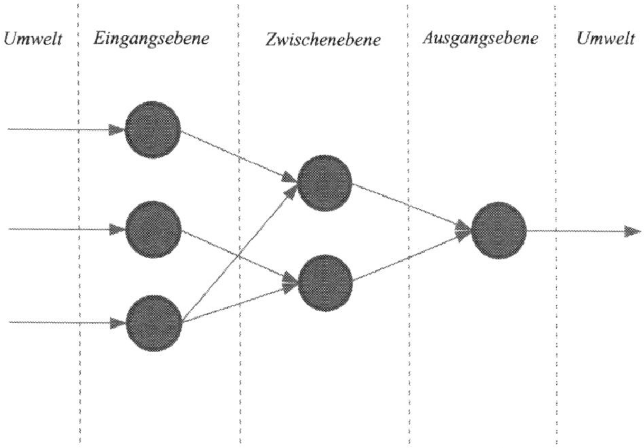

und Wechselwirkungen zu modellieren. Die Idee des künstlichen neuronalen Netzes geht auf die Arbeiten von Warren McCULLOCH und Walter PITTS zurück.

Kern der Idee ist ein **Neuron**, das im Kontakt zu seinem Umfeld und/oder der Umwelt steht. Dabei fungiert jedes Neuron wie eine Schaltstelle. Die Schaltstellen sind untereinander über sogenannte **Kanten** verbunden. Die Intensität der Wirkung eines Neurons auf seine Nachfolger hängt von seinem **Gewicht** ab.

Die verschalteten Neuronen bilden eine Struktur, die sich in unterschiedliche Ebenen aufteilt. Neuronen, die Informationen von der Umwelt erhalten, liegen in der Eingangsebene. Neuronen, die Informationen an die Umwelt abgeben, befinden sich in der Ausgangsebene. Zwischen Eingangs- und Ausgangsebene können weitere, versteckte Zwischenebenen liegen (siehe Abb. 7.12).

Ziel der Bildung eines neuronalen Netzes ist es, eine Abbildungsvorschrift dergestalt $x \to f(x)$ zu finden, dass die **realen Zusammenhänge** zwischen x und $f(x)$ möglichst „naturgetreu" abgebildet werden. Dabei wird jede Abweichung, im Sinne des klassischen Try-and-Error-Verfahrens, im Rahmen eines (überwachten) Lernvorgangs dazu benutzt, das System zu trainieren. Dazu werden die gewichteten Einflüsse der einzelnen Neuronen untereinander adjustiert mit der Absicht, die Abweichungen nachhaltig zu minimieren.

In Kap. 7.3.4 wurde das mögliche Auftragsvolumen auf Basis unserer Annahmen für die Größen Auftragswahrscheinlichkeit und Angebotsvolumen geschätzt. Dieses Vorgehen lässt sich dem Prinzip nach als neuronales Netz wie folgt darstellen (siehe Abb. 7.13).

Jedes Neuron verarbeitet ein eingehendes Signal auf individuelle Art und Weise. Diesem Prozess liegt ein Mechanismus zugrunde, der sich als (eineindeutige) mathematische Formel darstellt. Dabei wird der Input in einen Output (Aktivitätsniveau) überführt.

In Abb. 7.14, Abb. 7.15, Abb. 7.16 und Abb. 7.17 seien verschiedene Transformationen vorgestellt

Bei der linearen Transformation wird das Eingangssignal (Input) zum Argument einer linearen Funktion. Diese Funktion wirkt wie ein Verstärker, sofern die Steigung der

Abb. 7.13 Schätzung des Auftragsvolumens als neuronales Netz

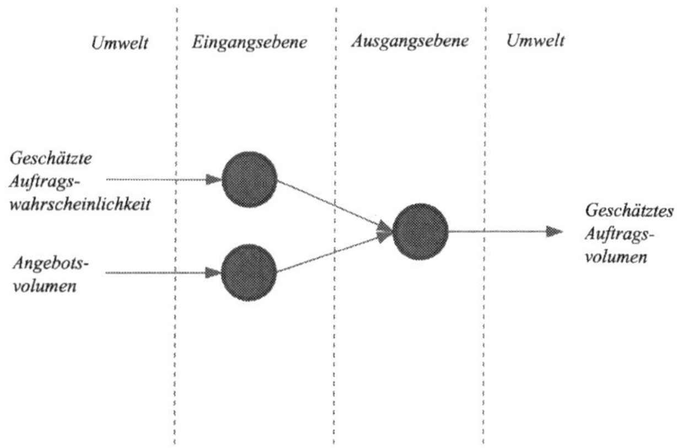

Abb. 7.14 Lineare Aktivitätsfunktion

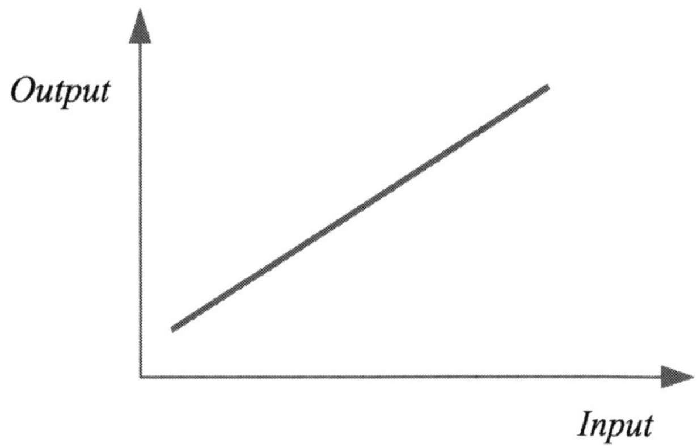

Geraden größer als 1 ist. Ist die Steigung kleiner 1, wird das Eingangssignal abgeschwächt (siehe Abb. 7.15).

Diese Funktion dient dazu, Signale, die unterhalb eines festgelegten Niveaus liegen, auszublenden. Dies wirkt wie eine Unterdrückung von verrauschten Signalen.

Die binäre Schwelle schaltet einen Input ab einem bestimmten Niveau durch. Der Output des Neurons schwankt demzufolge zwischen zwei vorgegebenen Werten z. B. null und eins oder minus eins und eins (siehe Abb. 7.16).

Der sigmoiden Aktivitätsfunktion liegt der Tangens-Hyperbolicus zugrunde. Ist das Eingangssignal sehr klein (auch negativ), lässt sich diese Aktivitätsfunktion so bilden, dass der Output nahe null liegt. Für einen hohen Eingangssignalpegel wächst die Funktion nicht über einen gewünschten Maximalwert hinaus. Dadurch wirkt diese Funktion limitierend auf den Output (siehe Abb. 7.17).

Der Input eines Neurons *i,* den es von dem Neuron *j* erhält, bestimmt sich nach folgender Formel:

Abb. 7.15 Linieare Aktivitätsfunktion mit Schwelle

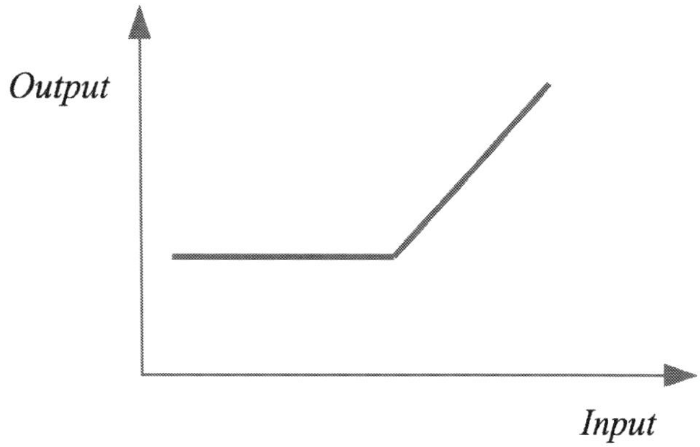

Abb. 7.16 Binäre Schwelle

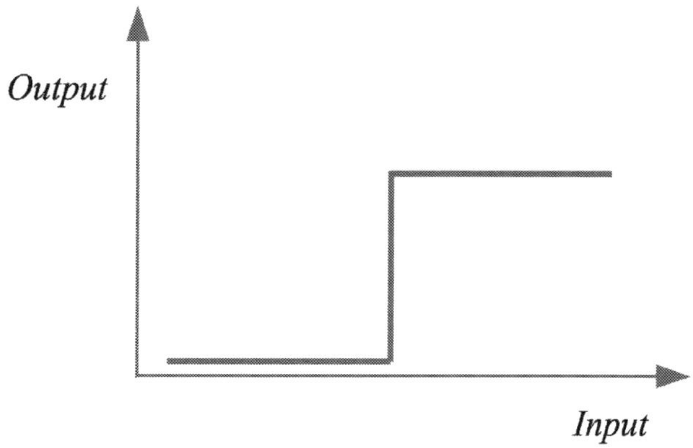

$$input_{ij} = a_j \cdot w_{ij} \;;$$

$$a_j \;: Output\,(Aktivitätsniveau)\, des\ Neurons\ j;$$

$$w_{ij} \;: Gewichtung\ der\ Kante\ zwischen\ j\ und\ i$$

Der gesamte Input des Neurons (Netzinput) *i*, bezeichnet mit $netinput_i$, bestimmt sich als die Summe des Outputs aller Neuronen *j*, die an *i* senden (Propagierungsfunktion[6]) (Siehe Abb. 7.18).

$$netinput_i = \sum_j a_j \cdot w_{ij}$$

[6] Neben der Summation der gewichteten Inputs sind auch andere Methoden denkbar. Es ist z. B. möglich, die Inputwerte miteinander zu multiplizieren.

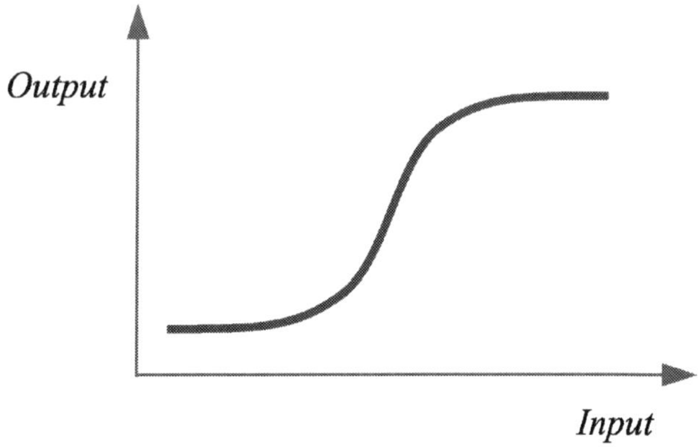

Abb. 7.17 Sigmoide Aktivitätsfunktion

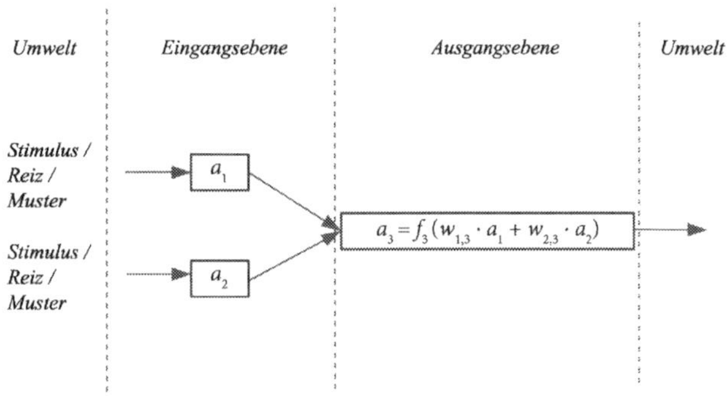

Abb. 7.18 Einfache Darstellung eines neurofunktionalen Zusammenhangs

Das Vorgehen soll im Folgenden anhand der Entwicklung eines künstlichen neuronalen Netzes zur Bewertung von Auftragswahrscheinlichkeiten beispielhaft dargestellt werden.

Schritt 1)

Zunächst geht es darum, die Faktoren zu ermitteln, die einen signifikanten Einfluss auf die zu prognostizierende Auftragswahrscheinlichkeiten haben. Dazu kann man sich unterschiedlicher Methoden bedienen, die idealerweise auch kumulativ verwendet werden.

- Kreativ-Techniken (Brainstorming, Methode 635 etc.)
- Experten-Befragungen
- Win-Loss-Analyse, Conjoint-Analyse
- Multivariate Verfahren, Korrelationsanalysen, Kovarianzanalysen

Es werden die beobachtbaren Faktoren ermittelt, die später die Neuronen der Eingangsebene beschicken. Anschließend werden die Aktivitätsniveaugrenzen definiert. Sofern es sich bei dem gesuchten Netz-Output, also dem, was an die Umwelt übergeben werden soll, um einen Wahrscheinlichkeitswert handelt, ist es sinnvoll, die Aktivitätsniveaus auf einen Bereich zwischen null und eins zu normieren.

Schritt 2)

Für jedes Neuron wird eine entsprechende Aktivitätsfunktion konstruiert, ausgehend von allgemeinen Fragestellungen:

- „Liegt wirklich zwischen einem Faktor und dem gesuchten Output ein Wirkungszusammenhang vor?
- „Wie stelle ich mir die Wirkung eines Faktors auf das Ergebnis vor?"
- „Wirkt der Faktor verstärkend / anregend oder eher hemmend / inhibitorisch?"
- „Gibt es KO-Kriterien?"
- „Wann kann ein Signal als signifikant bezeichnet werden?"

Da die Wechselwirkungen innerhalb eines neuronalen Netzes schnell an Komplexität gewinnen, ist darauf zu achten, dass die Struktur möglichst einfach und nachvollziehbar angelegt wird.

Schritt 3)

Anschließend werden die Wirkungszusammenhänge gewichtet. Das Gewicht einer Verbindung ergibt sich aus der Frage: „Wie stark ist der Wirkungszusammenhang?"

- Es besteht ein positiver Zusammenhang zwischen zwei Neuronen *j* und *i*: $w_{ij} > 0$
- Es besteht ein negativer Zusammenhang zwischen zwei Neuronen *j* und *i*: $w_{ij} < 0$
- Es besteht (momentan) kein Zusammenhang zwischen zwei Neuronen *j* und *i*: $w_{ij} = 0$
- Je stärker der Zusammenhang beurteilt wird, umso größer wird Betrag von w_{ij}

Schritt 4)

Das neuronale Netz wird verschiedenen Stimuli ausgesetzt und dabei werden dic Neuronen der Ausgangsebene beobachtet. Bei einem überwachten Lernvorgang wird der Output von tatsächlichen, also bereits realisierten Werten verglichen. Um die Abweichungen des Netzoutputs mit den realen Werten zu minieren, werden die Gewichtungen innerhalb des Netzes modifiziert. Hierzu gibt es eine Reihe von Verfahren, auf die an dieser Stelle nicht weiter eingegangen werden soll, da diese zum Teil recht aufwendig sind. Man kann in einfachen Netzen mit der Methode von „Versuch-und-Irrtum" bzw. durch Ausprobieren gute Ergebnisse bei der Anpassung der Gewichte erzielen.

Nachstehend wird das Verfahren an realen Akquisitionsprozessen dokumentiert.

Schritt 1)

Im Rahmen der Conjoint-Analyse (siehe Abschn. 6.6) wurde festgestellt, dass auf die Auftragswahrscheinlichkeit ein Einfluss von der Tatsache ausgeht, ob es sich bei dem zugrunde liegenden Bauvorhaben um einen Neubau oder eine Sanierungs- oder Erweiterungsmaßnahme bzw. ob es sich um ein gewerbliches oder ein öffentliches Projekt handelt.

In der Vergangenheit lagen 70 % der verzeichneten Aufträge unterhalb von $\bar{P}$ Euro. Es ist zu vermuten, dass die Auftragswahrscheinlichkeit abnimmt, je stärker der Angebotswert nach oben von $\bar{P}$ Euro abweicht. (Diese Annahme widerspricht dem Modell, das der Monte Carlo – Simulation in Kap. 7.3.4 zugrunde liegt, da hier von einer Unabhängigkeit von Angebotsvolumen und Auftragswahrscheinlichkeit ausgegangen wurde. Insofern muss sich im Simulationsmodell eine Abhängigkeit der beiden Merkmale von einander in der Einschätzung des Vertrieblers niederschlagen.)

Des Weiteren könnte man vermuten, dass die Auftragswahrscheinlichkeit bei Bestandskunden höher ist als bei Neukontakten.

Abschließend soll der regionale Bezug berücksichtigt werden. Inwiefern unterscheidet sich die Auftragswahrscheinlichkeit bei Anfragen aus den umliegenden Bundesländern von Anfragen aus entfernteren Regionen Deutschlands.

Schritt 2)

Neuron 1 – „Kategorie der Baumaßnahme“

Die Conjoint-Analyse hat gezeigt, dass sich die Auftragswahrscheinlichkeiten p_A wie folgt (unabhängig von der Kategorie des Bauherrn („gewerblich“ bzw. „öffentlich“) aufsteigend sortieren lassen:

$$p_A(\text{Neubau}) < p_A(\text{Sanierung}) < p_A(\text{Umbau/Erweiterung})$$

Daraus leiten wir eine lineare Abbildungsfunktion f_1 mit zwei Schwellen ab und weisen dem Output folgende Werte zu:

$$f_1(x_1) = \begin{cases} a_1 = 0{,}21\ ;\ x_1 = \text{"}Neubau\text{"} \\ a_1 = 0{,}28\ ;\ x_1 = \text{"}Sanierung\text{"} \\ a_1 = 0{,}32\ ;\ x_1 = \text{"}Umbau\ /\ Erweiterung\text{"} \end{cases}$$

Neuron 2 – „Kategorie des Bauherrn“

In gleicher Weise weisen wir dem Neuron 2 eine entsprechende Aktivität in Abhängigkeit von der Trägerschaft des Bauvorhabens zu:

$$f_2(x_2) = \begin{cases} a_1 = 0{,}25\ ; & x_2 = \text{"gewerbliche Nutzung"} \\ a_1 = 0{,}29\ ; & x_2 = \text{"öffentliche Nutzung"} \end{cases}$$

Die zugewiesenen Werte entsprechen der jeweiligen relativen Häufigkeit, mit der ein Akquisitionsprozess der entsprechenden Kategorie bisher zum Auftrag wurde.

Neuron 3 – „Abweichung des Angebotswertes vom durchschnittlichen Auftragswert“

Es hat sich gezeigt, dass oberhalb eines bestimmten Angebotswertes die Auftragswahrscheinlichkeit signifikant abnimmt. Hier bietet sich die Tangens-Hyperbolicus-Funktion an.

$$a_3 = f_3(x_3) = 0{,}1 \cdot \left(1 + \left(\tanh\left(8 \cdot \frac{\overline{P}}{x_3} - 6\right)\right)\right) + 0{,}05$$

Der Wertebereich dieser Funktion ist begrenzt auf das Intervall $]+0{,}25;\ +0{,}05[$. 5 % sei die angenommene „Restwahrscheinlichkeit“. Dabei entspricht die Subtraktion des Wertes ‚6‘ von dem Argument der trigonometrischen Funktion eine Verschiebung nach rechts auf der x-Achse, während der Faktor 8 einer Streckung entspricht.

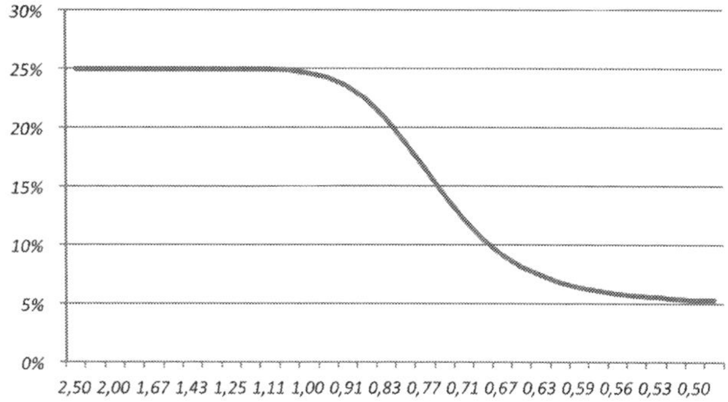

Abb. 7.19 Aktivitätsfunktion auf Basis des Tangens Hyperbolicus

Der Wert

$$(\frac{\overline{P}}{x_3})$$

ist das Verhältnis von aktuellem Angebotswert und Schwellwert. Sobald

$$(\frac{\overline{P}}{x_3})$$

kleiner als eins wird, also $x_3 > \overline{P}$, fällt die Funktion signifikant (siehe Abb. 7.19).

Neuron 4 – „Stammkunde oder Erstkontakt"

Dieser Zusammenhang ist weitgehend selbsterklärend. Sollte der Akquisitionsprozess auf die Anfrage eines Stammkunden zurückgehen, stellt der echt positive Wert von a_4 einen gewissen „Vertrauensbonus" dar.

$$f_4(x_4) = \begin{cases} a_4 - 0\ ; & x_4 = "\mathit{Erstkontakt}" \\ a_4 = 0{,}05\ ; & x_4 = "\mathit{Stammkunde}" \end{cases}$$

Neuron 5 – „Regionaler Bezug"

In gleicher Weise erhalten die Bundesländer, die zum engeren Akquisitionsbereich des Unternehmens gehören einen „Wahrscheinlichkeits-Zuschlag" vor den übrigen Bundesländern

$$f_5(x_5) = \begin{cases} a_5 = 0{,}02\ ; & x_2 \in \{"\mathit{Nordrhein-Westfalen}";"\mathit{Niedersachsen}"\} \\ a_4 = 0\ ; & \mathit{sonst} \end{cases}$$

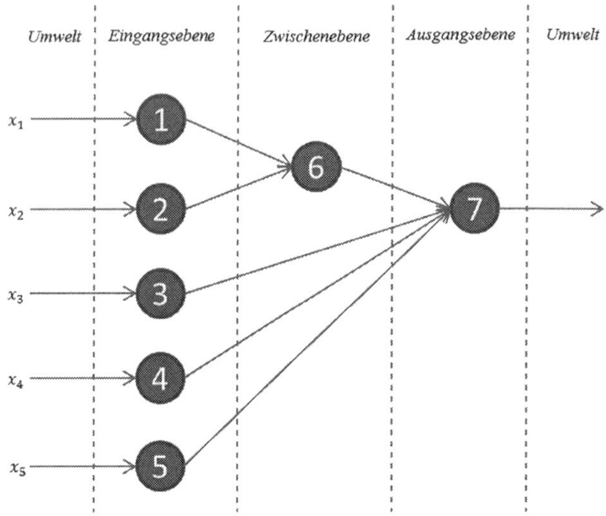

Abb. 7.20 Beispiel eines neuronalen Netzes zur Wahrscheinlichkeitsberechnung

Neuron 6 – „Zwischenebene"
Auf der Zwischenebene befindet sich Neuron 6, das Neuron 1 und 2 miteinander „verschaltet", da diese sich in ihrem Ansatz von den anderen Neuronen der Eingangsebene deutlich unterscheiden.

Neuron 7 – „Ausgangsebene"
In Neuron 7 entsteht somit das Ergebnis des Verknüpfungsprozesses (siehe Abb. 7.20)
Es ergeben sich folgende Aktivitätsniveaus:

$$netinput_6 = a_1 \cdot w_{6,1} + a_2 \cdot w_{6,2}$$

Für die Aktivitätsfunktion f_6 wählen wir der Einfachheit halber die Identitätsfunktion:

$$f_6(netinput_6) = netinput_6 = a_6$$

$$netinput_7 = a_6 \cdot w_{7,6} + a_3 \cdot w_{7,3} + a_4 \cdot w_{7,4} + a_5 \cdot w_{7,5}$$

Für die Aktivitätsfunktion f_7 wählen wir wiederum die Identitätsfunktion:

$$a_7 = f_7(netinput_7) = netinput_7$$

Das bedeutet, dass die von uns gesuchte Auftragswahrscheinlichkeit dem Aktivitätsniveau des Neuron 7, also a_7 entspricht.

Tab. 7.21 Beispiel 1

Input	
x1	*Neubau*
x2	*privat*
x3	*70.000,00 €*
x4	*Erstkontakt*
x5	*Schleswig-Holstein*

Output	
a1	*0,21*
a2	*0,25*
a3	*0,05*
a4	*0,00*
a5	*0,00*

w6,1	*0,3*
w6,2	*0,6*

Neuron 6	
Input	*Output*
0,21	*0,21*

w7,6	*0,5*
w7,3	*0,2*
w7,4	*0,8*
w7,5	*1*

Neuron 7	
Input	*Output*
12%	*12%*

Tab. 7.22 Beispiel 2

Input	
x1	*Umbau/Erweiterung*
x2	*öffentlich*
x3	*20.000,00 €*
x4	*Stammkunde*
x5	*Niedersachsen*

Output	
a1	*0,32*
a2	*0,29*
a3	*0,25*
a4	*0,05*
a5	*0,02*

w6,1	*0,3*
w6,2	*0,6*

Neuron 6	
Input	*Output*
0,27	*0,27*

w7,6	*0,5*
w7,3	*0,2*
w7,4	*0,8*
w7,5	*1*

Neuron 7	
Input	*Output*
24%	*24%*

Sobald die Gewichte so bestimmt sind, dass die Übereinstimmung zwischen Prognosewert und tatsächlichen Beobachtungen ein zufriedenstellendes Maß erreicht hat, lassen sich unterschiedlichste Akquisitionsprozesse unter Verwendung derselben Struktur und identischer Gewichte miteinander vergleichenHierzu sei ergänzend u. a. auf die Literatur zu ökonometrischen Eingleichungsmodellen verwiesen, beispielsweise die Kleinst-Quadrate-Schätzung. Alternativ finden sich Lösungsansätze bei der Faktorenanalyse. (siehe Abb. 7.21 und Abb. 7.22)

In einem solchen künstlichen neuronalen Netz steckt viel Erfahrung. Es erlaubt eine kontinuierliche Anpassung an eine sich verändernde Umwelt, was wie ein fortwährender Lernprozess wirkt. Man wird zudem feststellen, dass wichtige Erkenntnisse über die eigenen Akquisitionsprozesse bereits während der Modellierung gewonnen werden können. Aus der eingehenden Beschäftigung mit den Einflussfaktoren und deren Bedeutung für die Arbeit des Vertriebs resultieren zuweilen Einsichten, deren Relevanz über die des rein statistischen Ergebnisses hinausgeht.

Fazit

In diesem Kapitel wurden Methoden für den Umgang mit Wahrscheinlichkeiten vorgestellt. Es wurden Verfahren präsentiert, die auf Grundlage historischer Daten, Prognosen über zukünftige Entwicklungen ermöglichen. Die Monte-Carlo-Simulation bietet Ansätze zur Beurteilung einzelner Akquisitionsprozesse auf Basis von Erfahrungswerten und Bauchgefühl. Neuronale Netze liefern Erklärungs- und Prognoseansätze für Einzelfälle und Trendanalysen. Es gibt wahrscheinlich nicht die einzigideale Lösung für ein Prognoseproblem, aber in Kombination sollten sich die zuvor genannten Verfahren widerspruchsfrei einsetzen lassen. Die Verfahren unterscheiden sich dabei konzeptionell so sehr, dass ein systematischer Fehler sich kaum wiederholen würde. Daher empfiehlt es sich, in der Regel mindestens zwei verschiedene Prognoseverfahren parallel einzusetzen, um stets die Möglichkeit einer Kontrolle zu haben und sei es nur auf der Ebene einer Plausibilitätsprüfung.

Methoden – Steuern

8

Zusammenfassung

Unter dem Begriff der Steuerung versteht man die bewusste und gerichtete Beeinflussung eines Systems im Hinblick auf die Erreichung eines gewünschten Zieles. Die Steuerung wirkt im Wege der Informationszufuhr. Beispielsweise übermittelt ein Autofahrer einen Steuerbefehl an ein Fahrzeug indem er mit einer Drehbewegung des Lenkrads die Stellung der Vorderräder beeinflusst. Es werden solange Änderungsinformationen übermittelt bis der gewünschte Zustand erreicht ist. Die Präzision der Steuerung ist maßgeblich abhängig von der Fähigkeit, die tatsächliche Position exakt beobachten und bestimmen zu können. Ferner muss man sich der genauen Wirkungsweise der Steuerbefehle bewusst sein[1].

Es gilt als Common Sense, dass Vertrieb ausschließlich mit dem Ziel der Gewinnerzielung betrieben wird[2]. Man geht somit davon aus, dass zwischen Vertriebsaktivität und Zielerreichungsgrad ein funktionaler bzw. kausaler Zusammenhang besteht. In diesem Sinne bezeichnen wir einen Vertrieb als effektiv, wenn er dazu geeignet ist, die Höhe des Betriebsergebnisses positiv zu beeinflussen.

Die Steuerungsaufgabe des Vertriebscontrollings besteht darin, die Vertriebsaktivitäten dahingehend zu beeinflussen, dass sie die von der Vertriebsleitung bzw. der

---

[1] Ingenieurwissenschaftlich gesehen handelt es sich hierbei um einen Regelvorgang, da Rückmeldungen aus dem System wiederum einen Einfluss auf die Regelparameter haben. Eine Steuerung läuft hingegen immer nach demselben Schema ab. In Bezug auf Prozesse werden die Begriffe Regeln und Steuern zuweilen synonym verwendet.

[2] Auch Non-Profit-Organisationen betreiben werbliche Aktivitäten mit einer entsprechenden Zielvorgabe. Bei dieser Zielvorgabe handelt es sich per definitionem nicht um den kaufmännischen Gewinn. Dennoch lassen sich einige Aspekte des Vertriebscontrollings auch auf diese Aktivitäten übertragen.

A. Dietzel, *Vertriebscontrolling optimieren*, DOI 10.1007/978-3-8349-3822-0_8,

Geschäftsführung anvisierten Ziele, z. B. Umsatz- oder Ergebnisvorgaben, unter Aufwendung minimaler Ressourcen erreichen bzw. dass sie mit einem gegebenen Budget ein möglichst hohes Betriebsergebnis erzielen.

8.1 Steuerung mittels Sollgrößen

Die Betrachtungen im Zusammenhang mit dem Regelkreis des Controllings (vgl. 2.1.2) haben uns gezeigt, wie aus einer Vision eine Strategie wird, bevor sie als Taktik die Handlungen auf der operativen Ebene bestimmt. Im Laufe dieses Konkretisierungsprozesses werden aus abstrakten Zielvorstellungen explizite Anweisungen.

Je nach Komplexität der zu bewältigenden Aufgabe sind die Anweisungen mehr oder weniger ausführlich abzufassen. Handelt es sich um eine Aufgabe, die erstmalig durchgeführt wird, bedarf es einer ausführlichen Beschreibung, damit alle Beteiligten im Sinne des mit der Erledigung der Aufgabe verbundenen Zweckes tätig werden können. Das bedeutet, dass bereits bei der Beschreibung der Aufgabe und bei der Übermittlung der Beschreibung die Grundlagen für die Effektivität und die Effizienz der Maßnahme gelegt werden.

Bei der Organisation von Arbeiten und Arbeitsabläufen hat es sich als sinnvoll erwiesen, diese vor Arbeitsbeginn entsprechend zu strukturieren und Routinen für wiederkehrende Aufgaben zu entwickeln. Eine Routine zeichnet sich dadurch aus, dass ihr Ablauf durch mehrfaches Wiederholen eingeübt wird und dabei ständig verbessert werden kann. Zudem bedarf es nur weniger standardisierter Informationen um eine Routine abzurufen. Insofern sind Routinen trotz oder wegen ihrer geringen Flexibilität verhältnismäßig leicht zu steuern. In militärischen Strukturen wird effizientes Handeln daher in Routinen hinterlegt, die auf Kommando abgerufen werden können.

Im betrieblichen Umfeld werden Routinen in Produkthandbüchern, Arbeitsplatzbeschreibungen, Hausnormen, Qualitätsmanagementsystemen etc. fixiert. Abgerufen werden sie durch die Vergabe von entsprechenden Arbeitsanweisungen. Sofern die Routine zusätzliche Angaben erwartet, werden diese in Form von **Sollgrößen** übermittelt.

In der Vertriebssteuerung ist die **Umsatzvorgabe** der Klassiker unter den Sollgrößen. In ihr manifestiert sich die Erwartungshaltung, die dem Vertrieb entgegengebracht wird. In moderneren Führungssystemen ist die Umsatzvorgabe dem **Ergebnisziel** gewichen. Mancherorts sind die Vorgaben für den Vertrieb mehrdimensional: Anzahl Neukunden pro Quartal, Gewinnung strategischer Kunden, Besetzung einer bestimmten Marktposition u.s.w.

Fazit

Die Steuerung von Prozessen oder Aktivitäten setzt voraus, dass a) das Ziel deutlich kommuniziert wird und dass b) der Weg zum Ziel entsprechend skizziert wird. Je konkreter eine Aktivität im Vorfeld beschrieben wurde, umso leichter lässt sie sich bei einer Wiederholung reproduzieren, umso weniger Informationen müssen erneut übermittelt werden. Im günstigsten Fall reichen wenige konkrete Vorgaben um einen komplexen Vorgang zu steuern.

8.2 Ziel: Gewinnmaximierung

Im Folgenden soll auf die Differenzierung zwischen Gewinn (vor Steuern) und Betriebsergebnis verzichtet werden. Daher wird hier vom Gewinn im Sinne des Betriebsergebnisses als der relevanten Zielgröße gesprochen. Der Gewinn setzt sich (vereinfachend) aus den drei folgenden Komponenten zusammen:

- Die Menge (Bezeichnung: x)
  Unabhängig vom Geschäftsmodell existiert eine quantitativ erfassbare physikalische Bezugsgröße für die Ermittlung des Umsatzes. Die Menge kann in Stück, Stunden, Liter, Meter etc. gemessen werden. Für den Umsatz ist es zunächst unerheblich, ob häufiger kleine Mengen oder seltener große Mengen abgesetzt werden.
- Der Preis pro Mengeneinheit (Bezeichnung: p)
  Der Preis drückt den Wert eines Gutes oder einer Dienstleistung in Geldeinheiten aus. Dabei handelt es sich um einen subjektiven Wertmaßstab. Er ist abhängig von dem empfundenen Nutzen, den eine Geldeinheit zu stiften in der Lage ist. Für einen armen Menschen sind 5 Euro viel, für einen reichen fast nichts. Im Falle einer Hyperinflation sind 100 Euro für ein Kilogramm Brot vielleicht ein Schnäppchen, unter normalen Bedingungen eine Frechheit. Trotz der unterschiedlichen Beurteilung des Nutzens ist der Preis für den Austausch von Gütern und Dienstleistungen die universelle Bezugsgröße. Der Umsatz ergibt sich als Produkt von Menge und Preis.
- Die Kosten (Bezeichnung: K(x))
  Kosten bezeichnen den bewerteten Verzehr von Gütern und Dienstleistungen zur Erbringung der betrieblichen Leistung (innerhalb einer Periode). Es gibt Kosten, die unabhängig von der betrieblichen Leistung entstehen (sog. Fixkosten) und Kosten, deren Höhe von den betrieblichen Aktivitäten abhängig ist (variable Kosten). Die Kostenfunktion K(x) fasst diese in Abhängigkeit von der Bezugsgröße (in der Regel die Menge x) zusammen. Der Wertmaßstab ist wiederum Preis pro Mengeneinheit. In der Betriebswirtschaft haben Kosten die Dimension Geldeinheiten.

Das Betriebsergebnis G ergibt sich demnach aus $G = p\,x - K(x)$. Um das Betriebsergebnis zu verbessern, müssen demnach a) die abgesetzten Mengen, b) die Preise pro Einheit gesteigert werden bzw. c) die Kosten gesenkt werden.

8.3 Welche Rolle spielt der Preis?

Unsere Intuition sagt uns, dass ein steigender Preis zu einem Umsatzrückgang führt. Gleichzeitig hofft man, über die Gewährung von Rabatten zusätzliche Kaufanreize zu schaffen, um zusätzliche Umsätze zu generieren. Aber helfen Preisnachlässe wirklich, das Betriebsergebnis eines Unternehmens langfristig zu verbessern? Welchen Einfluss hat eine rigide Preispolitik tatsächlich auf das Kaufverhalten?

Für die folgende Betrachtung sei es zunächst unerheblich, ob es sich um eine Preiserhöhung oder eine Reduzierung von Preisnachlässen handelt.

Erhöhen wir den Verkaufspreis von p_1 auf p_2 ist mit einem Rückgang der abgesetzten Menge von x_1 auf x_2 zu rechnen. Der Umsatzerlös berechnet sich bekanntermaßen wie folgt: $E = p \cdot x$.

Also:

$$E_1 = p_1 \cdot x_1 \, und \; E_2 = p_2 \cdot x_2 \; bzw. \; \frac{p_2}{p_1} \cdot \frac{x_2}{x_1} = \frac{E_2}{E_1}$$

Bei $p_2 = p_1 \cdot \eta_p \, und \, x_2 = x_1 \cdot \eta_x$ ergibt sich mit $\frac{\eta_x - 1}{\eta_p - 1} = \eta_{x,p}$ die sogenannte Preiselastizität[3].

Sofern unsere soeben aufgestellte Vermutung, dass eine Preiserhöhung zwangsläufig zu einem Rückgang der Nachfrage führt, stimmt, muss gelten $\eta_{x,p} < 0$, weil $\eta_x - 1 < 0$.

Andererseits kann man davon ausgehen, dass eine Preissenkung, also $\eta_p - 1 < 0$, zu einer zusätzlichen Nachfrage führt, also $\eta_x - 1 > 0$. Damit gilt wiederum $\eta_{x,p} < 0$.

Je dichter $\eta_{x,p}$ bei 0 liegt, umso schwächer ist die Reaktion der Nachfrage auf eine Preisveränderung.

Sofern gilt

$$\eta_{x,p} = -\frac{1}{\eta_p} \; bzw. \; \eta_{x,p} = -\eta_x$$

gleichen Preis- und Mengenveränderungen einander aus. Es gilt dann also $E_2 = E_1$.

Damit kommt man zu einem sehr interessanten Fragenkomplex.

1. Ist es leichter eine Preiserhöhung von 5 % durchzusetzen oder den Absatz der eigenen Produkte und Dienstleistungen um 5 % zu steigern?
2. In welchem Umfang werden die Kunden auf die Preiserhöhung reagieren?
3. Wie wird der Wettbewerb auf die Preiserhöhung reagieren?

8.3.1 Mehr Kunden oder mehr Aufträge?

Der Weg zu einer Erhöhung der Absatzmenge führt über a) die Akquisition neuer Kunden bzw b) die Erhöhung des Umsatzes je Bestandskunden. Somit kommen wir zu einer neuen

---

[3] Genau genommen geht es bei der Elastizität um eine Grenzwertbetrachtung. Dies setzt aber stetig differenzierbare Funktionen voraus. Hier richten wir den Fokus auf die Plausibilität der Zusammenhänge und nicht auf Veränderungen im Infinitesimalbereich.

Frage. Welchen Aufwand erfordert es, den Kundenstamm um 5 % zu vergrößern bzw. die abgesetzte Menge pro Bestandskunden um 5 % zu erhöhen? Welche Kosten entstehen durch die Akquisition eines Neukunden?[4] Kaum ein Kunde wird über seinen tatsächlichen Bedarf hinaus Produkte oder Dienstleistungen beziehen. Die Ausweitung des Kundenumsatzes kann somit nur über a) die Verdrängung von Wettbewerbsanteilen oder b) die Vergrößerung des Produktportfolios erfolgen. Beide Vorgehensweisen sind jedoch mit zusätzlichem vertrieblichem Aufwand verbunden. Es muss sicher im konkreten Fall über die anzuwendende Strategie entschieden werden. Das Kapitel 8.4 liefert hierzu entsprechende Ansätze.

8.3.2 Die Preis-Absatz-Funktion

Die Untersuchung der Preissensitivität des Marktes, also der Abhängigkeit der Nachfrage vom Preis, ist eine angestammte Domäne des Marketings. Die Wahrnehmung eines Produkts im Markt ist maßgeblich auch von dessen Preis geprägt. Dabei spielt es für die Beurteilung der Authentizität eines Produktes oder einer Markte eine wichtige Rolle, ob Preis und wahrgenommene Produkteigenschaften (Qualität, Service, Image, …) als zueinander passend empfunden werden. Solange ein Interessent das Verhältnis von Preis und Nutzen als ausgewogen erachtet, kommt er als Käufer in Frage. Ein steigender Preis – bei gleichbleibendem Nutzen – sollte demnach zu einer Reduzierung der Nachfrage führen. Amüsanter Weise lassen sich in der Praxis Beispiele finden, in denen eine Steigerung des Preises die Nachfrage nach diesen Gütern erhöht. Dabei handelt es sich häufig um Produkte aus dem Segment der Luxusgüter[5] oder auch um Güter zur Grundversorgung[6]. Die Volkswirtschaftslehre bezeichnet Produkte, die über eine positive Preiselastizität verfügen, als (absolut) inferiore Güter.

Auf der Seite der anbietenden Unternehmen ist die **Preis-Absatz-Funktion** von Bedeutung. Diese geht im Allgemeinen von normalen Gütern aus und zeigt daher einen negativen Zusammenhang zwischen Angebotspreis und abgesetzter Menge. Dabei ist der Verlauf der Kurve abhängig von den vorherrschenden Marktstrukturen. Auf einem perfekten

[4] Dazu zählen auch anteilige Verwaltungsgemeinkosten für die Anlage von Kundenstammdaten, Bonitätsprüfungen etc.

[5] Z. B. auf den Märkten für Luxusuhren, Handtaschen, Bekleidung oder Parfüm lassen sich solche Effekte beobachten. Es lässt sich dadurch erklären, dass der Konsument über den Preis auf das Prestige eines Produktes oder einer Marke schließt. Ein höherer Preis suggeriert ein höheres Prestige. Durch die Identifikation mit der Marke überträgt sich diese Wahrnehmung auf den Konsumenten.

[6] Steigt der Preis für Konditoreiartikel, wird ein Haushalt mit geringem verfügbarem Einkommen trotz ebenfalls steigender Brotpreise mehr Brot konsumieren und damit die Konditoreiartikel substituieren. Andererseits können steigende Preise vom Konsumenten als Zeichen einer bevorstehenden Verknappung des Gutes gedeutet werden, die mit weiteren Preissteigerungen verbunden ist. Oder die gestiegene Nachfrage gründet sich – wie z. B. an den Börsen – auf der Hoffnung auf Spekulationsgewinne.

Markt, der für alle Marktteilnehmer absolut transparent ist, alle konkurrierenden Produkte die gleichen Eigenschaften aufweisen und es keine sonstigen Bindungsfaktoren existieren, lässt sich kein Preis oberhalb des allgemein bekannten Preisniveaus durchsetzen lassen.

Typischerweise sind die realen Märkte nicht in diesem Sinne perfekt. Transparenz gibt es – trotz (oder vielleicht wegen) des Internets – nur bedingt, die Kunden sind ggf. vertraglich oder ideell mit einem Anbieter verbunden, die Angebotsseite ist nicht idealisiert polypolistisch (also eher oligopolistisch oder gar monopolistisch) oder ein Lieferantenwechsel ist mit erheblichen (Transaktions-) Kosten verbunden. Erich GUTENBERG hat diese Faktoren in der doppelt geknickten Preis-Absatz-Funktion abgebildet.

Sie weist einen Bereich zwischen den Preisen p_1 und p_2 auf, in dem die Preiselastizität der Nachfrage kleiner (betragsmäßig größer) als außerhalb des Bereiches ist. D.h. eine Veränderung des Preises hat hier eine deutlich geringere Wirkung auf die Absatzmenge. Sofern sich eine Preiserhöhung innerhalb dieses Bereichs vollzieht, werden die vorhandenen Bindungskräfte die Kunden überwiegend von einer Abwanderung abhalten. Es ist plausibel anzunehmen, dass kaum jemand seinen Friseur wechselt, weil dieser seine Preise um 0,10 Euro anhebt. Auch wird ein überzeugter Kunde einer bestimmten Automobilmarke nicht mit Abwanderung auf eine als „angemessen wahrgenommene" Preiserhöhung reagieren. Innerhalb der Grenzen p_1 und p_2 kann ein Anbieter seinen Angebotspreis nahezu wie ein Monopolist gestalten (siehe Abb. 8.1).

Auf welchem Abschnitt der Kurve sich ein Unternehmen befindet, lässt sich auf unterschiedlichem Wege in Erfahrung bringen. Zum einen finden in diesem Zusammenhang die zuvor bereits erwähnten Conjoint-Analysen Anwendung. Zum anderen gibt es die Möglichkeit, auf Test-Märkten entsprechende Szenarien zu erproben. Und nicht zuletzt liefert das Vertriebscontrolling im Rahmen der Win-loss-Analyse wichtige Erkenntnisse.

Vereinfachend wird angenommen, dass die Funktion partiell linear verläuft. Das bedeutet, dass die Preiselastizität der Nachfrage in den drei Bereichen unterschiedlich, aber konstant ist.

8.3.3 Der gewinnmaximierende Preis

Welcher Punkt auf der Kurve wird angestrebt? Lässt sich eine Preis-Mengen-Kombination finden, die den Gewinn *(G)* maximiert? Eine effiziente Vertriebssteuerung setzt voraus, dass zumindest eine theoretische Vorstellung von einem optimalen Preis-Mengen-Verhältnis existiert.

Dazu betrachten wir zunächst die allgemeine Gleichung:

$$Gewinn = Erlös - Kosten$$

Abb. 8.1 Doppelt geknickte Preis-Absatz-Funktion

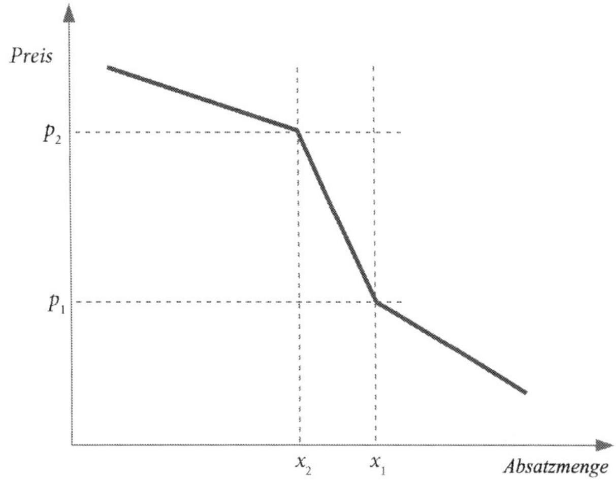

Wobei wir diese wie folgt interpretieren: Der Gewinn ergibt sich in Abhängigkeit von Preis, Absatzmenge und Kostenfunktion[7].

$$G = p \cdot x - K(x)$$

Gehen wir zunächst davon aus, dass sich der Preis für das Produkt am Markt bildet und dass das Unternehmen aufgrund seiner geringen Marktmacht diesen in der Höhe $\bar{p}$ als gegeben hinnehmen muss. Der Weg zu einem Optimum führt dann nur über die Erhöhung der Absatzmenge bzw. über eine Reduktion der Kosten.

$$G(x) = \bar{p} \cdot x - K(x) \rightarrow Max!$$

Die Preis-Absatz-Funktion löst sich von der Vorstellung, dass der Preis als unveränderbar anzunehmen ist. Demzufolge ist es möglich, die Absatzmenge in Abhängigkeit vom gewählten Preis auszudrücken.

$$G(p) = p \cdot x(p) - K(x(p))$$

Diese Formulierung drückt den Gewinn in Abhängigkeit vom erzielten Preisniveau aus, wobei auch die Menge wiederum in Abhängigkeit vom Preis bestimmt wird.

Nun modellieren wir die drei Abschnitte der linearen Preis-Absatz-Funktion. Um die Sprungstellen der oben beschriebenen doppelt-geknickten Preis-Absatz-Funktion in der formalistischen Schreibweise zu vermeiden, reduzieren wir den Zusammenhang auf drei lineare Funktionen mit unterschiedlichen Wertebereichen. Unsere bisherigen

[7] Wir gehen vereinfachend vom 1-Produkt-Fall aus.

Überlegungen haben bereits gezeigt, dass zwischen Preis und Absatzmenge ein negativer Zusammenhang besteht. Dieser macht sich in den folgenden Gleichungen als negative Steigung m_i bemerkbar. Um uns dies stets vor Augen zu führen, ersetzen wir die Steigung durch $-m_i$ mit $m_i > 0$. Ferner soll ebenfalls gelten $b_i > 0, \forall i$, da wir davon ausgehen können, dass die Absatzmenge $x(0)$, d. h. die Güter werden verschenkt, positiv sein wird.

Wir bezeichnen den Faktor b_i als **„akquisitorische Reichweite"**. Er gibt die Produktmenge an, die man „theoretisch maximal verschenken könnte". Ein Beispiel: Im Rahmen einer Werbeaktion verschenkt ein Getränkehandel einen Kasten Bier pro Person. Der Faktor b_i ist determiniert durch folgende Parameter:

- Wie viele Personen erfahren von der Werbeaktion?
- Wie weit würden diese Personen für einen geschenkten Kasten Bier fahren?
- Wie viele Personen, die Bier trinken, wohnen innerhalb dieses Radius?
- Einen ersten Hinweis auf den Faktor b_i erhält man, wenn man sich folgende Frage stellt:
- Wer käme nicht mehr, wenn der Kasten Bier nur einen Euro kosten würde?

$$x(p) = -m_1 \cdot p + b_1 \text{ ; für } 0 \le p < p_1 \qquad \text{(unterhalb des monopolistischen Bereichs)}$$

$$x(p) = -m_2 \cdot p + b_2 \text{ ; für } p_1 \le p \le p_2 \qquad \text{(innerhalb des monopolistischen Bereichs)}$$

$$x(p) = -m_3 \cdot p + b_3 \text{ ; für } p_2 < p \qquad \text{(oberhalb der monopolistischen Bereichs)}$$

Dieser Zusammenhang ist dargestellt in Abb. 8.2

Setzt man diese Funktionen in die Gewinnfunktion ein, ergibt sich folgendes Bild:

$$G(p) = p \cdot (-m_i \cdot p + b_i) - K(-m_i \cdot p + b_i)$$

$$\rightarrow G(p) = (-m_i \cdot p^2 + b_i \cdot p) - K(-m_i \cdot p + b_i)$$

Auf der Suche nach einem Extremwert bildet man die erste Ableitung dieser Gleichung.

$$\frac{\partial G}{\partial p} = -2 \cdot m_i \cdot p + b_i - \frac{\partial K(-m_i \cdot p + b_i)}{\partial p}$$

Die erste Bedingung für die Existenz eines Extremwertes ist, dass die Bedingung

$$\frac{\partial G}{\partial p} = 0$$

Abb. 8.2 Umkehrfunktion der Preis-Absatz-Funktion

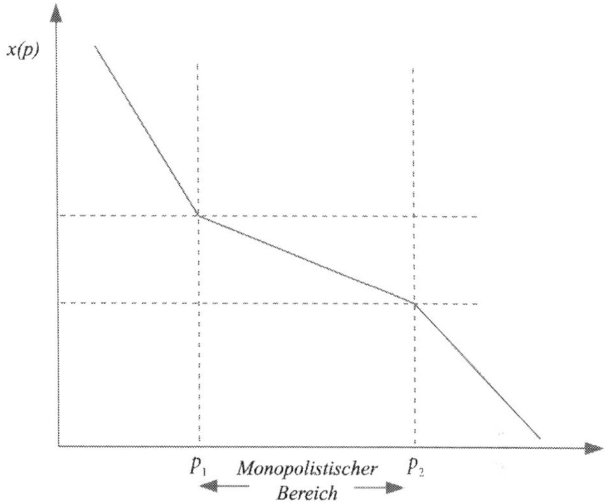

erfüllt ist. Dafür muss gelten:

$$-2 \cdot m_i \cdot p + b_i = \frac{\partial K(-m_i \cdot p + b_i)}{\partial p}$$

Ein Kandidat für einen gewinnmaximierenden Preis ist demnach

$$p^* = \frac{\dfrac{\partial K\left(-m_i \cdot p + b_i\right)}{\partial p} - b_i}{-2 \cdot m_i}$$

Nun kommt alles auf die Gestalt der Grenzkostenfunktion an. Nur wenn die zweite Ableitung der Gewinnfunktion echt kleiner als null ist, handelt es sich bei dem Extrempunkt um ein (globales) Maximum.

$$\frac{\partial G}{\partial^2 p} = -2 \cdot m_i - \frac{\partial K(-m_i \cdot p + b_i)}{\partial^2 p}$$

Solange gilt -

$$2 \cdot m_i < \frac{\partial K\left(-m_i \cdot p + b_i\right)}{\partial^2 p} \text{ bzw. } \frac{\partial K(-m_i \cdot p + b_i)}{\partial^2 p} > 0$$

ist die zweite Ableitung der Gewinnfunktion für alle Werte des Wertebereichs negativ. Damit handelt es sich bei dem Kandidaten um ein echtes Maximum.

Gleichzeitig lässt sich folgern, dass

$$\frac{\partial K\left(-m_i \cdot p + b_i\right)}{\partial p} < b_i$$

sein muss, da ein gewinnmaximierender Preis p^* nicht null bzw. negativ sein kann.

Kaum ein Unternehmen kennt seine Kostenfunktion. Daher wollen wir an dieser Stelle vereinfachend annehmen, die Kostenfunktion verliefe **affin linear**, d. h. wir vernachlässigen Fixkosten und gehen von konstanten Stückkosten aus[8]. Das führt uns zu folgender Gleichung:

$$K\left(x\right) = c \cdot x \text{ , } mit \ c = Stückkosten$$

Mit Einführung der Preis-Absatz-Funktion in dieses Modell kommen wir zu folgender Schreibweise:

$$K\left(p\right) = c \cdot \left(-m_i \cdot p + b_i\right)$$

Als Zielfunktion für den zu maximierenden Deckungsbeitrag ergibt sich:

$$DB(p) = p \cdot (-m_i \cdot p + b_i) - c \cdot (-m_i \cdot p + b_i)$$

$$\rightarrow DB(p) = (-m_i \cdot p^2 + b_i \cdot p) - c \cdot (-m_i \cdot p + b_i)$$

Die erste Ableitung stellt sich entsprechend wie folgt dar:

$$\frac{\partial DB}{\partial p} = -2 \cdot m_i \cdot p + b_i + \mathrm{c} \cdot m_i$$

---

[8] Betrachtet man die Kostensituation auf Basis der Teilkostenrechnung, lässt sich der „Gewinn“ als Deckungsbeitrag interpretieren, aus dem die Gemeinkosten und die nicht verrechneten Fixkosten gedeckt werden.

Setzt man diese wiederum gleich null, erhält man:

$$p^* = \frac{b_i + c \cdot m_i}{2 \cdot m_i} = \frac{1}{2} \cdot (\frac{b_i}{m_i} + c)$$

Zur Sicherheit betrachten wir noch die zweite Ableitung:

$$\frac{\partial DB}{\partial^2 p} = -2 \cdot m_i < 0 \text{ , weil gilt } m_i > 0$$

Damit ist bewiesen, dass die Zielfunktion an der Stelle

$$p^* = \frac{1}{2} \cdot (\frac{b_i}{m_i} + c)$$

ein (globales) Maximum besitzt. Bevor wir uns den Kurvenverlauf näher ansehen, betrachten wir zunächst den gefundenen Zusammenhang näher.

- Ein Preis, der unter den Stückkosten liegt, macht keinen Sinn. Also sollte gelten $p^* > c$. Das wird erreicht, solange gilt:

$$\frac{b_i}{m_i} > c$$

- Eine negative Absatzmenge sollte außerdem ausgeschlossen werden. Es muss daher gelten:

$$x^* = -m_i \cdot p^* + b_i > 0 \leftrightarrow m_i \cdot p^* < b_i \leftrightarrow p^* < \frac{b_i}{m_i}$$

Je kleiner m_i bzw. je größer b_i ist, umso größer (bezogen auf c) kann p^* werden. Da gilt:

$$2 \cdot p^* - c = \frac{b_i}{m_i}$$

Der gefundene Zusammenhang ist schlicht und zugleich verblüffend. Offenbar liefert der Term

$$p^* = \frac{1}{2} \cdot (\frac{b_i}{m_i} + c)$$

ein p^*, das den Deckungsbeitrag maximiert, allein aufgrund der Stückkosten und einer einfachen Preis-Absatz-Funktion.

Zudem scheint die Betrachtung **unabhängig von der auf dem Markt vorherrschenden Wettbewerbssituation** zu sein. Verfügt das anbietende Unternehmen über eine – eventuell nur partielle – monopolähnliche Stellung, lässt sich dies durch einen kleinen Wert für m_i berücksichtigen. Verfügt das Unternehmen aus Sicht der Kunden nur über wenig Attraktivität, d. h. dass sein akquisitorisches Potenzial sehr gering ist, ist der Wert von m_i entsprechend größer[9]. Es lässt sich ferner zeigen, dass das Modell auch mit nicht-linearen Preis-Absatz- bzw. Kostenfunktionen funktioniert.

Bei Vorliegen einer doppelt-geknickten Preis-Absatzfunktion zeichnet sich der „monopolistische Bereich" dadurch aus, dass sich dort die Nachfrage weniger preissensitiv verhält als in dem übrigen Bereich. Das zeigt sich bei der Funktion *x(p)* in folgendem Zusammenhang:

$$m_2 < m_1 \, und \, m_2 < m_3$$

Aus dem Abbild der Funktion (siehe Abb. 8.3) ergibt sich ferner:

$$b_2 < b_1 \, und \, b_2 < b_3$$

Sofern die Funktion keine Sprungstellen oder Lücken aufweist muss gelten:

$$x(p_1) = -m_1 \cdot p_1 + b_1 = -m_2 \cdot p_1 + b_2 \quad \text{bzw.} \quad x(p_2) = -m_2 \cdot p_2 + b_2 = -m_3 \cdot p_2 + b_3$$

Das führt zu:

$$b_1 - b_2 = (m_1 - m_2) \cdot p_1 > 0 \rightarrow b_1 > b_2 \quad \text{bzw.} \quad (m_3 - m_2) \cdot p_2 = b_3 - b_2 > 0 \rightarrow b_3 > b_2$$

Daher lässt sich nicht von vornherein sagen, in welchem Bereich p* liegen wird, also ob gilt:

$$p^* < p_1 \, oder \, p_1 \le p^* \le p_2 \, oder \, p^* > p_2$$

[9] Damit ist das Konzept flexibler und deutlich einfacher zu handhaben als die Methode zur Bestimmung des Cournotschen Monopolpreises.

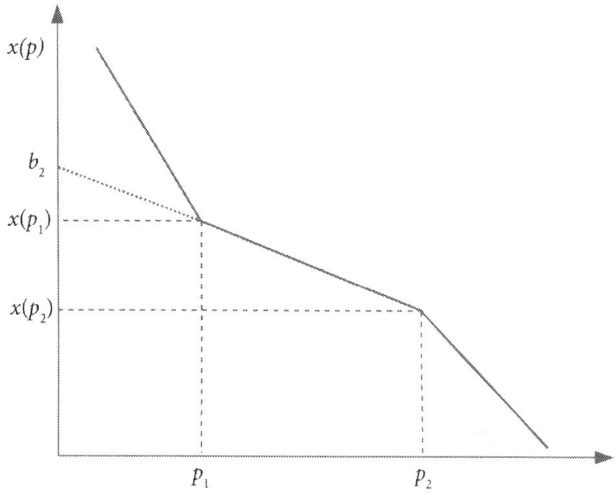

Abb. 8.3 Übergänge zwischen den Bereichen

Abb. 8.4 stellt den Zusammenhang an einem einfachen Beispiel vor:

$m_i = 20\ [\frac{Stück}{€}]$; $b_i = 4.000\ [Stück]$; $c = 90\ \frac{Stück}{€}$. Als p^* erhält man 145 $\frac{Stück}{€}$, was bei einem Absatz von 1.100 [Stück] zu einem Deckungsbeitrag in Höhe von 60.500 [€] führt.

Fazit

Eine Preis-Absatz-Funktion liefert nur bedingt ein reales Abbild des Entscheidungsverhaltens der Kunden. Dennoch lassen sich aus diesen Überlegungen wichtige Hinweise für die Vertriebssteuerung und das Marketing ableiten. Es zeigt die Möglichkeiten auf, die in einem Ausbau des akquisitorischen Potenzials bzw. in einer Vergrößerung der akquisitorischen Reichweite stecken. Das vorgestellte Modell zeigt, wie auf einfache Weise eine Beziehung zwischen Stückkosten und Verkaufspreis auf Basis einer Preis-Absatz-Funktion hergestellt werden kann. Insofern stellt der gewinnmaximierende Preis p^* eine wichtige Referenzmarke dar zur Beurteilung des tatsächlich erzielten Preises.

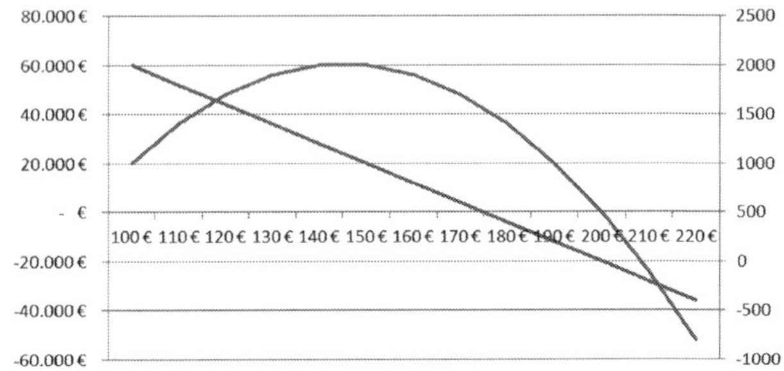

Abb. 8.4 Beispiel zur Bestimmung eines p* anhand einer Preis-Absatz-Funktion

8.3.4 Wie reagiert der Wettbewerb?

Die Reaktionen des Wettbewerbs sind wiederum vom den gegebenen Marktstrukturen abhängig[10]. Im Falle eines aggressiven Verdrängungswettbewerbs ist davon auszugehen, dass die Konkurrenz auf eine Rabattaktion ebenfalls mit Preisnachlässen reagieren wird. Das führt mittelfristig zu einer Senkung des Preisniveaus und zu einer Verschlechterung der Ertragslage innerhalb der gesamten Branche. Das Preisniveau wird sich immer mehr den Selbstkosten annähern. Gewinner in diesem Verdrängungswettbewerb sind die Unternehmen mit der günstigsten Kostenstruktur[11]. Verlierer sind paradoxerweise auch die Verbraucher. Sinkende Preise werden überwiegend mit einer Verringerung der Leistung assoziiert. Das kann dazu führen, dass die Freude über billige Produkte durch die hervorgerufene Verunsicherung überkompensiert wird[12].

Steigende Preise haben häufig ihre Ursache in einer Erhöhung der Faktoreinsatzpreise, wie z. B. die Preise für Energie, Arbeit oder Rohstoffe. Dies betrifft üblicherweise die konkurrierenden Unternehmer gleichermaßen. Zudem wird kein Unternehmen die Chance ungenutzt lassen, von einem steigenden Marktpreisniveau zu profitieren.

8.3.5 Weshalb Rabatte gewährt werden

Wie oben gezeigt, haben Rabatte ihren Preis. Ein Unternehmen, das sich auf seine Kundenbindungskräfte verlassen kann, kann sich eine rigide Preispolitik erlauben! Eine Rabattschlacht gewinnen meist die anderen und führen zudem zu einer Verunsicherung der Abnehmer.

[10] Das Konzept der Kreuzpreiselastizität analysiert die Neigung des Marktes, aufgrund einer Preisdifferenz ein Gut durch ein anderes zu substituieren.

[11] Auf monopolistisch oder oligopolistisch geprägten Märkten wird kaum mit einer freiwilligen Preissenkung zu rechnen sein. Aus diesem Grund werden diese Märkte von entsprechenden Aufsichtsbehörden (z. B. der Bundesnetzagentur) überwacht.

[12] Im Extremfall führt dies zum sog. Lemon Market-Phänomen, das 1970 von George AKERLOF beschrieben wurde und zum Versagen eines Marktes führen kann.

Warum werden dennoch Rabatte gewährt? Zu unterscheiden ist an dieser Stelle zwischen einer breitangelegten Reduzierung der Verkaufspreise (im Rahmen der strategischen Preispolitik) und der situativ gewährten „Entscheidungshilfe" im konkreten Einzelfall (im Sinne einer operativen Preismaßnahme). Diese beiden Varianten lassen sich jedoch nur schwer auseinanderhalten. Mittlerweile sind es die Verbraucher gewohnt, ein Neufahrzeug nicht ohne einen entsprechenden Nachlass zu erwerben oder sich im Einzelhandel ein Produkt vorführen zu lassen und danach den Verkäufer mit den Angebotspreisen der entsprechenden Internet-Preisportale zu konfrontieren. Geiz ist eben doch geil.

Zur Standardformel eines gewieften Einkäufers gehört es, nach einem Eröffnungsrabatt, Projektnachlass, preislichen Entgegenkommen, Preisvorsprung gegenüber dem Wettbewerb, Überzeugungshilfe für den Einkaufsleiter, Verwaltungsgemeinkostenübernahmeanteil (Gemeint sind die Kosten, die durch die Anlage eines Lieferantenstammdatensatzes im ERP-Programm entstehen.), Ausgleich für den Mehraufwand in der Qualitätssicherung, Harmonisierung der Zahlungskonditionen, Wechselanreiz, Anteil an den Gewährleistungsrückstellungen etc. zu fragen.

In dieser Situation ist ein Vertriebler leicht versucht, dem „allgemein vorherrschenden Druck des Marktes" nachzugeben. Er sieht sich einer „0 oder 1"-Entscheidungssituation ausgesetzt. Gibt er dem Druck nach, scheint ein Auftrag zum Greifen nah. Verweigert er ein preisliches Zugeständnis, setzt er sich der Gefahr aus, dass aufgrund seiner Entscheidung der Auftrag an den Wettbewerb geht. An dieser Stelle kehrt sich das Verhältnis von Käufer und Verkäufer um. Der Vertriebler tritt in die Rolle desjenigen, der sich Sicherheit gegen Leistung eines monetären Beitrags verschaffen kann. Ist seine Position schwach, so ist der Preis, den er zu zahlen bereit ist, entsprechend hoch. Sein Entgegenkommen fällt weniger großzügig aus, wenn er sich stark fühlt.

Die Gewährung von Rabatten hat somit zwei voneinander völlig getrennte Ursachen. Zum einen ist es die Erwartungshaltung der Interessenten. Haben diese sich daran gewöhnt, keinen Preis ohne entsprechende Verhandlungen zu akzeptieren, ist es in Zukunft selbstverständlich, jedes noch so faire Angebot in Frage zu stellen.

Zum anderen ist es die Schwäche der Verhandlungsposition des Vertrieblers. Vielfach herrscht die Meinung vor, dass Entscheidungen „immer nur über den Preis getroffen werden". Untersucht man hingegen die persönlichen Präferenzen eines einzelnen Individuums im Rahmen einer Kaufentscheidung, dann erscheinen Aspekte wie Qualität und Zuverlässigkeit an erster Stelle.

Das führt uns zurück zur eingangs betrachteten Bedeutung von Sicherheit. Ist sich ein Interessent sicher, für den verlangten Preis exakt den Nutzen zu erhalten, den er erwartet, wird er den genannten Preis akzeptieren. Es wird ihn aber auch nichts davon abhalten, trotzdem den Verkäufer nach einem Nachlass oder einem vergleichbaren Entgegenkommen zu ersuchen. Dann geht es aber nicht mehr um den Kaufgegenstand sondern um die Rezeption (im Sinne von Wahrnehmung oder Wertschätzung), die der Interessent durch den Vertriebler erfährt bzw. um das Gefühl, ein Schnäppchen zu machen[13]. Ein Stammgast in einem Luxushotel wird kaum nach einem Rabatt fragen. Er erwartet aber vielleicht als Entgegenkommen, dass er stets dasselbe Zimmer erhält oder dass sein Lieblingswein verfügbar ist.

Der Vertriebler ist gut beraten, auf diese Phase des Akquisitionsprozesses entsprechend vorbereitet zu sein. Das geschieht a) über gute Gegenargumente, b) einen festen Standpunkt, c) genaue Kenntnis der Bedürfnisse des Interessenten und d) einen zuvor eingepreisten Spielraum.

Fazit

Erkennt der Interessent den Nutzen in dem angebotenen Gut, ist er leichter bereit, den fair kalkulierten Angebotspreis zu akzeptieren. Eine lasche Preispolitik kann sich gegen den Vertriebler wenden, sofern der Interessent durch allzu freimütige Zugeständnisse verunsichert wird. Der direkte Weg zu einer Verbesserung der Ertragslage führt über eine solide Preispolitik.

8.4 Produktivitätssteigerung

Wie bei der Betrachtung von Produktionsprozessen üblich wird auch im Vertrieb die Produktivität durch das Verhältnis von Aufwand zu Ertrag ausgedrückt. Da wir davon ausgehen, dass zwischen Vertriebsaufwand und erzielten Umsatzerlösen ein funktionaler Zusammenhang besteht, handelt es sich bei dem Stichwort „Kostenminimierung" vielmehr um die Forderung nach Steigerung der Produktivität (bei gegebenem Umsatz- oder Ertragsziel).

8.4.1 Produktivitätssteigerung durch Synergie

Die Leistung einer Vertriebsabteilung ergibt sich nicht allein aus der Summe der Einzelleistungen der beteiligten Personen. Vielmehr sind deren Aktivitäten eng miteinander vernetzt. Die interagierenden Personen bilden somit ein System.

Die **Synergetik** beschreibt das Verhalten der Elemente als Bestandteile komplexer, dynamischer Systeme. Man geht davon aus, dass zwischen den Elementen (kausale) Wechselwirkungen bestehen, die einer höheren Ordnung genügen. Dabei erlaubt der dynamische Charakter der Systeme, dass sich im Zeitverlauf Strukturen bilden, die nicht im Voraus durch diese höhere Ordnung angelegt wurden. Die Synergetik umfasst viele

[13] Ist hingegen das Entgegenkommen zu groß, kann es beim Interessenten wiederum Unsicherheit auslösen. Er stellt erneut in Frage, ob der zuerwartende Nutzen wirklich für den Preis erhältlich sein kann.

Forschungsbereiche. Diese reichen von der Biologie über die Physik bis zu den Gesellschaftswissenschaften. Im Folgenden sollen Synergieeffekte auf dem Gebiet der Soziologie vor dem Hintergrund einer betriebswirtschaftlich-technischen Fragestellung betrachtet werden. Die „Elemente“ sind in diesem Fall die handelnden Personen.

22 Fußballspieler (Elemente) bilden ein System. Der Ball symbolisiert die Wechselwirkungen. Die höhere Ordnung entspricht dem angewandten Regelwerk. Innerhalb dieses Systems bilden sich Strukturen (z. B. die Spielformation o. ä.), die nicht durch die höhere Ordnung vorgegeben sind. Sie alle verbindet der gemeinsame Wunsch Fußball zu spielen.

11 Fußballspieler bilden innerhalb dieses Systems ein Subsystem – die Mannschaft. Die Mannschaft verbindet das gemeinsame Ziel, das Spiel zu gewinnen. Zur Zielerreichung trägt jeder Spieler nach seinen Fähigkeiten bei. Solange ein Spieler seinen Beitrag leistet, wird der Trainer ihn im Spiel belassen.

Die Beschreibung der Wechselwirkungen innerhalb einer Mannschaft ist deutlich komplexer. Hier spielen Faktoren eine Rolle, die sich nur schwer identifizieren bzw. quantifizieren lassen wie Teamgeist oder Motivation aber auch das Verhältnis der Spieler untereinander.

1 Fußballspieler wiederum ist ein Subsystem innerhalb der Mannschaft. Die Elemente, die hier interagieren, sind seine Bedürfnisse. Sie sind verbunden durch gemeinsame, prägende Erfahrungen und dem übergeordneten Wunsch, sich wohl zu fühlen. Teilweise wirken die Bedürfnisse begünstigend aufeinander, teilweise konkurrieren sie miteinander. Jeder kann nachvollziehen, dass es viel Selbstdisziplin bedarf, um sich stets fit zu halten. Die höhere Ordnung ist die Moral. Diese steht für eine Selbstverpflichtung, sich im Sinne einer noch höheren Ordnung zu verhalten. Diese noch höhere Ordnung kann z. B. die Summe der Erwartungen sein, die die Teamkameraden oder der Trainer an den Spieler stellen. Die Strukturen, die sich hier im Laufe der Jahre gebildet haben, fasst man in der Persönlichkeitsstruktur zusammen.

Ein System wird maßgeblich durch sein Verhalten beschrieben, das es zeigt, wenn es einer äußeren Einwirkung (Impuls) ausgesetzt wird. Stabile Systeme werden den Impuls aufnehmen und danach in ihre Ausgangslage zurückkehren. Die Position ist vor und nach dem Impuls identisch (siehe Abb. 8.5).

Ein instabiles System wird durch den Impuls aus seiner „Ruhelage“ gebracht und kehrt auch nicht in diese Lage zurück (siehe Abb. 8.6).

Ein grenzstabiles System wird durch den Impuls aus einer instabilen Position in eine neue stabile Lage auf niedrigerem Niveau gebracht (siehe Abb. 8.7).

Ein metastabiles System befindet sich in einer relativ stabilen Position und wird durch den Impuls auf ein niedrigeres, stabiles Niveau gebracht (siehe Abb. 8.8)

Diese Betrachtung lässt sich lässt sich auf alle drei Systemebenen anwenden. Es bedarf eines hohen Aufwands, eine Fußballmannschaft an der Tabellenspitze zu halten. Im Mittelfeld der Tabelle geht es etwas ruhiger zu, während im Tabellenkeller der Überlebenskampf tobt. Tabellenspitze sowie Tabellenkeller sind demzufolge grenzstabile Systemlagen. Das Mittelfeld entspricht somit am ehesten einem metastabilen System. Ein Fußballspieler

Abb. 8.5 Stabiles System

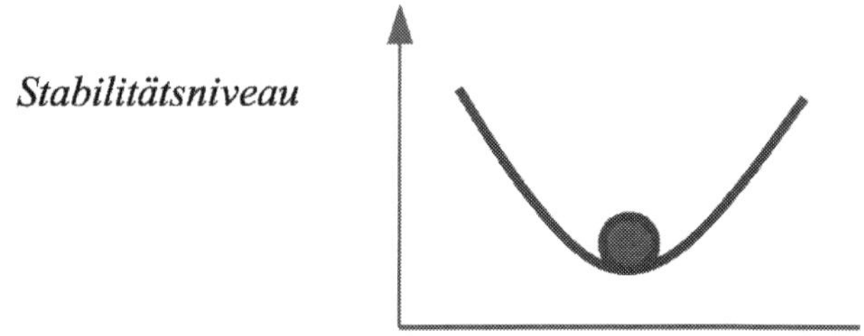

bleibt nicht automatisch auf dem Leistungsniveau eines Spitzensportlers. Sobald er seine Bemühungen reduziert, wird das Niveau sinken (instabiles System).

Bei dem Stichwort **Synergie** erwarten viele die etwas plakative Gleichung „1 + 1 = 3“. Offensichtlich fordert diese Gleichung die Existenz eines zunächst „unsichtbaren Mehrwerts“. Dieser steht im Fußballsport für den gemeinsamen Spaß am Spiel. Auch ein langweiliges Spiel ist ein Spiel. Kommt aber für die Beteiligten die Begeisterung hinzu, empfinden alle den erwarteten Mehrwert. Die Begeisterung der Zuschauer kann wiederum leistungssteigernd auf die Spieler wirken.

Für die Steuerung einer Vertriebseinheit ergibt sich aus dieser Betrachtung eine Reihe von Fragen:

- Handelt es sich bei einem Vertriebsteam um ein stabiles System? Wie gehen die Beteiligten mit Misserfolgen (externer Impuls) um? Für ein instabiles System ist es viel schwerer, sich nach einem Misserfolg erneut zu motivieren.
- Was bedeutet es, ein stabiles Vertriebsteam auf ein höheres Stabilitätsniveau zu hieven? Reagieren instabile Systeme flexibler auf Veränderungen?
- Stabilisieren sich die Beteiligten gegenseitig oder existiert eine höhere Ordnung? Gibt es einen Spielführer oder sehen sich die Personen gleichermaßen am Erfolg beteiligt?
- Handelt es sich um ein geschlossenes System? Wie leicht lassen sich Vorgaben von außen implementieren? Wie erfolgt die Integration neuer Mitarbeiter?
- Wie ist der unsichtbare Mehrwert zu beurteilen? Sind Motivation und Begeisterung als stabilisierende Faktoren vorhanden? Oder funktioniert das System nur aufgrund einer gegebenen höheren Ordnung im Sinne von Pflichterfüllung?

Für die steuernde Komponente des Vertriebscontrollings ist das Verständnis für das systembedingte Verhalten einer Vertriebseinheit unabdingbar. Um bewusst Veränderungen im Verhalten des Systems herbeizuführen, muss die Wirkung der Steuerungsinstrumente genauestens beobachtet werden. Es besteht z. B. die Gefahr, dass ein als stabil eingestuftes System sich durch einen zu starken Veränderungsimpuls als meta- oder grenzstabil entpuppt, was eine Stabilisierung auf einem niedrigeren Niveau zur Folge hätte.

Fazit

Die Steuerung von vertrieblichen Aktivitäten hat immer auch etwas mit Personalführung zu tun. Anders als bei technischen Einrichtungen gibt es im Vertrieb keine

Abb. 8.6 Instabiles System

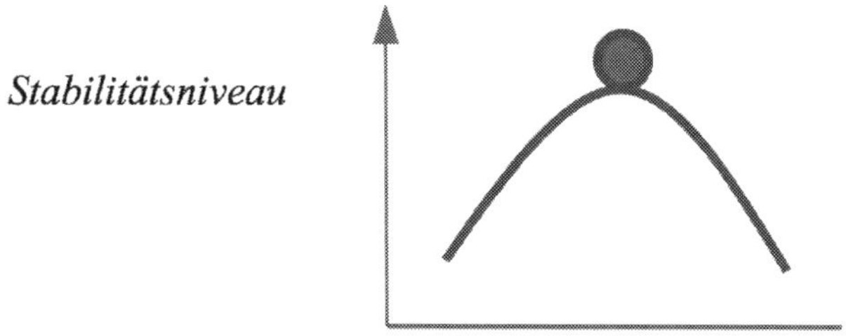

Abb. 8.7 Grenzstabiles System

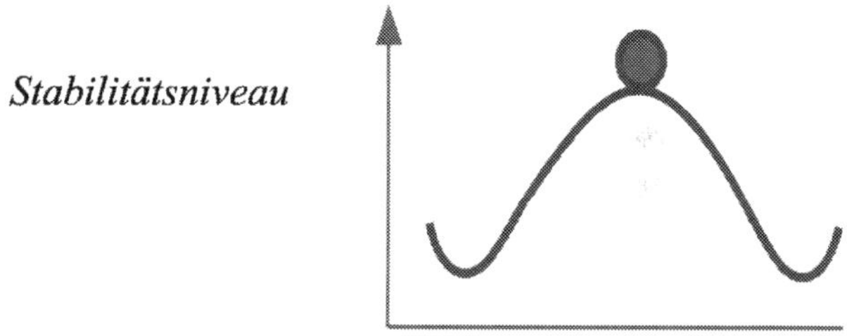

Abb. 8.8 Metastabiles System

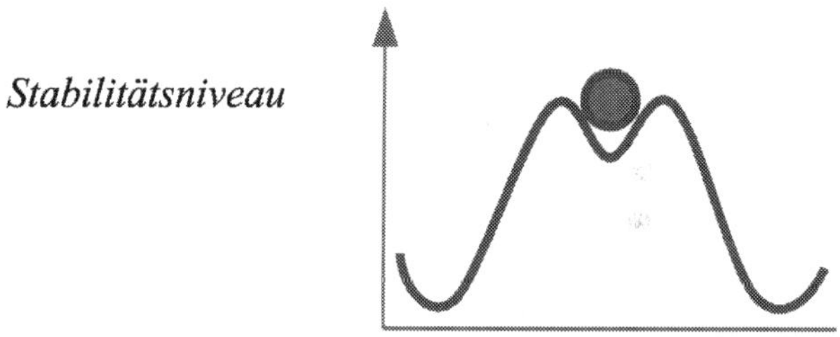

Parameter oder Stellschrauben, deren Manipulation ohne Effekt auf das gesamte System bleibt. Ein Vertriebscontrolling allein auf Basis von Sollgrößen und Vorgaben scheitert an dieser Stelle.

8.4.2 Engagement immer dort, wo es sich lohnt

Die größte Kunst im Vertrieb ist es, in der Vielzahl der Interessenten die späteren Kunden zu entdecken.

Sobald man erkennt, dass das für eine Kaufentscheidung des Interessenten relevante Nutzenniveau nicht erreicht werden kann, lassen sich die Akquisitionsbemühungen entsprechend umsteuern. Je früher ein Prozess als nicht ausreichend erfolgversprechend identifiziert wird und der Prozess entsprechend abmoderiert wird, umso eher stehen die Vertriebskapazitäten für die erfolgversprechenden Vorgänge zur Verfügung.

Das nachstehende Diagramm (siehe Abb. 8.9) zeigt exemplarisch die Übernahmequoten zweier Vertriebler im Vergleich. Obwohl beide dieselbe Effektivität (Abschlussquote in Höhe von 25 %) erreichen, ist davon auszugehen, dass sie hinsichtlich der Effizienz ihres Einsatzes an Arbeitsleistung unterscheiden. Als Maßgröße zur Beurteilung soll die Fläche unter der Kurve dienen. Je früher Interessenten aus dem Akquisitionsprozess ausscheiden, umso kleiner wird diese, umso weniger Kapazitäten werden in dem Prozess gebunden. In unserem Fall dominiert daher die dunkelgraue Kurve die hellgraue hinsichtlich des Effizienzkriteriums

Zugegebenermaßen gehört einiger Mut des Vertrieblers dazu, einen laufenden Akquisitionsprozess abzubrechen. Immerhin beinhalten auch diese Prozesse ein gewisses Maß an „Restwahrscheinlichkeit" für einen Auftrag. Häufig steckt darin eine erhebliche vertriebliche Vorarbeit. Gegebenenfalls wird er sich für diesen Schritt gegenüber einer übergeordneten Stelle verantworten müssen. In dieser Situation helfen die Daten aus dem Vertriebscontrolling, die zur Beurteilung der Richtigkeit der Entscheidung herangezogen werden können.

Fazit

Dem Vertriebler muss der Entscheidungsspielraum gewährt werden, als Kompetenzträger selbst über den Einsatz seiner Ressourcen frei entscheiden zu können. Es ist nicht seine Aufgabe, wie ein Jongleur möglichst viele Bälle in der Luft zu halten. Er muss in der Lage sein, seinen Arbeitseinsatz innerhalb gesteckter Grenzen selbst zu disponieren. Wird diese Entscheidungsbefugnis auf andere übertragen, müssen diese Stellen auch zugleich die Beobachtungs- und Kontrollfunktion übernehmen.

8.4.3 Controlling-Leistung als knappe Ressource

Das Controlling versteht sich als Dienstleister im eigenen Unternehmen. Es übernimmt Kontroll- und Steuerungsaufgaben und unterstützt das Management bei der Planung. Aber auch das Controlling verfügt nur über begrenzte Kapazitäten. Je höhere der Kontrollaufwand, der vom Controlling erbracht werden muss, desto weniger Freiraum steht für Planungs- und Steuerungsaufgaben zur Verfügung.

Ein Vertrieb, der nur unter Aufbietung von externer Controllingleistung funktioniert, kann nicht effizient arbeiten. Einerseits ist dies ein Zeichen dafür, dass das System Vertriebsorganisation an sich instabil ist und dass die Fähigkeit zur Selbstkontrolle versagt. Es ist nicht die Aufgabe des Controllings, administrative Funktionen zu übernehmen, die üblicherweise von der Vertriebsleitung besetzt werden. Die reine Verlagerung von Tätigkeiten innerhalb einer Organisation führt in der Regel kaum zu Effizienzsteigerungen.

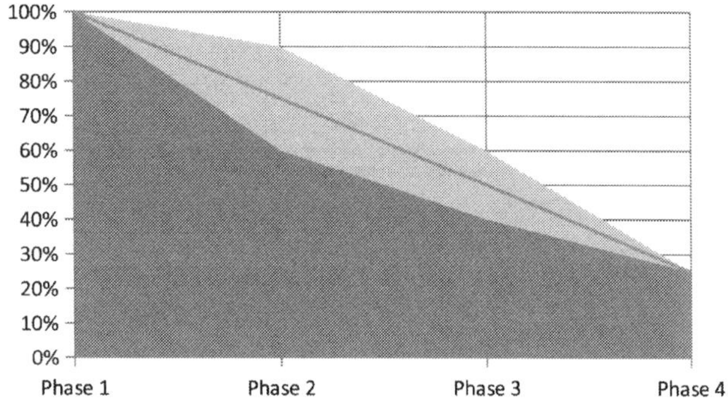

Abb. 8.9 Darstellung der Übernahmequoten zweier Vertriebler

Die Kontrolle auf operativer Ebene muss dicht am Prozess erfolgen. Das Vertriebscontrolling muss hierfür das notwendige Instrumentarium zur Verfügung stellen. Die eigentliche Durchführung kann hingegen auch von anderen Stellen übernommen werden.

8.4.4 Einer für alles oder alle für einen?

In vielen Bereichen wird eine Steigerung der Produktivität durch Spezialisierung angestrebt. Seit der Frühphase wirtschaftlicher Entwicklung geht ein erheblicher Fortschritt von der Einführung der Arbeitsteilung aus. Diese Tendenz verstärkt sich mit zunehmender Komplexität der Prozesse. Jeder am Prozess Beteiligte kann sich nach seinen Fähigkeiten einbringen. Eine Konzentration auf Kernkompetenzen erlaubt zudem die Spezialisierung und damit eine gezielte persönliche Weiterentwicklung.

Ein differenzierter Akquisitionsprozess erfordert einen ebenso differenziert qualifizierten Vertriebler. Die frühen Phasen des Prozesses verlangen ein besonderes Maß an Empathie. Man muss in der Lage sein, die Bedürfnisse und Befindlichkeiten des Interessenten zielsicher zu ermitteln und darauf einzugehen. In Phase 3 bedarf es tiefgehender Produkt- und Marktkenntnisse. Bei technischem Vertrieb kommen entsprechende Lösungskompetenzen hinzu. Die Abschlussphase verlangt den versierten Verhandler mit kaufmännischem und juristischem Gespür.

Je nach Art und Gestalt des Akquisitionsprozesses kann man sich nachstehend beispielhafte zeitliche Verteilungen vorstellen:

- Phase 1) Vorstellung, Festlegung einer Gesprächsebene
- Phase 2) Abfrage der Bedarfslage, Erarbeiten einer möglichen Lösung
- Phase 3) Präsentation und Konkretisierung des Angebots und Darstellung des Nutzens
- Phase 4) Abschlussverhandlung – Herbeiführung und Fixierung einer Übereinkunft

Die folgende Tab. 8.1 verzeichnet beispielhaft den zeitlichen Anteil jeder Phase am gesamten Akquisitionsprozess.

Tab. 8.1 Zeitlicher Anteil je Phase – Ein Beispiel

	Phase 1	Phase 2	Phase 3	Phase 4
Einzelhandel	10 %	40 %	40 %	10 %
Großhandel	5 %	20 %	55 %	20 %
Projektgeschäft	10 %	20 %	40 %	30 %

Unter dem zeitlichen Anteil je Phase sei jeweils die tatsächlich im Prozess gebundene Arbeitszeit zu verstehen. Unberücksichtigt bleiben Warte- oder Reaktionszeiten, die erheblichen Einfluss auf die Prozessdauer als Ganzes haben können.

Das Phasenmodell sieht vor, dass während des Akquisitionsprozesses Interessenten ausscheiden. Bei jedem Phasenwechsel besteht die Gefahr, dass Interessenten den Vorgang abbrechen in der Überzeugung, durch ein Fortführen des Akquisitionsprozesses das gewünschte Nutzenniveau nicht mehr erreichen zu können.

In Tab. 8.2 ist beispielhaft die Abbrecherquote für unterschiedliche Akquisitionsprozesse verzeichnet.

Am Beispiel des Projektgeschäfts sei dargestellt, wie sich nunmehr die verfügbare Arbeitszeit der am Akquisitionsprozess beteiligten Vertriebler auf die jeweiligen Phasen verteilt. Diese Betrachtung geht davon aus, dass innerhalb der drei aufgeführten Sparten a) alle Akquisitionsprozesse annähernd gleich lange dauern und b) die Übernahmequote weitgehend stabil ist[14] (siehe Tab. 8.3).

Die Berechnung unterstellt einen unendlichen Zeithorizont. Dadurch ist es unerheblich, wie lange ein Prozess dauert oder, wie viele Prozesse sich gleichzeitig bzw. welche Phasen in Bearbeitung befinden. Die Normierung auf 100 % Arbeitszeit hat keinen Einfluss auf das Verhältnis der Arbeitszeiten je Phase untereinander, da es sich um eine lineare Operation handelt.

Die obige Tabelle besagt, dass in unserem Beispiel der Vertriebler 18 % seiner Arbeitszeit für die Bearbeitung von Interessenten in Phase 1 aufwenden muss. Andererseits ist er für die Hälfte seiner Arbeitszeit mit der Betreuung von „qualifizierten" Interessenten in den Phasen 3 und 4 befasst.

Ausgehend von dem Zeitbedarf für Phase 4 ergeben sich für die Phasen 1 bis 3 folgende Faktoren. Beispiel: Der Zeitbedarf für Prozesse, die sich aktuell in Phase 1 befinden, liegt um ca. 30 % über dem Zeitbedarf der von Prozessen in Phase 4 ausgeht (siehe Tab. 8.4).

[14] Es ist davon auszugehen, dass gleichartige Prozesse auch in der Tat ähnliche Parameter aufweisen. Sofern es bei der Vertriebstätigkeit mehrere Prozesstypen (z. B. Neukunden vs. Stammkunden) gibt, die sich signifikant voneinander unterscheiden, sollten diese auch separat untersucht werden.

Tab. 8.2 Übernahmequote im Phasenverlauf

	Am Beginn von Phase 1	Von Phase 1 nach Phase 2	Von Phase 2 nach Phase 3	Von Phase 3 nach Phase 4
Einzelhandel	100 %	95 %	80 %	70 %
Großhandel	100 %	100 %	90 %	80 %
Projektgeschäft	100 %	90 %	50 %	25 %

Tab. 8.3 Verteilung der Arbeitszeit auf die Phasen

	Zeitanteil	Übernahmequote jeweils vom Ursprung	Anteil bezogen auf 100 % Arbeitszeit
Phase 1	10 %	100 %	18 %
Phase 2	20 %	90 %	32 %
Phase 3	40 %	50 %	36 %
Phase 4	30 %	25 %	14 %
Summe	100 %		100 %

Tab. 8.4 Phasen 1 bis 3 als Vorfaktoren

	Faktor
Phase 1	1,3
Phase 2	2,4
Phase 3	2,67
Phase 4	1

„Ein Fall für zwei – oder drei“: Sofern der Akquisitionsprozess eine Aufteilung auf mehrere Vertriebler erlaubt, kann es günstig sein, zwei (oder mehrere) Vertriebler mit den jeweiligen Teilaspekten des Prozesses zu betrauen. Vertriebler A fungiert als „Kontakter“. Er nimmt die Anfrage entgegen, klärt die Gesprächsebene, sondiert die Kompetenzen des Interessenten etc. Vertriebler B verfügt als „Kompetenzvermittler“ über die notwendige

Sachkompetenz, um aus der aufbereiteten Anfrage zielsicher ein Angebot formulieren zu können. Bei schwierigen Verhandlungsthemen kann es opportun sein, einen Spezialisten, einen „Abschließer" mit den Vorgängen in Phase 4 zu beauftragen.

Wollte man grundsätzlich für die Bearbeitung der Phase 4 einen solchen Spezialisten einsetzen, der sich ausschließlich um die Aushandlung der Konditionen oder die rechtlichen Aspekte des Vertrages kümmert, so müssten in den Phasen 2 und 3 jeweils ungefähr die zweieinhalbfachen zeitlichen Kapazitäten zur Verfügung stehen, um die notwendige vertriebliche Vorleistung zu erbringen. Der Zeitbedarf für die Interessenten in Phase 1 liegt ungefähr 30 % über dem Zeitbedarf für Phase 4.

Fazit

Auf Basis der Übernahmequote und der zeitlichen Inanspruchnahme durch die einzelnen Phasen lässt sich ermitteln, wie das optimale zeitliche Verhältnis von Aktivitäten der „Kontakter", „Kompetenzvermittler" und „Abschließer" gestaltet werden muss. Auf diese Weise kann jeder Vertriebler seine Stärken zum Einsatz bringen und er muss sich nicht mit Aktivitäten verschleißen, die ihm nicht liegen. Zudem ist die Auslastung deutlich gleichmäßiger, da das System nicht zum „Aufschaukeln" neigt.

8.4.5 Zeitmanagement

Besteht nicht die Möglichkeit, einen Akquisitionsprozess auf mehrere Vertriebler zu verteilen, so muss der Vertriebler seine Arbeitszeit je nach Inanspruchnahme auf die Aktivitäten in den vier Phasen verteilen. Einerseits entspricht zwar die Abfolge der vier Phasen einer zeitlichen Gliederung der Prozesse, andererseits geht es um die tägliche Neuorganisation von Arbeitsabläufen im Vertrieb. Vielfach wird ein Vertriebler einen Akquisitionsprozess nicht von Phase 1 bis Phase 4 an einem Stück abarbeiten können. Zeitliche Verwerfungen, spontane Aktionen oder Wartezeiten machen ein entsprechendes Zeitmanagement notwendig.

Von Vertrieblern hört man häufig Aussagen wie diese: „Aufgrund der vielen laufenden Projekte komme ich nicht zur Neukundenakquise!" „Da meine Zeit für die Bearbeitung von Anfragen draufgeht, kann ich mich nicht ausreichend um die Vorbereitung von Vertragsverhandlungen kümmern!" Stress und Hektik im Tagesgeschäft sind in der Regel Indikatoren für ein ineffizientes Zeitmanagement. „Reagieren" bindet Zeit, die wiederum für planvolles Agieren fehlt. Dieser Zustand ist in Vertriebsorganisationen so weit verbreitet, dass er bisweilen als normal empfunden wird. Hinzu kommt die Gewissheit, dass ein Vertriebler, der sich langweilt, etwas falsch macht.

Neben der oben beschriebenen **Budgetierung** der verfügbaren Arbeitszeit helfen auch **Faustregeln** bei einer effizienten Zeitplanung. Versierte Vertriebler wissen, an welchen Tagen oder zu welcher Uhrzeit sie eine Chance haben, im Rahmen der Neukundenakquise ihre Interessenten telefonisch oder persönlich anzutreffen. Danach planen sie ihren wöchentlichen Arbeitsrhythmus. Der Freitagnachmittag ist häufig etwas ruhiger. Dann hat man die Zeit und die Ruhe, Angebote zu schreiben. Viele Entscheider neigen dazu, vor einem geplanten Urlaub ihren Schreibtisch von laufenden Projekten zu befreien. In dieser Phase werden häufig überfällige Entscheidungen getroffen. Öffentliche Auftraggeber geraten zum Abschluss eines Haushaltsjahres unter Entscheidungsdruck. In dieser Zeit muss ein Vertriebler entsprechend wachsam und reaktionsbereit sein. Von bestimmten Messeterminen geht ein Einfluss auf das Entscheidungsverhalten der Interessenten aus. Kaum ein Entscheider trifft unmittelbar vor einer wichtigen Fachmesse eine Kaufentscheidung, da er davon ausgeht, a) zusätzlich relevante Informationen erst auf der Messe zu erhalten oder b) vielleicht einen besonderen Messerabatt aushandeln zu können.

Fazit

Für das Vertriebscontrolling ist der empfundene Stress innerhalb einer Vertriebsorganisation ein wichtiger Indikator für geplante Steuerungsaufgaben. Empfinden die Vertriebler ein gesundes Maß an Anspannung oder kippt die Situation in Richtung Panik oder Resignation? Entsprechen die vertrieblichen Aktivitäten einer planvollen Vorgehensweise oder werden sie dominiert von der Notwendigkeit auf Umweltsituationen reagieren zu müssen? Wird in den Terminkalendern nur Missstand verwaltet oder ist das Wiedervorlagesystem das Resultat einer nachhaltigen, strategischen Planung? Eine Vertriebsorganisation, die sich permanent überfordert fühlt, kann nach außen nicht souverän wirken. Das richtige Timing ist häufig der Schlüssel zu mehr Effizienz im Vertrieb.

8.4.6 Vertrieb aus der verkürzten Distanz

Das Marketing fordert unter dem Stichwort „Cross-Selling“ („Querverkauf“) den Vertrieb komplementärer Güter über denselben Kanal. Ein Kunde für Winterreifen könnte sich auch für Frostschutzmittel, Eiskratzer, eine Wolldecke oder Thermoskannen interessieren.

Ein Interessent, der bereits in den Phasen 1 und 2 wichtiges Vertrauen zu dem Unternehmen aufgebaut hat, kann durch eine sinnvolle Beratung leichter für ergänzende Produkte gewonnen werden. Dadurch steigt die Rentabilität des Vertriebsprozesses beträchtlich. Gleichzeitig hat der Vertriebler die Chance, dem Interessenten das Gefühl zu geben, ganzheitlich – im Sinne des Kunden – zu denken. Darüber hinaus erspart der dem Interessenten den Besuch bei einem möglichen Wettbewerber.

Daher ist es eine wichtige Aufgabe des Marketings, das Produktportfolio mit dem allgemein verfügbaren Warenangebot abzugleichen und eventuelle Komplementärprodukte zu identifizieren.

Der **Synergieeffekt** steckt hier also in der Gestaltung der Produktportfolios. Die Elemente sind die angebotenen Güter. Die Wechselwirkung ist deren komplementäre

Nutzbarkeit. Die höhere Ordnung (vgl. 8.4.1) besteht in dem Mehrwert, den der Verkaufsprozess sowohl dem Vertriebler als auch dem Interessenten stiftet.

Analoge Überlegungen lassen sich bei der Definition des Kundenportfolios anstellen. Erfahrungen, die man im Rahmen von Akquisitionsprozessen gesammelt hat, lassen sich auf andere Unternehmen mit vergleichbaren Anforderungen und Bedürfnissen übertragen. Werden im Rahmen des Akquisitionsprozesses kundenspezifische Lösungen erarbeitet, lässt sich dieses Know-how, sofern nicht durch vertragliche Regelungen ausgeschlossen, bei der Werbung neuer Kunden nutzen. Dadurch wird aus einer „Customized Solution" eine „Out Of The Shelf Solution", also eine Lösung, die man fertig aus der Schublade ziehen kann. Für den neuen Interessenten hat diese Lösung dennoch die Anmutung einer Individuallösung, die sich entsprechend vermarkten lässt.

In unserer Betrachtung entspricht dies einer Effizienzsteigerung in der 3. Phase. Während der Wettbewerb an dieser Stelle noch Grundlagenarbeit verrichten muss, kann der Vertrieb diesen Vorsprung zu seinem Vorteil nutzen. Langfristig gesehen kann diese Vorgehensweise eine lukrative Nischenpolitik innerhalb der Marketingstrategie begünstigen.

Der Synergieeffekt resultiert hier aus der geschickten Zusammensetzung des Kundenportfolios. Die Kunden stehen für die Elemente. Die Wechselwirkung entspricht dem gemeinsamen Nutzen, den die Lösung bietet. Die höhere Ordnung ist wiederum der Mehrwert, der sich für den Vertrieb (z. B. der Wettbewerbsvorteil oder der Kostenvorsprung durch die Proportionalisierung der Entwicklungskosten) wie für den Interessenten (z. B. Gefühl einer Individuallösung zum Preis einer Standardlösung) ergibt.

8.5 Kosten aufgrund von Fehlentscheidungen minimieren

Es wurde bereits ausführlich auf den Faktor Unsicherheit im Zusammenhang mit einer Kaufentscheidung des Interessenten eingegangen. Auch der Vertriebler trifft Entscheidungen auf der Basis von seinen Einschätzungen und subjektiven Urteilen. Wie konkret muss eine Anfrage sein, damit sich ein gewisser Aufwand für den Vertriebler lohnt? Kann er eine bestimmte Verhandlungsposition beim Interessenten durchsetzen oder wird dieser sich dann für einen Wettbewerber entscheiden?

Trotz aller Recherchetätigkeit im Vorfeld und intensiver Einarbeitung, trotz viel Erfahrung im Umgang mit Interessenten und Kunden wird im Falle einer Entscheidung ein gewisses Maß an Unsicherheit übrigbleiben. Das Vertriebscontrolling kann einen Beitrag dazu leisten, die Kosten zu minimieren, die aus falschen Entscheidungen bzw. aus deren ungünstigen Konsequenzen resultieren.

8.5.1 Chance und Risiko – zwei Seiten derselben Medaille?

Worin bestehen Chancen und Risiken im Zusammenhang mit Akquisitionsprozessen? Mit jedem Akquisitionsprozess ist die Hoffnung verbunden, einen neuen Kunden zu gewinnen, einen lohnenswerten Geschäftsabschluss herbeizuführen, eine attraktive Provision vereinnahmen zu können oder sich gegenüber dem Wettbewerb durchzusetzen. Der Vertriebler bringt als Einsatz seine Arbeitsleistung, das Unternehmen trägt die entstehenden Vertriebskosten. Die Aufwendungen im Zusammenhang mit dem Akquisitionsprozess entstehen in jedem Fall und lassen sich nur der Höhe nach begrenzen. Ein Gewinn wird nur im Erfolgsfall realisiert. Selbst dann besteht noch das Risiko eines Zahlungsausfalls oder sonstiger Erlösschmälerungen.

Beispiel 1:

Ein langjähriger Kunde bittet um eine Verlängerung des Zahlungsziels. Ist dies der Vorbote eines drohenden Liquiditätsengpasses? Oder ist hier gar mit einem Zahlungsausfall zu rechnen? Soll man den neuen Auftrag überhaupt noch annehmen?

Beispiel 2:

Mit einem sehr anspruchsvollen Interessenten wird über ein lukratives Projekt verhandelt. Noch vor Vertragsabschluss bitte der Interessent um die Übersendung der ausführlichen Planungsdaten, in denen die Arbeitsleistung von einigen Wochen steckt. Soll man den Kundenwunsch erfüllen? Gefährdet man den Abschluss, wenn man sein Misstrauen zum Ausdruck bringt oder ist der Interessent in Wirklichkeit nur darauf aus, unentgeltlich die Planungsleistung zu erhalten?

In beiden Fällen haben wir vielleicht ein „ungutes Gefühl", entscheidend ist jedoch, wie wir darauf reagieren.

Das persönliche Entscheidungsverhalten ist dabei jeweils geprägt vom individuellen Umgang mit dem Risiko. Dabei differenziert man zwischen risikofreudigem und risikoaversem Verhalten. Man findet so den Typus des „Gefahrenvermeiders" und den des „Chancensuchers".

Vertriebler beziehen einen Großteil ihrer Motivation aus dem, was sie für erreichbar halten. Sie reizt die Aussicht auf den nächsten lukrativen Auftrag. Daher gehören Vertriebler eher zu der Kategorie „Chancensucher". Sie gehen mit Zuversicht in jede neue Situation. Diese Einstellung dominiert demzufolge auch ihr Risikoverhalten. Die Aussicht auf einen hohen Gewinn, rechtfertigt einen entsprechend hohen Einsatz.

Es ist davon auszugehen, dass sich innerhalb einer Vertriebsorganisation ein deutlich progressiverer Umgang mit dem Faktor Risiko einstellt, als es in anderen Betriebsteilen zu vermuten wäre. Ein Sicherheitsdenken, wie es z. B. in der Produktion selbstverständlich sein sollte, kann von einer Vertriebsorganisation wohl kaum erwartet werden.

Im Sinne der Qualitätssicherung und der Schonung von betrieblichen Ressourcen, muss das Vertriebscontrolling Informationen und Werkzeuge zur Verfügung stellen, die den Umgang mit dem Risiko für alle Beteiligten kalkulierbar machen.

8.5.2 Kopf oder Bauch - Einführung in die Entscheidungstheorie

Die deutsche Sprache differenziert zwischen Unsicherheit im Sinne eines kalkulierbaren Risikos und der Ungewissheit. Im Falle eines Risikos sind die erwarteten Umweltzustände bekannt und mit statistischen Methoden erfassbar. Ungewissheit ist charakterisiert durch die Unkenntnis der zu erwartenden Umstände. Im Angesicht von ungewissen Umweltzuständen versagt die Ratio.

Der Ökonom Daniel ELLSBERG beschrieb bereits 1961 folgendes – zur Nachahmung empfohlenes - Experiment:

In einer Urne befinden sich 90 Kugeln. 30 davon sind rot. 60 können die Farben Gelb oder Grün haben. Es können aber auch alle 60 Kugeln gelb sein und keine die Farbe Grün haben bzw. umgekehrt.

Dem Probanden werden im Rahmen einer Lotterie zwei Optionen angeboten, zwischen denen er sich entscheiden kann (siehe Tab. 8.5):

Bei Option A liegt die Wahrscheinlichkeit für einen Gewinn offensichtlich bei

$$\frac{30}{90} = \frac{1}{3}.$$

Die Wahrscheinlichkeit bei Option B einen Gewinn zu erzielen lässt sich nicht bestimmen, da die Anzahl der gelben Kugeln zwischen 0 und 60 liegen kann.

Es zeigt sich, dass die überwiegende Mehrheit der Probanden sich für die Option A entscheidet, da hier die Ratio für die berechenbare Wahrscheinlichkeit votiert.

In einem zweiten Schritt wird das Experiment geringfügig verändert. Zusätzlich beschert die Lotterie bei Ziehung einer grünen Kugel einen Gewinn (siehe Tab. 8.6).

Es ist bekannt, dass in Summe 60 Kugeln die Farben Gelb bzw. Grün tragen. Somit ist die Wahrscheinlichkeit für einen Gewinn bei Option D

$$\frac{60}{90} = \frac{2}{3}.$$

Die Gewinnwahrscheinlichkeit für die Option C lässt sich nicht bestimmen, da die Anzahl der grünen Kugeln unbekannt ist.

Die meisten Probanden entscheiden sich wiederum für Option D, da hier die Wahrscheinlichkeit berechenbar und zudem vergleichsweise hoch ist.

Verblüffend an dem Ergebnis ist die Tatsache, dass die Probanden sich überwiegend für die Optionen A und D entschieden haben, obwohl sie sich dem Grunde nach widersprechen. Bei Option A bedeutet eine rote Kugel einen Gewinn, während bei Option D die Farbe Rot einer Niete entspricht.

Tab. 8.5 Wette 1 mit den Optionen A und B

Option	Gewinn	Niete
A	Es wird eine rote Kugel gezogen	Es wird eine gelbe oder grüne Kugel gezogen
B	Es wird eine gelbe Kugel gezogen	Es wird eine rote oder grüne Kugel gezogen

Tab. 8.6 Wette 2 mit den Optionen C und D

Option	Gewinn	Niete
C	Es wird eine rote oder grüne Kugel gezogen	Es wird eine gelbe Kugel gezogen
D	Es wird eine gelbe oder grüne Kugel gezogen	Es wird eine rote Kugel gezogen

Das Experiment zeigt, dass die Probanden sich im Angesicht der Alternativen „Unsicherheit" und „Ungewissheit" in der Regel für ein berechenbares Risiko / Chance entscheiden. Mit dem Blick auf das betriebliche Risikomanagement sollten Entscheidungssituationen, die in diesem Sinne als ungewiss zu bezeichnen sind, gemieden werden, da sie sich – per definitionem - in ihren Konsequenzen jeglicher Beurteilung entziehen. Man spricht in diesem Zusammenhang auch von „unkalkulierbaren Risiken".

8.5.3 Von Banken den Umgang mit Risiko lernen

Von den Banken wissen wir, dass sie ihr Engagement und den damit verbundenen Preis (Zinssatz) auf Basis eines Ratings bemessen. In dieses Rating – einer Art Risikoklassifizierung – fließen diverse Parameter ein. Diese stammen nicht nur aus dem unmittelbaren Umfeld eines „Kreditsuchenden", sondern auch aus der Branche, der der Betreffende zugerechnet wird.

Vergleichbar mit einer „Ratingnote" lässt sich auf Basis entscheidungsrelevanter Größen ein Faktor berechnen, der als Entscheidungshilfe zu Rate gezogen werden kann, wenn es darum geht, zu entscheiden, ob sich in einem konkreten Akquisitionsprozess ein gewisser Aufwand lohnt oder nicht.

Im Folgenden wird die Berechnung eines solchen Faktors exemplarisch vorgestellt:

Situation: Wir erhalten eine Anfrage von einem Interessenten, der aber bislang noch kein Kunde unseres Unternehmens ist. Er fragt eine technische Sonderlösung an. Es soll nunmehr eine Entscheidung getroffen werden, ob dem Wunsch des Interessenten entsprochen wird und zusätzlich zu einem ersten Angebot bereits eine ausführliche Werkplanung erstellt wird. Diese Art der Vorleistung sei bei Neukunden bislang eher unüblich und würde immerhin mindestens 2 Manntage Planungsarbeit erfordern. Der Interessent hat in Aussicht gestellt, dass diese Form des Entgegenkommens bei der Auftragsvergabe positiv gewichtet würde.

Es entspricht der **Risikofaktor** a_i der jeweils vermuteten Eintrittswahrscheinlichkeit und nimmt einen Wert zwischen 0 für „absolut unwahrscheinlich" bis 1 bzw. -1 für „absolut wahrscheinlich an". Ein negativer Wert steht für einen risikobehafteten Einflussfaktor, dessen Wirkung eher von Nachteil sein wird, ein positiver Wert kennzeichnet einen förderlichen Einfluss.

Der **Gewichtungsfaktor** w_i repräsentiert die Bedeutung des jeweiligen Risikofaktors für die Gesamtbeurteilung. Er sei hier festgelegt auf einen ganzzahligen Wert zwischen 1 für geringe Bedeutung bis 5 für höchst relevant (siehe Tab. 8.7).

Dabei wird über die einzelnen Faktoren a_i in der Folge der Mittelwert gebildet. Der Gewichtungsfaktor w_i gibt an, wie hoch der Anteil des jeweiligen Risikofaktors am Gesamtwert ist:

$$f = \frac{\sum_{i=1}^{n} a_i \times w_i}{\sum_{i=1}^{n} w_i}; \quad a_i \epsilon [-1; 1]; \quad w_i \epsilon [1; 5]$$

Der sich ergebende Wert von f signalisiert somit Folgendes:

- f nahe 0:Das Ergebnis ist indifferent. Auf dieser Basis lässt sich keine Entscheidung herbeiführen.
- f nahe -1:Das Ergebnis deutet auf eine Ablehnung hin. Die Zeichen stehen schlecht. Es ist nicht davon auszugehen, dass die Erfüllung des Kundenwunsches und der damit verbundene Aufwand, ein lohnendes Investment in den Akquisitionsprozess darstellen.
- f nahe +1:Das Ergebnis zeigt an, dass das Erbringen der gewünschten Vorleistung einen positiven Effekt auf den Akquisitionsprozess hat. Demzufolge lohnt sich aus dieser Sicht der entsprechende Aufwand.

Dieses Verfahren stellt keine exakte wissenschaftliche Methode dar. Es löst den Problemkomplex in mehrere, unabhängige Teilbereiche auf, die jeweils separat einer Beurteilung unterzogen werden. Dieses Verfahren soll einen Weg aufzeigen, wie eine subjektive „Bauch-Entscheidung" – auch für zunächst unbeteiligte Personen – nachvollziehbar dargestellt werden kann.

Tab. 8.7 Risikofaktoren und deren Gewichtung - ein Beispiel

Einfluss	Risikofaktor $\in [-1; 1]$	Gewichtungsfaktor $\in [1; 5], \in \mathbb{N}$	Produkt
Interessentenbezogene Risikofaktoren			
Hat der Interessent bereits in der Vergangenheit Produkte oder Dienstleistungen angefragt und sie dann beim Wettbewerb beauftragt?	0 (Der Interessent hat bisher kein Angebot erhalten.)	3	0
Geht der Beschaffungsprozess in jedem Fall über den Einkauf?	-1 (Die Anschaffung übersteigt das Budget für eine „freihändige Vergabe".)	2	-2
Muss der Einkauf mehrere Vergleichsangebote einholen?	-1 (Ja. Diese Situation bietet dem Wettbewerb die Chance, in die Verhandlungen einzusteigen)	3	-3
Personenbezogene Risikofaktoren			
Wie hoch ist die Loyalität des Ansprechpartners einzuschätzen? Wenn er eine Zusage macht, ist darauf Verlass.	+0,25 (Bisher kein Anlass für Zweifel)	3	+0,75
Wie hoch ist die Sachkompetenz des Ansprechpartners einzuschätzen? Er ist in der Lage, die technischen Vorzüge unseres Angebotes zu beurteilen.	+1 (Er ist ein Spezialist in diesem Fach)	5	+5,0

Tab. 8.7 Risikofaktoren und deren Gewichtung - ein Beispiel

Einfluss	Risikofaktor $\in [-1; 1]$	Gewichtungs-faktor $\in [1; 5], \in \mathbb{N}$	Produkt
Wie hoch ist die (in)formelle Autorität des Ansprechpartners einzuschätzen? Er ist Meinungsbildner. Sein Urteil hat Gewicht.	+0,8 (Seine Position als Spezialist wird im Unternehmen anerkannt. Dennoch kann er nicht allein entscheiden)	4	+3,2
Wird der Interessent die Gespräche abbrechen, sofern sein Wunsch nicht erfüllt wird? (Die Annahme, dass der Interessent bei Nicht-Erfüllung seines Wunsches die Verhandlungen abbricht, wäre ein starkes Argument für die Erbringung der Vorleistung.	+0,1 (Der Bewerberpool ist nicht so groß. Er wird es sich nicht erlauben können, uns in diesem Stadium eine Absage zu erteilen)	5	+0,5
Produktbezogene Risikofaktoren			
Existieren Alleinstellungsmerkmale, die die Auswahl eines möglichen Lieferanten deutlich einschränken?	+0,8 (Ja, nur wenige Mitbewerber sind in der Lage, die Anforderungen des Interessenten zu erfüllen.)	4	+3,2
Sind evtl. vorliegende Angebote des Wettbewerbs hinsichtlich aller entscheidungsrelevanten Merkmale (Preis, Lieferzeit, technische Ausstattung etc.) vergleichbar?	-0,8 (Ja, es gibt offensichtlich kein relevantes Alleinstellungsmerkmal innerhalb dieser Gruppe)	3	-2,4
Branchenbezogene Risikofaktoren			

Tab. 8.7 Risikofaktoren und deren Gewichtung - ein Beispiel

Einfluss	Risikofaktor $\in [-1; 1]$	Gewichtungsfaktor $\in [1; 5], \in \mathbb{N}$	Produkt
Wie hoch war die Abschlussquote in der Vergangenheit bei Unternehmen, die derselben Branche angehören? Eher überdurchschnittlich oder eher unter dem Durchschnitt aller Branchen.	0 (Die Abschlussquote liegt im Durchschnitt aller Branchen)	1	0
Ist das Entscheidungsverhalten von Unternehmen dieser Branche als „preissensitiv" zu bezeichnen?	-0,5 (Vielfach werden in diesem Marktsegment die Entscheidung allein auf Grundlage der Angebotspreise getroffen)	3	-1,5
Wettbewerbsbezogene Risikofaktoren			
Ist davon auszugehen, dass ein Wettbewerber den Wunsch des Interessenten erfüllen wird?	-0,75 (Aufgrund der aktuellen Marktlage ist davon auszugehen)	3	-2,25
Gibt es Wettbewerber für die in diesem Fall die Erfüllung des Wunsches mit weniger Aufwand verbunden ist, weil er vielleicht eine vergleichbare Planung bereits für ein anderes Projekt erstellt hat oder bereits Lieferant des Interessenten ist?	-0,25 (Das ist denkbar, jedoch ist die Aufgabenstellen recht individuell)	2	-0,5

8.5.4 Risikosteuerung

Im Umgang mit dem Risiko unterscheidet man im Allgemeinen fünf verschiedene Strategien:

1. **Risikovermeidung:** Es ist sicher am elegantesten, sich einem bestehenden Risiko gar nicht erst auszusetzen. **Bedeutung für das VC**: Wie bereits gezeigt lässt sich im Vertrieb das Risiko jedoch nicht einfach „ausblenden". Es gehört dazu.
2. **Risikobegrenzung:** Das Risikomanagement sieht vor, dass Risiken – soweit möglich - nicht eingegangen werden, sofern deren mögliche Schadenshöhe ein definiertes Maß überschreitet. **Bedeutung für das VC**: Der Betrag an Vertriebseinzelkosten (pro Projekt) oder das Zeitbudget des Vertrieblers ist gedeckelt. Alternativ lässt sich ein Gesamtrisiko durch die Verteilung auf mehrere Einzelrisiken streuen. **Bedeutung für das VC:** Statt eines großen Projektes (Unter Vertrieblern als die Jagd nach dem "weißen Elefanten" bekannt) werden mehrere kleinere Projekte verfolgt.
3. **Risikoverminderung:** Das Risiko, das mit einer Handlungsalternative eingegangen wird, wird soweit möglich minimiert. **Bedeutung für das VC:** Durch entsprechende Vorarbeit soll der Vertriebler möglichst frühzeitig die Aussichten auf einen Vertragsabschluss klären. Gleichzeitig ist man bemüht, die Kosten, die durch den Akquisitionsprozess entstehen, zu minimieren: Anstelle einer Geschäftsreise zum Interessenten vereinbart man beispielsweise eine kostengünstigere Videokonferenz.
4. **Risikoüberwälzung:** Lässt sich ein Risiko weder vermeiden noch vermindern, so lässt es sich ggf. auf einen Dritten übertragen. Dies geschieht zumeist im Rahmen einer separaten Vereinbarung. Ein Beispiel ist der Verkauf von Forderungen an ein Factoring-Unternehmen oder Abschluss einer Versicherung. **Bedeutung für das VC:** Hersteller verlagern das Absatzrisiko häufig auf rechtlich selbstständige Vertriebsgesellschaften. Eine Funktion des Großhandels ist die Übernahme von Vertriebsrisiken. Im Gegenzug werden vom Hersteller entsprechende Einkaufskonditionen gewährt.
5. **Risikoannahme:** Sofern auch nicht die Möglichkeit zur Abwälzung besteht, muss ein Risiko angenommen werden. In diesem Fall muss Vorsorge getroffen werden, dass für den Schadensfall ein ausreichendes Deckungspotenzial existiert, damit die Auswirkungen nicht zur Existenzbedrohung werden. Ein entsprechendes Risikomonitoring muss diese Risiken in besonderer Weise erfassen und permanent im risikobezogenen Berichtswesen berücksichtigen. **Bedeutung für das VC:** Diese Fälle sind im Vertriebscontrolling nicht zu erwarten. In der Regel kann ein Unternehmen frei darüber entscheiden, ob es ein Vertriebsrisiko eingeht oder nicht.

Fazit

Durch neue Vorschriften und Gesetze, wie z. B. dem Gesetz zur Kontrolle und Transparenz im Unternehmensbereich (KonTraG) wird der Umgang mit dem Risiko rechtlich in den Grundsätzen der Unternehmensführung (Corporate Governance) fixiert. Damit soll dem Schutz der Unternehmen vor finanziellen oder gar existentiellen Risiken Rechnung getragen werden. In diesem Zusammenhang wird auch der Haftungsrahmen der

Aufsichts- und Führungsgremien deutlich erweitert. Es wird den betroffenen Unternehmen beispielsweise auferlegt, Risikoanalyse und -vorsorge zu betreiben. Risikobehaftete Vorgänge müssen entsprechend im Lagebericht des Jahresabschlusses dokumentiert werden. Insofern sind die Risikoanalyse und –steuerung im Rahmen des Vertriebscontrollings Möglichkeiten, diesen gesetzlichen Auflagen nachzukommen.

8.6 Gemeinsame Ziele erreichen

Zur Steuerung bedarf es eines übergeordneten Zieles. Dieses Ziel muss allen Beteiligten klar und unmissverständlich kommuniziert werden. Nur wenn bei allen handelnden Personen Klarheit über das anvisierte Ziel besteht, kann erwartet werden, dass jeder seinen Beitrag dazu leistet, dieses Ziel zu erreichen.

Bei komplexen Zielvorstellungen ist es hilfreich, diese in einen Katalog aufzulösen, der aus mehreren einzelnen, konkreten Zielen besteht. Je nach Abstraktionsebene werden diese Ziele in operationalisierbare Sollgrößen übertragen.

8.6.1 Steuern mittels Budgets

Anstatt allen Beteiligten die Notwendigkeit von Kostenreduzierungen stets als Ziel vor Augen zu führen, können bestimmte Ausgaben von vornherein durch entsprechende Limitierungen gedeckelt werden. Dies geschieht im Wege der Budgetierung.

Bei einem Budget handelt es sich um eine bestimmte Menge an Ressourcen wie z. B. personelle Kapazitäten, finanzielle Mittel oder technische Ausstattungen, die zweckgebunden einer oder mehreren verantwortlichen Personen zur Verfügung gestellt werden. Aus dem Zweck, der sich aus einer übergeordneten Zielsetzung ergibt, werden „zweckdienliche" Handlungen abgeleitet, die dann mit den zur Verfügung stehenden Mitteln umgesetzt werden.

Insofern markieren Budgets entsprechende Entscheidungs- und Handlungsfreiräume. Üblicherweise wird die Budgetverantwortung eines Mitarbeiters unmittelbar mit dessen Sach- und Entscheidungskompetenz assoziiert. Je größer diese Freiräume sind, umso größer ist das Vertrauen der Unternehmensleitung in die Fähigkeiten und die Loyalität des Mitarbeiters einzuschätzen. Sofern dies auch für Kunden und externe Partner transparent wird, steigt die Reputation des Mitarbeiters auch außerhalb der eigenen Unternehmung. Daher ist davon auszugehen, dass mit einer Erhöhung des verfügbaren Budgets eine Motivationssteigerung für den Mitarbeiter einhergeht.

Mit der Hilfe von Budgets lässt sich die Wichtigkeit von Zielen zum Ausdruck bringen. Durch die Zuweisung eines entsprechenden Budgets kann versucht werden, die Erreichung eines bestimmten Zieles sicherzustellen. Ein konkretes Vertriebsziel kann beispielsweise mit einer attraktiven Gratifikation verbunden werden, die dem zweckgebundenen Budget entnommen wird. Andererseits kann ein schonender Umgang mit verfügbaren Budgets dadurch honoriert werden, indem man die Mitarbeiter an den Einsparungen teilhaben lässt.

Langwierige Akquisitionsprozesse erfordern ein hohes Maß an Vorleistungen in Form von Planungsarbeit, Reisespesen etc. Sollte das Vertriebsziel nicht erreicht werden, müssen diese Aufwendungen abgeschrieben werden. Unter dem Aspekt der Risikosteuerung entspricht die Budgetierung von Vertriebseinzelkosten einer Limitierung dieses Risikos.

Ähnlich wie Milestones, die zeitliche Ereignisse in einem Projekt markieren, kann die Ausschöpfung eines Vertriebskostenbudgets ins Verhältnis zum Fortschritt eines Akquisitionsprozesses gesetzt werden. So lässt sich die Beantwortung der Frage, ob in einem konkreten Fall noch Aussicht auf Erreichung des Vertriebszieles besteht, ggf. auch am Grad der Inanspruchnahme des verfügbaren Budgets festmachen.

8.6.2 Steuerung mittels variabler Gehaltsanteile

Es hat sich mittlerweile als gängige Praxis etabliert, im Besonderen Vertriebsmitarbeiter am Ergebnis ihrer Arbeit teilhaben zu lassen. Dies erfolgt entweder in Form der Gewährung von Bonuszahlungen bei Erreichung eines zuvor fixierten Zieles oder durch Berücksichtigung eines prozentualen Anteiles am Ergebnis in Form einer Provision.

Bei der Gestaltung entsprechender Übereinkünfte zwischen Vertriebler und Unternehmer spielen unterschiedliche Aspekte eine Rolle. Handelt es sich um ein festes Angestelltenverhältnis oder um einen Kooperationsvertrag mit einer selbstständigen Vertriebseinheit? Welche Bedeutung hat ein verlässliches Einkommen für das Sicherheitsbedürfnis des Arbeitnehmers? Oder wirken variable Gehaltsanteile wie ein sportlicher Anreiz und animieren diese zu Höchstleistungen. Letztlich müssen diese Fragen im individuellen Einzelfall erörtert werden. Die **Principal-Agent-Theory**, auf die noch später in diesem Buch eingegangen wird, befasst sich eingehend mit dem Thema der Vertragsgestaltung. Daher sei an dieser Stelle der Fokus auf die betriebswirtschaftlichen Aspekte gelegt.

An einem Beispiel soll die Wirkungsweise variabler Gehaltsanteile dargestellt werden. Betrachten wir zunächst ein Unternehmen, das ein Netz von Reisenden[15] unterhält, um im Direktvertrieb ein Nahrungsergänzungsmittel abzusetzen. Dabei sei es unerheblich, ob das Unternehmen die Waren selbst herstellt oder als Großhändler fungiert.

Die Kostenseite des Unternehmens sei von einfachem Wesen. Es existiert ein Fixkostenblock k_F, in dem alle unveränderlichen Kosten des Unternehmens zusammengefasst werden. Die Stückkosten bzw. die Selbstkosten k für jede Einheit dieses Nahrungsergänzungsmittels seien konstant. Darüber hinaus gibt es noch einen variablen Vertriebskostenanteil k_V (x). Aus der Sicht des Reisenden handelt es sich bei den k_V (x) um variable

[15] Reisender oder Handlungsreisender = festangestellter Vertreter/Vertriebsmitarbeiter im Außendienst, häufig mit Home Office und einem festen Vertretungsbezirk, meist auf Provisionsbasis mit fixem Grundgehalt.

Anteile an seinem Bruttoeinkommen. Der fixe Gehaltsanteil der Reisenden sei bereits in dem Fixkostenblock enthalten.

Der Gewinn $G(x)$ des Unternehmens lässt sich somit darstellen als Summe aller Erlöse ($Preis\ p \times Menge\ x$) abzüglich der Kosten, explizit: k_V (x) $G(x) = p \times x - k \times x - k_F - k_V(x)$

Lassen wir zunächst die variablen Vertriebskosten unberücksichtigt, so ergibt sich folgendes Bild (siehe Abb. 8.10).

Die gefüllte Fläche stellt den Gewinn in Abhängigkeit von der abgesetzten Menge *x* dar. Diese Situation zeigt deutlich, dass der Gewinn mit steigender Absatzmenge wächst. Da es sich um schlichte, lineare Zusammenhänge handelt, wird sich dieser Effekt auch bis ins Unendlich fortsetzen.

Um die variablen Vertriebskosten $k_V(x)$ hinzufügen zu können, müssen wir uns Gedanken über deren Erscheinungsbild machen. Das setzt voraus, dass wir zuvor das Ziel festlegen, dass erreicht werden soll. Der obige Zusammenhang zeigt uns, dass sich der Gewinn theoretisch unbegrenzt steigern ließe, sofern es keine limitierenden Faktoren gibt. Selbst in unserem einfachen Beispiel wollen wir davon ausgehen, dass es diese Einflüsse gibt. Das bedeutet für uns, dass der maximal erreichbare Gewinn nicht unendlich groß ist, sondern einen realen Wert annimmt. Dieser ergibt sich bei der Absatzmenge x^*, die wir im Folgenden als (technische) Obergrenze vorgeben werden.

Ziel unserer Vertriebssteuerung soll es nunmehr sein, über einen variablen Gehaltsanteil einen Anreiz zu schaffen, möglichst dicht an den von uns vorgegebenen Wert x^* zu kommen.

Schauen wir uns dazu nochmals die Gewinnfunktion an:

$$G(x) = p \times x - k \times x - k_F - k_V(\mathrm{x})$$

Auf der Suche nach einem Maximum bilden wir die erste Ableitung und setzen diese gleich Null.

$$G'(x) = p - k - k_V'(\mathrm{x}) = 0! \rightarrow p - k = k_V'(x)$$

Offensichtlich ist die obige Gleichung erfüllt, wenn der Stückdeckungsbeitrag $(p-k)$ gleich den Grenzkosten k_V (x) des Vertriebs ist. Gesucht wird daher eine Funktion in Abhängigkeit von x, deren erste Ableitung an dem von uns festgelegten x^* gleich dem Stückdeckungsbeitrag $(p-k)$ ist.

Wir wissen, dass diese Funktion nicht linear sein kann, da sonst für alle x gelten würde: $k_V'(x) = (p-k)$. Zudem müssen wir davon ausgehen, dass der Stückdeckungsbeitrag $(p-k)$ grundsätzlich positiv ist, da wir andernfalls mit jedem zusätzlich verkauftem Stück Verlust machten bzw. unseren Gewinn verringerten.

Die einfachste Gleichung, die die beiden zuvor genannten Bedingungen erfüllt, ist die quadratische: $f(x) = ax^2 + b$ mit $f'(x) = 2ax$

In unser Beispiel eingesetzt bedeutet dies: $(p-k) = 2ax^*$

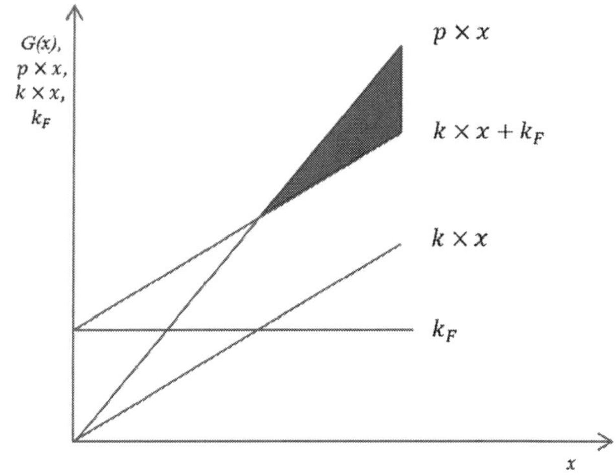

Abb. 8.10 Beispiel – Variable Gehaltsanteile - Gewinnfunktion

Da p, k sowie x^* als bekannt angenommen werden lässt sich der Faktor a entsprechend bestimmen:

$$a = \frac{(p-k)}{2x^*}.$$

Die Funktion der variablen Vertriebskosten hat damit folgende Gestalt:

$$k_V(x) = \frac{(p-k)}{2} \cdot \frac{x^2}{x^*} + b$$

Der fixe, von x unabhängige Faktor b soll zukünftig unberücksichtigt bleiben, da es uns hier nur um die umsatzabhängigen Anteile geht. Also soll gelten:

$$k_V(x) = \frac{(p-k)}{2} \cdot \frac{x^2}{x^*}$$

Anhand eines konkreten Beispiels soll die Situation dargestellt werden. Als Parameter seien der Verkaufspreis $p = 26\ [GE]$, die Stückkosten $k = 6\ [GE]$, ein Fixkostensatz $k_F = 1.000\ [GE]$ und die technische Absatzobergrenze $x^* = 1.000\ [Stück]$ gegeben. Trägt man diese nun über einige Werte von x ab, ergibt sich die in Tab. 8.8 dargestellte Tabelle:

Das Diagramm in Abb. 8.11 stellt den Zusammenhang grafisch dar.

Im Gegensatz zu den vielen individuell verhandelten Modellen basiert dieses ausschließlich auf betriebswirtschaftlichen, formalistischen Überlegungen. Interessant ist daher im Besonderen die Interpretation der Ergebnisse. Es bieten sich folgende Aspekte:

- Der Gewinn steigt stetig bis zu dem vorgewählten Grenzwert x^*. Dort ist das Optimum erreicht.

- Fixkosten werden vom Unternehmen übernommen und nicht auf den Reisenden abgewälzt.
- Selbst bei einem Verlust hat der Reisende Anspruch auf einen variablen Gehaltsanteil.
- Das Modell trägt der Tatsache Rechnung, dass der Vertriebsaufwand je zusätzlich verkaufter Einheit steigt.
- Mit Erreichen des Grenzwertes x^* teilen sich Unternehmen und Reisender den Erlös jeweils zur Hälfte.
- Das Modell eignet sich vorzugsweise für den Absatz einzelner Produkte in größeren Mengen innerhalb eines Beobachtungszeitraumes. Je größer die Anzahl der absolut abgesetzten Produkte, desto deutlicher ist die Progression in der Vergütung.
- Es besteht eine rechnerische Unabhängigkeit von dem Preis bzw. den Stückkosten. Verändern sich diese Parameter, bleibt der prozentuale Anteil am Erlös dennoch konstant.

8.6.3 Steuern mittels gemeinsamer Ziele

Innerhalb der Managementlehre ist das „Management by Objectives“, also das Führen mittels konkreter Zielvorgaben, unumstritten. Voraussetzung ist, dass die Ziele klar verständlich, realistisch, zeitlich verortet sowie Verantwortlichkeiten geregelt und der Zielerreichungsgrad messbar sind.

Solange Mitarbeiter und Unternehmen ein gemeinsames, kohärentes Ziel verfolgen, steht dem Erfolg nichts im Wege. Die **Spieltheorie** hat gezeigt, dass sich der Kontrollaufwand erheblich reduzieren lässt, wenn alle Beteiligten ein gemeinsames Ziel verfolgen. Divergieren die Vorstellungen und Wünsche, muss korrigierend eingegriffen werden. Dann entstehen Unsicherheit und Unzufriedenheit, die ggf. zu Verhaltensmustern führen, denen mit Restriktionen und Sanktionen entgegengewirkt werden muss. Um den Kontrollaufwand zu reduzieren, werden dann Freiräume und Kompetenzen beschnitten, was wiederum zu zusätzlicher Unzufriedenheit führen mag.

Deutlich effizienter arbeitet eine Vertriebsorganisation, wenn sich jeder darauf verlassen kann, dass ein jeder im Sinne eines gemeinsamen Zieles tätig ist. Ein solcher Zustand ist charakterisiert durch ein stabiles Gleichgewicht der Interessen.

In der Betriebswirtschaftslehre wird ein Zustand als pareto-effizient (nach dem Ökonom Vilfredo PARETO) bezeichnet, in dem sich keine beteiligte Person „besser stellen“ kann, ohne dass eine andere einen Nachteil daraus erleidet.
Ist ein solches Optimum gefunden, stellt sich die Frage, ob dieser Zustand stabil ist. Solange eine Person sich auf Kosten einer anderen besser stellen kann, besteht die Gefahr, dass von der Möglichkeit Gebrauch gemacht wird. Es muss also ein Vertragsdesign gefunden werden, dass es für alle Beteiligten unattraktiv macht, gegen eine einmal getroffene Vereinbarung zu verstoßen. John Forbes NASH jr. hat in diesem Zusammenhang das sogenannte NASH-Gleichgewicht formuliert.

Absatz-menge	Roherlös $(p-k)\times x$	Variabler Vertriebskostenanteil $k_V(x) = \frac{(p-k)}{2}\times\frac{x^2}{x^*}$	Gewinn $G(x) = (p-k)\times x - k_F - \frac{(p-k)}{2}\times\frac{x^2}{x^*}$	Anteil der $k_V(x)$ am Gewinn
0	0	0	-1000	
50	1.000	25	-25	
100	2.000	100	900	11 %
150	3.000	225	1.775	13 %
200	4.000	400	2.600	15 %
250	5.000	625	3.375	19 %
300	6.000	900	4.100	22 %
350	7.000	1.225	4.775	26 %
400	8.000	1.600	5.400	30 %
450	9.000	2.025	5.975	34 %
500	10.000	2.500	6.500	38 %
550	11.000	3.025	6.975	43 %
600	12.000	3.600	7.400	49 %

Diese Vereinbarung verknüpft die Entscheidungen der Beteiligten untereinander. Jede Entscheidung eines Individuums hat Einfluss auf die Position der übrigen Personen. Die Spieltheorie untersucht derartige Entscheidungssituationen und versucht diese zu modellieren in Form von Lotterien. Dabei wird das Entscheidungsverhalten der Individuen nach bestimmten Regeln mit Auszahlungsgewinnen verknüpft.

Ein Gedankenspiel:

Sie sitzen noch spät abends allein im Büro. Trotz aller Hinweise des Bundesministeriums und Ihres Hausarztes möchten Sie eine Zigarette rauchen. Leider ist Ihr Vorrat erschöpft. Weil Sie einen dringenden Anruf erwarten, können Sie nicht selber zum Zigarettenautomaten an der nächsten Straßenecke gehen. Und wie Sie so versonnen durch das regennasse Fenster auf die Straße hinabsehen, geht dort eine fremde Person vorbei.

Die Aufgabe lautet: Wie bekommen Sie die fremde Person dazu, Ihnen vom Automaten an der nächsten Straßenecke eine Schachtel Zigaretten zu holen?

Die Lösung steht am Ende des Buches.

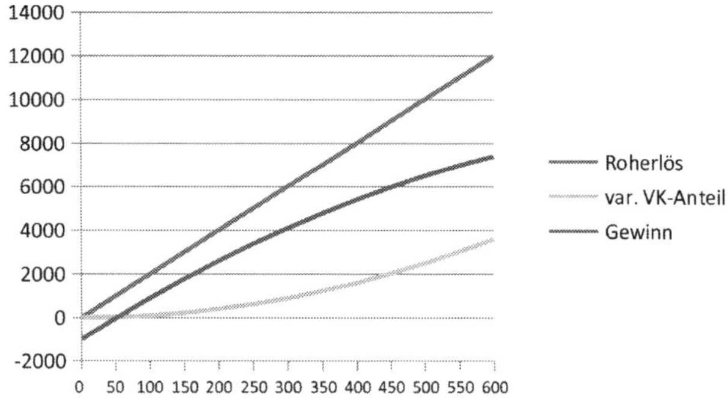

Abb. 8.11 Beipiel – Vertriebssteuerung über variable Gewinnbeteiligung

Fazit

Zur Steuerung bedarf es konkreter Ziele. Diese müssen klar und deutlich kommuniziert werden und für jeden verständlich sein. Es bedeutet einen großen Vorteil, wenn sich jeder mit diesen Zielen identifizieren kann und sie sich zu eigen macht. Das wird dadurch erreicht, dass die Zielerreichung im Interesse aller Beteiligten liegt. Jeder muss in der gemeinschaftlichen Zielerreichung seinen persönlichen Nutzen erkennen können. Ist dies nicht gegeben, kann eine Vertriebsorganisation nicht effizient arbeiten. Das Vertriebscontrolling muss dann auch gegen den Willen oder die Überzeugung der Beteiligten über die Einhaltung der vereinbarten Ziele wachen. Der Kontrollaufwand richtet sich dann zunehmend auf die Prozesse im Inneren anstatt auf die äußeren Faktoren. Die Spieltheorie liefert Ansätze für ein effizientes Design von Verträgen, die den Interessenausgleich nachhaltig sicherstellen können.

Methoden – Kontrollieren

9

Zusammenfassung

„Vertrauen ist gut. Kontrolle ist besser!“ Dieser Auffassung war zumindest Wladimir Iljitsch ULJANOW genannt Lenin, von dem das Bonmot stammen soll.

Die Begriffe Steuerung und Kontrolle werden zuweilen synonym verwendet. So spricht man davon, dass jemand die Kontrolle über etwas hat, wenn er in der Lage ist, dieses etwas in seinem Sinne zu steuern. Im Englischen steht beispielsweise der Begriff „Remote Control“ für Fernsteuerung. Andererseits wird auf den komplementären Charakter der Begriffe verwiesen: Die Kontrolle ist das notwendige Gegenstück zur Steuerung. Eine Steuerung ohne Überprüfung der verursachten Wirkung taugt nicht zum Zwecke einer effizienten Zielerreichung. Da wir uns bereits mit den Aspekten der Steuerung befasst haben, verwenden wir im Folgenden den Begriff Kontrolle im Sinne einer kritischen Beobachtung von Umweltzuständen bzw. von deren Veränderungen.

Die Voraussetzung für eine kritische Auseinandersetzung ist die eigene Urteilsfähigkeit. Um ein Urteil fällen zu können, bedarf es wiederum einer möglichst verbindlichen Vorstellung von einer (allseits akzeptierten) Norm. Diese Norm dient bei der Beurteilung als Referenz. Das Urteil ist nunmehr davon abhängig, ob die Beobachtung unserer Normvorstellung entspricht oder davon abweicht.

Anders als zum Beispiel im Bereich der Jurisdiktion oder bei der Auseinandersetzung mit Begriffen wie Moral und Ethik handelt es sich bei der Kontrolle innerhalb des Vertriebscontrollings nicht um die Be- oder Verurteilung menschlichen Handelns. Es geht hierbei ausschließlich um den Vergleich technischer Parameter im Zusammenhang mit der Beurteilung von Prozessen. Die kritische Beobachtung von Umweltzuständen und der Abgleich mit entsprechenden Sollgrößen liefert in erster Linie Erkenntnisse über den aktuellen Status eines Systems. Lassen sich Abweichungen erkennen, wird auf analytischem Wege nach einer technischen Ursache geforscht.

A. Dietzel, *Vertriebscontrolling optimieren*, DOI 10.1007/978-3-8349-3822-0_9,

Völlig absurd ist der Gedanke, mittels Vertriebscontrolling die Frage zu klären, wer z. B. die Schuld daran trägt, dass ein bestimmter Vertriebsprozess ineffektiv gewesen ist. Die moderne Managementlehre zeigt, dass die Diskussion der Schuldfrage keinen Beitrag zur Lösung eines Problems darstellt. Vielmehr ist sie Teil des Problems. Ein System, in dem die Frage nach der Schuld gestellt wird, ist zur Ineffizienz verdammt. Zielführend hingegen ist die Frage nach dem warum. Welche Ursachen haben zu einem bestimmten Resultat geführt? Die Beantwortung dieser Frage wirkt über den aktuellen Bezug hinaus und hilft in der Zukunft ähnliches zu vermeiden. In diesem Sinne soll Vertriebscontrolling positiv zur Entwicklung der eigenen Fähigkeiten und zur Steigerung der Produktivität eingesetzt werden.

9.1 Bestimmung von Beobachtungsmerkmalen

Vorbedingung dafür, dass ein Merkmal eines bestimmten Umweltzustands über einen längeren Zeitraum aktiv beobachtet werden muss, ist die Tatsache, dass sich dieses Merkmal im Zeitverlauf tatsächlich verändert. Manche Merkmale verändern sich schleichend und damit nahezu unbemerkt, andere variieren sehr schnell. Einige Merkmale verändern sich nur innerhalb enger Grenzen, andere weisen starke Mutationen auf. Das Änderungsverhalten kann chaotisch oder regelmäßig sein.

Es existieren Merkmale, die daraufhin kontrolliert werden, **ob** eine Veränderung oder ein Ereignis stattfindet oder stattgefunden hat. Vielfach lässt sich in den Fällen seltener oder nur geringfügiger Veränderungen die permanente Kontrolle durch eine bedarfsgesteuerte ersetzen. Es wird kaum notwendig sein, den Riss in einem Mauerwerk permanent zu beobachten. Ein einfaches Gipssiegel, das den Riss überspannt, zeigt an, ob Bewegungen stattgefunden haben, indem es bricht. Ein Rauchmelder übernimmt die Funktion, ein Brandereignis zu erkennen und entsprechend anzuzeigen. Somit wird aus der permanenten Aufgabe „Prüfe auf Brandereignis und melde“ die bedarfsgesteuerte „Prüfung und Aufrechterhaltung der Funktion des Rauchmelders“.

Da eine Fülle von sich verändernden Größen im betrieblichen Umfeld existiert, ist es wichtig, sich auf die relevanten Faktoren zu beschränken. Bei manchen ist es ausreichend, wenn man sie „aus dem Augenwinkel heraus“ beobachtet, andere erfordern ein intensives **Monitoring**.

Formal lassen sich Veränderungen ausdrücken im Vergleich zweier Merkmalsausprägungen im Zeitverlauf. Eine Veränderung des Merkmals x_t hat stattgefunden, wenn gilt: $x_t \neq x_{t+1}$

Ob eine Veränderung als signifikant einzustufen ist, muss im Einzelfall entschieden werden. Es lässt sich eine Schwelle ε definieren, unterhalb der Veränderungen als nichtsignifikant gelten: $|x_t - x_{t+1}| < \varepsilon$

Dabei ist zu beachten, dass eine Folge von minimalen Veränderungen über einen entsprechend langen Zeitraum jeden Wert von ε übersteigen kann und dennoch bleiben die einzelnen Veränderungen unterhalb der Signifikanzgrenze. Ein Beispiel dafür ist die vielzitierte Inflationsrate.

Soll dies vermieden werden, muss man die Veränderung gegenüber einem fixen Wert betrachten: $|x_t - s| < \varepsilon$

Da die Beobachtungsmerkmale sehr heterogen sein können, empfiehlt es sich statt der absoluten die relativen Veränderungen zu beobachten:

$$\frac{|x_t - s|}{s} < \varepsilon$$

Der Wert s lässt sich als **Sollwert** bezeichnen.

9.2 Soll-Ist-Vergleich

Der Vorgang der Kontrolle beschreibt somit a) die **gezielte Überprüfung** von empirisch erfassten Ist-Größen **durch den Vergleich mit einer definierten Soll-Größe** und (!) die **Ableitung konkreter Maßnahmen** aus dem Überprüfungsergebnis[1].

Die Geschwindigkeitsmesseinrichtung in einem Fahrzeug misst die aktuell gefahrene Geschwindigkeit und zeigt sie auf dem Tachometer an. Der Fahrer wertet das Ergebnis aus, vergleicht es mit dem in dem Bereich geltenden Tempolimit und passt daraufhin den Druck auf das Gaspedal entsprechend an. Führt die Geschwindigkeitsmessung hingegen die örtliche Polizeistreife durch, leiten sich aus dem Kontrollvorgang unmittelbare Konsequenzen ab, die zuweilen ärgerlich für den Fahrer sind.

Aus diesem Grund ist es wichtig, die relevanten Größen stets im Blick zu haben. Da die meisten Menschen visuell orientiert sind, bietet sich eine grafische Aufbereitung der Daten an (siehe Abb. 9.1).

Durch die grafische Darstellung lassen sich Änderungstendenzen leicht wahrnehmen. Ein schneller Blick genügt, um festzustellen, ob alles „im grünen Bereich“ ist.

9.3 Ermittlung von Vertriebskennzahlen

Häufig sind die beobachteten Systeme so umfangreich, dass es eine Vielzahl von Merkmalen gibt, die gleichzeitig beobachtet werden müssen. Um den Aufwand für die Kontrolle so gering wie möglich zu halten, werden relevante Parameter in sogenannten **Kennzahlen** zusammengefasst.

Kennzahlen nehmen in jeder Form des Controllings eine besondere Stellung ein. Sie verdichten komplexe Zusammenhänge und große Datenmengen und bilden diese in einer einzigen Zahl ab. Insofern bilden sie in manchen Bereichen das empirische Gegenstück zu den normativen Sollgrößen.

[1] Der Unterschied zwischen Prüfen und Kontrollieren birgt gerade bei der Delegation dieser Aufgaben das Potenzial für Missverständnisse. Betrachten Sie zum Vergleich folgende Arbeitsanweisungen: „Bitte prüfen Sie, ob in der Halle noch Licht brennt!“/„Bitte kontrollieren Sie, dass in der Halle das Licht ausgeschaltet wurde!“

Abb. 9.1 Beispiel eines Kennzahlencockpits

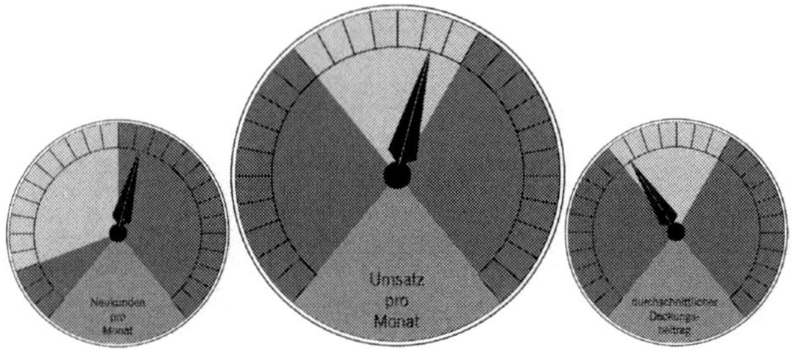

Man unterscheidet dabei zwischen **absoluten** und **relativen** Kennzahlen. Die absoluten Kennzahlen sind in der Regel das Ergebnis einer Summation (Beispiel: Jahresüberschuss). Die relativen Kennzahlen bilden sich als Quotient absoluter Größen (Beispiel: Umsatz pro Mitarbeiter).

Relative Kennzahlen sind dimensionslos und lassen sich als Prozentangaben interpretieren. Man unterscheidet drei verschiedene Arten:

- Beziehungskennzahlen: Verhältnis zweier ungleichartiger aber gleichrangiger Größen
- Beispiel:

$$Return-on-Investment = \frac{Gewinnanteil}{Investitionskosten}$$

- Indexkennzahlen: Verhältnis zweier gleichartiger und gleichrangiger Größen mit unterschiedlichem Zeitbezug. In der Regel werden Indices auf einen Basiszeitpunkt bezogen
- Beispiel:

$$\frac{Umsatz\, in\, t=1}{Umsatz\, in\, t=0};\frac{Umsatz\, in\, t=2}{Umsatz\, in\, t=0};\frac{Umsatz\, in\, t=3}{Umsatz\, in\, t=0}$$

- Gliederungskennzahlen:Verhältnis zweier gleichartiger aber ungleichrangiger Größen. Das Verhältnis beschreibt den Anteil der einen Größe an der jeweils anderen. Beispiel:

$$Marktanteil = \frac{eigener\, Umsatz}{Branchenumsatz};Eigenkapitalquote = \frac{Eigenkapital}{Gesamtkapital}$$

9.3.1 Return-on-Investment und Produktivität

In den bisherigen Ausführungen wurde eine funktionale Abhängigkeit zwischen vertrieblicher Aktivität und Betriebsergebnis unterstellt. Das Konzept des Erwartungsnutzens führte zu folgendem Wirkungszusammenhang:

Vertriebliche Aktivität → gestifteter Nutzen → erzielter Umsatz → Gewinn Die Vertriebsaktivitäten lassen sich mithilfe der Vertriebseinzelkosten und der in einem Akquisitionsprojekt gebundenen und bewerteten Arbeitszeit als geldmäßige Größe darstellen. Auf diese Weise kann das Verhältnis zwischen Umsatzerlös oder Gewinn (Output) und den entstandenen Vertriebskosten (Input) ermittelt werden. Je nach Interpretation lässt sich die Beziehung zwischen diesen Größen entweder punktuell als **Return-on-Investment** (RoI) oder dauerhaft wiederkehrend als **Produktivität** betrachten.

Geht es um die Beurteilung eines konkreten Akquisitionsprozesses, ist es durchaus plausibel, die in diesem Zusammenhang entstandenen Vertriebskosten als Investition zu betrachten, die sich im Falle eines Erfolges entsprechend verzinst.

Die Beurteilung der Leistungsfähigkeit einer Vertriebsorganisation erfolgt auf Basis der Beobachtung einer Vielzahl einzelner Prozesse. Teilt man den Gewinn einer Periode durch die Summe der Vertriebskosten im selben Zeitraum erhält man eine Produktivitätskennzahl.

Der wesentliche Unterschied zwischen den beiden beschriebenen Ansätzen liegt darin, dass die Produktivitätskennzahl die Vertriebskosten auf alle, also auch auf die erfolglosen Akquisitionsprozesse, verteilt.

Genauso wie bei allen anderen betrieblichen Kennzahlen lassen sich deren Veränderungen im Zeitverlauf aufzeichnen, sie lassen sich als Grundlage für ein Ranking verwenden oder zu Sollgrößen umformulieren. Sofern die Datenbasis ausreicht, lassen sich Korrelationsanalysen durchführen, um vorhandene Zusammenhänge quantifizieren zu können.

9.3.2 Übernahmequote vs. relative Häufigkeit

Wie ist die Gesamtheit der aktiven Vertriebsprozesse über die einzelnen Phasen verteilt? Steht deren Häufigkeitsverteilung mit der „üblichen" Übernahmequote im Einklang? Beispiel: Die Erfahrung zeigt, dass mit jedem Phasenwechsel 30 % der aktiven Akquisitionsprozesse entweder durch den Interessenten oder den Vertriebler eingestellt werden, da sie keine Aussicht mehr auf eine Kaufentscheidung bieten. Dann sollte sich die relative Häufigkeit der Vertriebsprozesse in gleicher Weise über die vier Phasen verteilen, sofern man davon ausgehen kann, dass alle Phasen für alle Prozesse ungefähr gleichlang dauern.

Lässt sich erkennen, dass manche Phasen länger dauern als andere, kann man dies durch entsprechende Gewichte kompensieren (siehe Tab. 9.1).

Sollte die in der dritten Zeile verzeichnete theoretische Häufigkeitsverteilung von der tatsächlichen signifikant abweichen, ist dies Anlass für weitergehende Untersuchungen. Dabei ist zu berücksichtigen, dass die Veränderung eines Wertes die Veränderung mindestens eines weiteren zur Folge hat.

Mögliche Untersuchungsansätze:

- Der relative Anteil der Prozesse, die sich in Phase 1 befinden, ist niedriger als erwartet: Die Prozesse überaltern. Eine mögliche Ursache kann ein plötzlicher Nachfragerückgang sein.

Tab. 9.1 Übernahmequoten und relative Häufigkeiten

	Phase 1	Phase 2	Phase 3	Phase 4	Summe
Übernahmequote nach	100 %	70 %	70 %	70 %	
Aktive Prozesse in	100 %	70 %	49 %	34 %	253 %
Theoretische relative Häufigkeit in	39 %	28 %	19 %	14 %	100 %

- Der relative Anteil der Prozesse, die sich in Phase 4 befinden, fällt höher als erwartet aus: Dieses Phänomen könnte einen Entscheidungsstau markieren. Die Interessenten zögern Entscheidungen aufgrund z. B. einer unsicheren Zukunftserwartung hinaus (Konjunktureinbruch, Ankündigung von Neuheiten etc.)
- Es befinden sich mehr Prozesse in Phase 3 als erwartet: Die Ursache ist auf Seiten der technischen Rahmenbedingungen zu suchen. Offensichtlich dauert die Klärung der Kundenbedürfnisse länger als üblich.

9.4 Exponentialverteilung – Laufzeitmessung

Prozesse zeichnen sich dadurch aus, dass sich bestimmte Umweltzustände entlang der Zeitachse verändern. Die Veränderungen können kontinuierlicher Natur sein oder sie können sich spontan und sprunghaft ereignen. Sofern es sich um punktuelle Ereignisse handelt, ist der Zeitpunkt an dem sie stattfinden, zuweilen das Resultat eines Zufallsprozesses. Ein solches „zufälliges" Ereignis kann zum Beispiel der unvorhergesehene Stillstand einer Maschine sein oder das plötzliche Erscheinen einer Person in einem Ladengeschäft. Mit diesen Phänomenen befasst sich die **Warteschlangentheorie**.

Erfasst man die Häufigkeit, mit der Personen ein Ladengeschäft betreten, lässt sich zugleich der zeitliche Abstand bestimmen, der zwischen zwei Ereignissen („Person betritt Ladenlokal") liegt. Je größer der zeitliche Abstand zwischen zwei Ereignissen ist, umso seltener findet das Ereignis statt. Betrachtet man eine Ladenöffnungszeit von insgesamt 10 Stunden, kann bei einer Besuchsfrequenz von einem Besucher pro Stunde das Ereignis „Person betritt Ladenlokal" maximal 10-mal stattfinden. (Die Tür des Ladengeschäfts wird dem 11. Besucher vor der Nase abgeschlossen.). Verdoppelt sich die Frequenz, verdoppelt sich die Anzahl der Besucher im Laden.

Wahrscheinlich werden die Personen über den Tag hinweg nicht zeitlich gleichverteilt das Geschäft betreten. Es wird Stoßzeiten geben und es wird Phasen der Ruhe geben. Erfasst man nunmehr die Zeitspannen, die tatsächlich zwischen den Ereignissen „Person betritt Ladenlokal" liegen, wird man feststellen, dass größere Abstände zwischen zwei Ereignissen seltener vorkommen als kürzere. Im Extremfall kann es genau einmal passieren, dass an einem Tag genau 10 Stunden zwischen zwei Ereignissen „Person betritt Ladenlokal" vergehen. Analog dazu kann es an einem Tag bereits zweimal der Fall sein, dass zwischen zwei Ereignissen fünf Stunden vergehen.

Das Bild in Abb. 9.2 zeigt sich unter der Annahme der zeitlichen Gleichverteilung. Jeder Punkt markiert das Erscheinen einer Person im Laden. Das heißt, dass egal wie oft das Ereignis eintritt, die Dauer bis zum nächsten Ereignis gleich lang ist.

Trägt man diese **Häufigkeitsverteilung** über die Dauer der jeweiligen Intervalle für alle denkbaren Kombinationen unter der Annahme der **Gleichverteilung** ab, so ergibt sich folgendes Bild, (siehe Abb. 9.3).

Die Abbildung lässt sich wie folgt interpretieren: Die Öffnungsdauer des Ladenlokals beträgt exakt 10 Stunden. Das entspricht 600 Minuten. Vergeht jeweils zwischen zwei Ereignissen 10 Minuten, so kann das Ereignis 60 Mal stattfinden. Die abgebildete Funktion hat demnach die Gestalt:

$$f(x) = \frac{600}{x}$$

In der Realität kann man nicht davon ausgehen, dass zwischen zwei Ereignissen immer die gleiche Zeitspanne liegt. Diese wird vielmehr jeweils das Ergebnis eines Zufallsprozesses sein.

Die Warteschlangentheorie verwendet zur Modellierung dieser Art von Zufallsereignissen die **Exponentialverteilung**. Sie bietet eine Möglichkeit, die Häufigkeiten dieser Ereignisse bezogen auf eine vorgegebene Zeitspanne als Wahrscheinlichkeitsfunktion abzubilden. Die Dichtefunktion liefert den erwarteten Häufigkeitswert $f(x)$ in Abhängigkeit von der Intervalllänge x. Sie lautet: $f(x) = \lambda e^{-\lambda x}$ *für* $x \geq 0$, *sonst* $f(x) = 0$. Die Verteilungsfunktion lautet entsprechend: $F(x) = 1 - e^{-\lambda x}$ *für* $x \geq 0$, 0 *sonst* .

Bei handelt es sich um einen Parameter, der für alle Zufallsereignisse gelten soll und eine sogenannte „Ereignisrate“ darstellt. In unserem Beispiel bestimmt sie sich als Anzahl der Kunden pro 600 Minuten Ladenöffnungsdauer. Erscheinen täglich im Durchschnitt 30 Personen im Geschäft, gilt demnach

$$\lambda = \frac{30}{600} = 0{,}05 \; bzw. \; \frac{1}{\lambda} = 20$$

Unter der Annahme der Gleichverteilung bedeutet dies, dass alle 20 Minuten ein Kunde das Ladenlokal betritt. Die Exponentialverteilung liefert dafür den folgenden Wahrscheinlichkeitswert

$$F(20) = \left(1 - e^{-0{,}05 \cdot 20}\right) \approx 63{,}2\,\%$$

Die Exponentialverteilung liefert nicht nur Aussagen über die Wahrscheinlichkeit hinsichtlich des Eintretens eines Ereignisses, sie liefert auch Informationen über dessen Ausbleiben. Die Wahrscheinlichkeit dafür, dass 10 Minuten lang kein Kunde den Laden betritt bzw. dafür dass man keinen Kunden verpasst, wenn man für 10 Minuten den Laden verlässt, beträgt

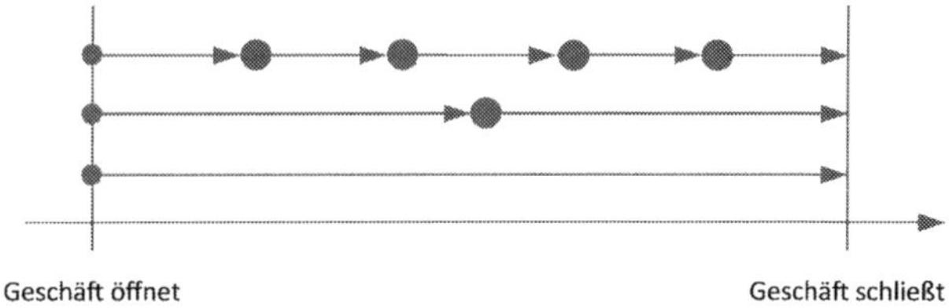

Abb. 9.2 „Person betritt Ladenlokal" unter der Annahme der Gleichverteilung

$$1-F(10)=1-\left(1-e^{-0,05\cdot 10}\right)\approx 60,6\ \%$$

Die Wahrscheinlichkeit dafür, dass mindestens 20 Minuten vergehen, bis der nächste Kunde erscheint, sinkt entsprechend auf ca. 36,8 %.

Ferner lässt sich formulieren, dass in unserem Beispiel mit einer Wahrscheinlichkeit von mindestens 90 % eine Person den Laden innerhalb von Minuten betreten hat sofern gilt:

$$F\left(x^*\right)=\left(1-e^{-0,05\cdot x^*}\right)\geq 90\ \%$$

Allgemein gilt

$$x^* \geq -\frac{\ln(1-g)}{\lambda},$$

mit dem Wahrscheinlichkeitswert

$$g\in\{0;1\}\text{ , für } g=0,9\,und\,\lambda=0,05\rightarrow x^* \geq -\frac{\ln(0,1)}{0,05}=46,05\ [\text{Minuten}].$$

Im Folgenden betrachten wir als ein reales (!) Beispiel eine Reihe von Akquisitionsprozessen und deren Laufzeiten:

Beispiel

Projekt	Laufzeit [Tage]	Vertriebsstatus
1	92	Auftrag erhalten
2	37	Auftrag nicht erhalten
3	61	Auftrag nicht erhalten
4	18	Auftrag erhalten
...		

Insgesamt liegen der Analyse 2.483 Datensätze zugrunde.

Anschließend werden die Datensätze anhand des Merkmals Laufzeit in Clustern zusammengefasst. Da es sich bei der Laufzeit dem Grunde nach um einen Wert mit unendlich

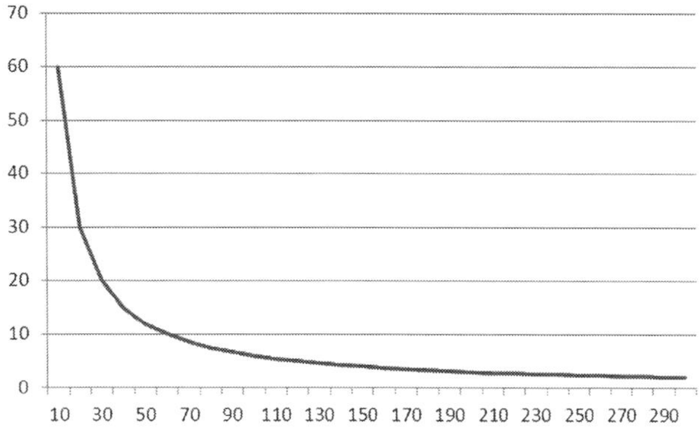

Abb. 9.3 Häufigkeitsverteilung bei Gleichverteilung

vielen Ausprägungen handelt, hat jede einzelne Ausprägung dieses Merkmals eine Wahrscheinlichkeit nahe null. Bei der Clusterung wird nicht mehr die einzelne Merkmalsausprägung untersucht, sondern nur noch die Zugehörigkeit zu einem Cluster. Das Cluster wiederum ist Element einer endlichen Menge. Die Mächtigkeit entspricht der Anzahl der Ereignisse, deren Merkmalsausprägung vom jeweiligen Cluster abgedeckt wird. Je nach Beobachtungsbereich und gewünschter Genauigkeit wird die Clustergröße gewählt. In diesem Fall beträgt der Beobachtungsbereich 0 bis 2.350 Tage. Sinnvoll sind in dem Beispiel Cluster mit einer Breite von 50 Tagen.

Beispiel

Projekt	Laufzeit	Cluster	Vertriebsstatus
1	92	2	Auftrag erhalten
2	37	1	Auftrag nicht erhalten
3	61	2	Auftrag nicht erhalten
4	18	1	Auftrag erhalten
…			

Bei der Exponentialverteilung handelt es sich um eine Verteilung „ohne Gedächtnis". Alle untersuchten Vorgänge werden in diesem Sinne unabhängig voneinander und unabhängig von ihrer bisherigen Laufzeit behandelt. Die Verteilung trifft keine individuellen Aussagen über einzelne Prozesse. Die Laufzeit eines Prozesses, der bereits seit geraumer Zeit aktiv ist, wird hinsichtlich seiner noch zu erwartenden Laufzeit genauso beurteilt wie ein Prozess, der gerade begonnen hat. Aus diesem Grund können wir ebenfalls unsere Datensätze wie folgt anonymisieren (siehe Tab. 9.2).

Tab. 9.2 Häufigkeitstabelle

Cluster	Anzahl der Elemente in dem Cluster (Mächtigkeit)	Vertriebsstatus "Auftrag erhalten"	Vertriebsstatus "Auftrag nicht erhalten"
1	*354*	*264*	*90*
2	*251*	*73*	*178*
3	*302*	*47*	*255*
4	*278*	*51*	*227*
...			

Abgetragen in einem Histogramm ergibt sich dieses Bild (siehe Abb. 9.4).

Um die Exponentialverteilung auf diese Zufallsprozesse anwenden zu können, müssen wir zunächst den Parameter λ bestimmen. Bei dieser Art von Zufallsprozessen kann man intuitiv davon ausgehen, dass die Wahrscheinlichkeit für ein Ereignis der beobachteten relativen Häufigkeit entspricht. Also:

Die Anzahl der Elemente im ersten Cluster entspricht der absoluten Häufigkeit, mit der das Ereignis „Ein Vertriebsprozess endet innerhalb der ersten 50 Tage“ eintritt. Tatsächlich liegen 354 Beobachtungen dieser Art vor. Die relative Häufigkeit untersucht den Anteil, den diese Menge an der Gesamtheit der Beobachtungen hat. Insgesamt liegen m = 2.483 Werte vor. Die relative Häufigkeit beträgt demnach

$$\frac{354}{2.483} \approx 14,3\ \%$$

Dieser Wert sollte sich ebenfalls ergeben, wenn wir die Exponentialfunktion an dieser Stelle beobachten.

$$F(50) = \left(1 - e^{-\lambda \cdot 50}\right) \approx 0,143$$

$$\rightarrow \lambda \approx -\frac{\ln(1-0,143)}{50} = -\frac{\ln(0,857)}{50} = 0,00315648$$

Mit diesem Wert λ können wir nun die Wahrscheinlichkeitswerte $p(n)$ für die jeweiligen Cluster bestimmen. Diese ergibt sich aus der Wahrscheinlichkeit bis einschließlich des n-ten Clusters abzüglich der Wahrscheinlichkeit dafür, dass das Ereignis in den n-1 Clustern davor eintritt:

$$p(n) = F(n) - F(n-1)$$

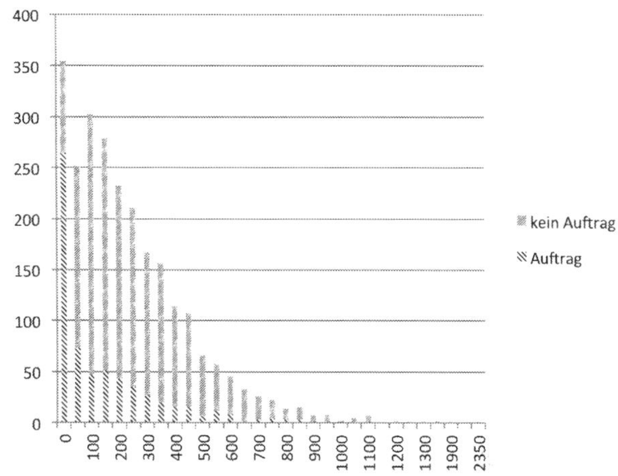

Abb. 9.4 Histogramm von Akquisitionsprozessen

$$Beispiel: \quad p(100) = F(100) - F(50) = \left(1 - e^{-0{,}00315648 \cdot 100}\right) - \left(1 - e^{-0{,}00315648 \cdot 50}\right)$$

Multipliziert man den Wahrscheinlichkeitswert mit der absoluten Anzahl der Beobachtungen m erhält man den Erwartungswert $E(n) = p(n) \cdot m$, der in der folgenden Grafik als Kurve dargestellt wird.

Zusätzlich lässt sich mit dieser Funktion ermitteln, wann ein Vorgang mit einer bestimmten Wahrscheinlichkeit abgeschlossen sein wird.

$$Beispiel: \quad F\left(x^*\right) = \left(1 - e^{-0{,}00315648 \cdot x^*}\right) \geq 90\ \%$$

$$\rightarrow x^* \geq -\frac{\ln(1-0{,}9)}{0{,}00315648} = -\frac{\ln(0{,}1)}{0{,}00315648} = 729{,}478359 \quad [\text{Tage}]$$

Das Ergebnis liefert uns die Erkenntnis, dass ein Akquisitionsprozess mit einer Wahrscheinlichkeit von 90 % nach 730 Tagen abgeschlossen wird. Dem Vertriebscontrolling dient dieser Ansatz dazu, seine routinemäßigen Kontrollaktivitäten auf die Vorgänge zu beschränken, deren Laufzeit mehr als 730 Tage beträgt.

Es muss an dieser Stelle darauf hingewiesen werden, dass dies keine Aussage über einen individuellen Akquisitionsprozess ist. Sie sagt nichts über die Laufzeit eines bestimmten Prozesses aus.

Die Güte der Anpassung lässt sich mit einem Signifikanztest (z. B. dem Chi-Quadrat-Anpassungstest) überprüfen. An dieser Stelle soll uns der optische Eindruck genügen (siehe Abb. 9.5).

Auffällig ist die Abweichung im Cluster 2 („Die Entscheidung erfolgt zwischen dem 51. und dem 100. Tag"). Der realisierte Wert liegt deutlich unter dem Prognosewert, obwohl die benachbarten Cluster eine akzeptable Anpassung aufweisen. Wie ist das zu erklären?

An dieser Stelle trifft Theorie auf Praxis. Der realisierte Wert für die erfolgreichen Akquisitionsvorgänge fügt sich in das Bild, das seine Nachbarn vorgezeichnet haben. Offensichtlich rührt diese Auffälligkeit von den erfolglosen Akquisitionsbemühungen.

Akquisitionsvorgänge, die durch eine allgemeine Interessentenanfrage ausgelöst werden, landen nicht sofort in der Verfolgung. Bevor über ein Angebot des Unternehmens entschieden werden kann, vergehen einige Wochen. Innerhalb dieser Zeit lohnt es sich nicht, beim Interessenten nachzufassen.

Offensichtlich gibt es zudem eine Vielzahl von Akquisitionsvorgängen, die mit einer hohen Erfolgsquote innerhalb der ersten 50 Tage entschieden werden. Diese Vorgänge haben ihren Ursprung in einer akuten Bedarfslage, die unmittelbar in einem Beschaffungsvorgang mündet.

Im Folgenden untersuchen wir die offenen Akquisitionsvorgänge und deren Laufzeiten. Offene Akquisitionsvorgänge sind per Definition noch nicht abgeschlossen, daher wird sich ihre Laufzeit anders darstellen als die der bereits abgeschlossenen Vorgänge. Aus diesem Grund verwenden wir in der unten dargestellten Grafik (siehe Abb. 9.6) den Wert von λ, den wir bereits oben bestimmt haben, obwohl sich für die tatsächlichen Werte ein anderes ergeben würde.

Diesem Histogramm liegen 197 reale (!) offene Akquisitionsvorgänge zugrunde. Die verhältnismäßig gute Anpassung zeigt, dass sich auch diese Prozesse durch eine Exponentialverteilung unter Verwendung des Parameters λ hinlänglich annähern lassen.

Die abgeschlossenen Prozesse speisen sich aus den offenen. Wäre an dieser Stelle eine signifikante Abweichung zu beobachten, ist davon auszugehen, dass sich auch die zukünftigen Umsätze spürbar von den bisherigen unterscheiden würden. Mit anderen Worten: Diese Kurve ist ein Frühindikator für bevorstehende Änderungen des Umsatzniveaus[2].

Nachfolgend seien drei Häufigkeitsverteilungen mit unterschiedlichen Werten für den Parameter „λ" zum Vergleich abgetragen (siehe Abb. 9.7). Je kleiner der Parameter umso flacher verläuft die Kurve.

In der Realität wird man mit Sicherheit auch abweichende Verteilungen beobachten können. Diese sind dann gegebenenfalls das Ergebnis **eines Strukturbruches**. Ein Strukturbruch kann z. B. das Ergebnis geänderter Umweltbedingungen sein. Die folgende Referenz zeigt eine Häufigkeitsverteilung, die ggf. sich einstellt, wenn ein Produkt abgekündigt wird oder sich der Product-Life-Cycle seinem Ende nähert.

Die Abb. 9.8 zeigt, dass zum Zeitpunkt t_2 weniger neue Akquisitionsprozesse begonnen werden, als die Exponentialverteilung es erwarten ließe. Offensichtlich ist die Ursache

[2] Diese Annahme setzt voraus, dass das Umsatzvolumen je erfolgreichem Akquisitionsprozess weitgehend stabil bleibt.

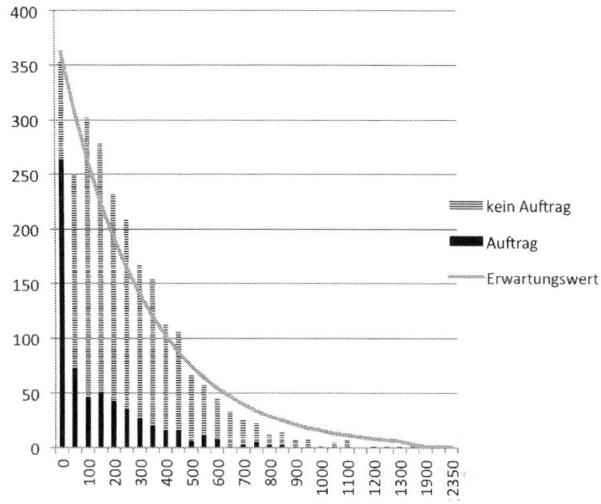

Abb. 9.5 Histogramm mit dargestelltem Erwartungswert der Exponentialfunktion

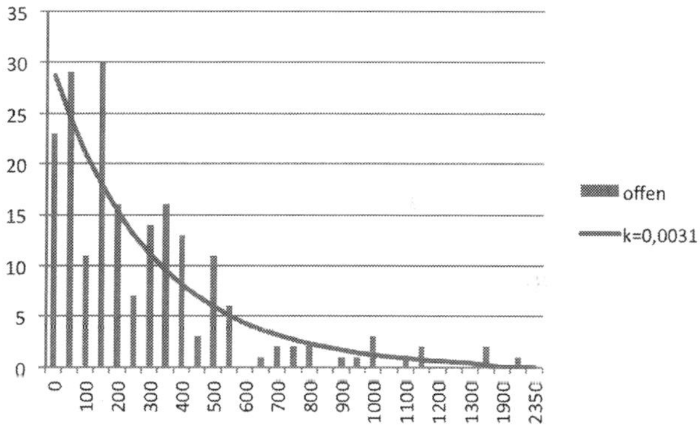

Abb. 9.6 Laufzeit / Alter "aktiver"Akquisitionsvorgänge und Erwartungswert

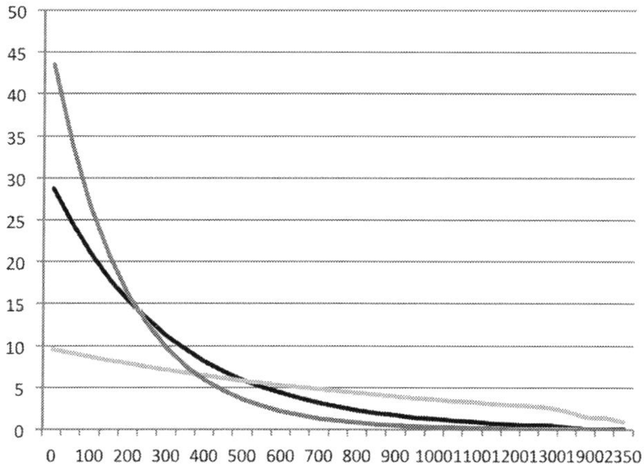

Abb. 9.7 Häufigkeitsverteilungen mit drei unterschiedlichen „λ"

Abb. 9.8 Dichtefunktion mit Strukturbruch

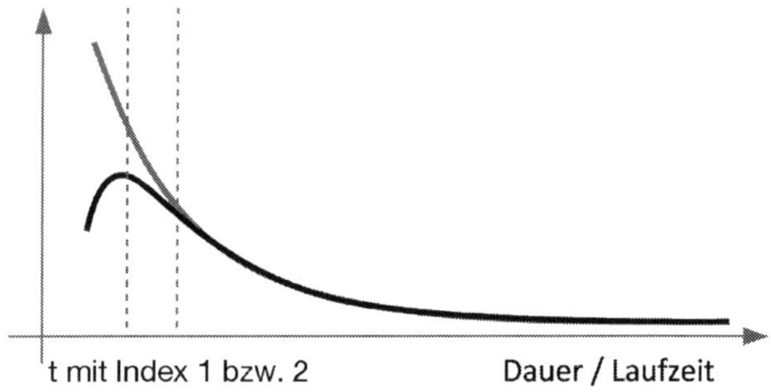

für diesen Effekt zu diesem Zeitpunkt punktuell eingetreten und zeigt eine nachhaltige Wirkung.

Auf diese Weise lassen sich grundsätzliche Veränderungen erkennen, bevor sie durch einen Umsatzrückgang auf sich aufmerksam machen. Bis zu dem Zeitpunkt t_1 scheint die Welt auch noch in Ordnung zu sein. Die induktive Statistik bietet diverse Verfahren (siehe z. B. Strukturbruchtests) an, die bei der Untersuchung von Datenmengen dieser Art hilfreich sind.

Fazit

Offensichtlich lassen sich auf Akquisitionsprozesse die Überlegungen und Methoden der Warteschlangentheorie übertragen. Explizit kann man davon ausgehen, dass die Dauer der Akquisitionsprozesse exponentialverteilt ist.
Das Vertriebscontrolling kann diese Erkenntnis nutzen, um Prozesse zu identifizieren, deren Laufzeit ein typisches Maß überscheiten und kann diese gezielt untersuchen.
Für die offenen Akquisitionsprozesse gelten die Erkenntnisse aus der Warteschlangentheorie analog. Abweichungen der realisierten von den prognostizierten Werten können Indikatoren für Veränderungen sein. Je länger die Laufzeit der Prozesse ist, umso früher lassen sich Veränderungen in der Umsatzentwicklung vorhersehen.

9.5 Bestimmung der Trefferquote

Das Verhältnis von erfolgreichen zu erfolglosen oder von erfolgreichen zur Gesamtheit aller Akquisitionsvorgänge bezeichnet man gern als Trefferquote („Hit Rate"). Hinter dem Begriff verbirgt sich eine einfache eindimensionale Gliederungskennzahl.

Ob der jeweils nächste Akquisitionsprozess mit einem Auftrag endet oder nicht, bleibt trotz aller Bemühungen ein Produkt des Zufalls. Er gleicht damit dem Zug aus einer Lostrommel, in der sich Nieten und Gewinne in einem bestimmten Verhältnis mischen[3]. Aus

[3] Dabei entscheidet die Effektivität der Vertriebsbemühungen über das Verhältnis von Akquisitionserfolgen (Gewinn) zu –misserfolgen (Niete).

dem Verhältnis von Nieten zu Gewinnen in vorangegangenen Ziehungen kann man Prognosen für die Gewinnaussichten in der Zukunft ableiten, sofern bestimmte Parameter als unveränderlich angenommen werden können.

Eine Analyse von (realen) historischen Daten hat ergeben, dass im Mittel jeder vierte Akquisitionsprozess zu einem Auftrag führte, also beträgt der Mittelwert $\mu = 25\ \%$ mit einer Standardabweichung von $\sigma = 4\ \%$ (siehe Abb. 9.9).

Die Datenbasis (Grundgesamtheit) sind ca. 2.500 Akquisitionsprozesse, die in einem Zeitraum von 8 Jahren abgeschlossen wurden .

Das Ergebnis besagt, dass in einer nach dem Zufallsprinzip gezogenen Stichprobe, die man dieser Grundgesamtheit entnimmt, mit einer Wahrscheinlichkeit von ca. 18 % ein Viertel der beobachteten Akquisitionsprozesse erfolgreich verlaufen sind. Wiederholt man die Stichprobenerhebung, sollte sich das gleiche Ergebnis einstellen.

Das Bild verändert sich möglicherweise, wenn man zuvor nach bestimmten Kriterien Akquisitionsprozesse als neue Grundgesamtheit bestimmt, z. B. nach der Zugehörigkeit zu einem bestimmten Markt oder nach verantwortlichem Mitarbeiter und dann erneut eine zufällige Stichprobe vom gleichen Umfang erhebt.

Sind die beobachteten Prozesse hinsichtlich des gewählten Kriteriums voneinander stochastisch unabhängig, verändert sich an dem Ergebnis der Stichprobe nichts. Bestehen hingegen Abhängigkeiten, wird sich eine veränderte Dichtefunktion ergeben.

Abb. 9.10 zeigt, dass die Verteilung von erfolgreichen und nichterfolgreichen Akquisitionsprozessen abhängig ist vom jeweiligen Teilmarkt. Im Mittel werden auf dem Teilmarkt 2 immerhin ca. 40 % aller Akquisitionsprozesse erfolgreich abgeschlossen, dafür sind die Werte jedoch weiter gestreut und damit wird eine Prognose auf dieser Basis weniger zuverlässig.

9.6 Value-at-Risk

Im Finanzsektor ist die Bewertung von Ausfallrisiken gängige Praxis. Die strengen Auflagen der Kreditwirtschaft zwingen Banken dazu, das Risiko, das mit einer Kapitalanlage verbunden ist, möglichst exakt zu bestimmen und entsprechende Vorsorge zu treffen.

Der Value-at-Risk gibt den maximalen Wert des Verlustes bei Ausfall einer bestimmten Risikoposition und die dafür berechnete Ausfallwahrscheinlichkeit an.

Für die Daten, die der Abb. **9.9** zugrunde liegen, bedeutet dies, dass mit einer Wahrscheinlichkeit von 10 % maximal 80 % der aktiven Akquisitionsprozesse erfolglos verlaufen und die „darin investierten Vertriebskosten abgeschrieben werden müssen."

Bewertet man hingegen die Chancen, lässt sich sagen, dass mit einer Wahrscheinlichkeit von 15 % mehr als 30 % der aktiven Akquisitionsprozesse zu Aufträgen werden.

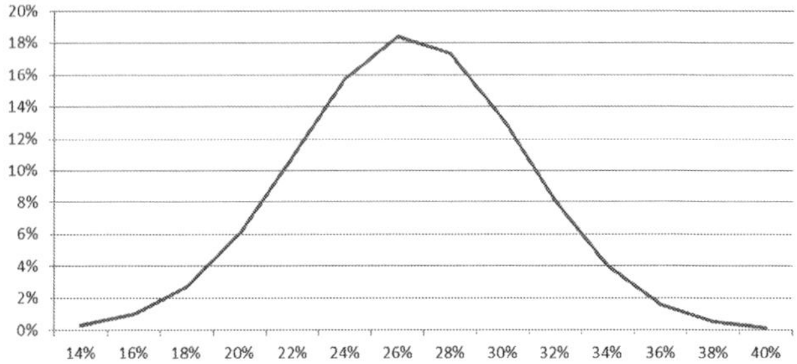

Abb. 9.9 Dichtefunktion der Verteilung erfolgreicher Akquisitionsprozesse

9.7 Sich selbst kontrollieren

Wie auch immer sich die Kontrolle innerhalb einer Vertriebseinheit vollzieht, so muss doch jede beteiligte Person die Möglichkeit haben, das Ergebnis einer Kontrolle (Urteil), die Beurteilungskriterien (Signifikanzschwelle und Sollgröße) und die beobachteten Merkmale selbst nachvollziehen zu können.

Ein Vertriebscontrolling, das im Verborgenen stattfindet, wirkt anders, als das Vertriebscontrolling, das allen und zu jedem Zeitpunkt als Orientierungshilfe zur Verfügung steht. Ist nur der Kapitän im Besitz eines Kompasses, kann ihm niemand helfen, den Kurs zu halten. Haben hingegen alle Beteiligten die Möglichkeit, den Kompass zu nutzen, verringert sich von Anfang an die Gefahr einer Irrfahrt.

Ein Kennzahlencockpit, ein Datenpanel oder eine Art „Newsletter" kann die Vertriebsmitarbeiter (im Rahmen des Datenschutzes, betrieblicher Vereinbarungen etc.) zusätzlich über aktuelle Entwicklungen, Zielerreichungsgrade, besondere Ereignisse, Tipps und Trends, Messen, Performance-Messungen, Lieferengpässe, Sonderaktionen, Klatsch und Tratsch

4, Best Practice-Beispiele, aktuelle Top-Seller-Rankings, Informationen über den Wettbewerb, Grad der Budgetausschöpfung usw. informieren.

Im Zeitalter moderner Medien ist ein solches Informationsangebot verhältnismäßig leicht zu realisieren. Lange vorbei sind die Zeiten, in denen kopierte Exemplare eines maschinengeschriebenen Rundbriefes über die Hauspost verteilt wurden und die Vertriebsmitarbeiter über das allernotwendigste unterrichteten.

Hinzukommt, dass aktuelle Informationen die Mitarbeiter in die Lage versetzen, sich selbst und das System um sie herum besser einzuschätzen und zu kontrollieren. Im Rahmen ihrer Kompetenzen können sie die notwendigen Konsequenzen direkt und autonom

[4] Ein durchaus menschliches Bedürfnis und dazu oft recht sinnvoll. Nicht immer kann ein Vertriebler mit produktspezifischen Neuigkeiten beim Kunden aufwarten. Dann erleichtert es das Gespräch, wenn man ein wenig Stoff für Smalltalk hat.

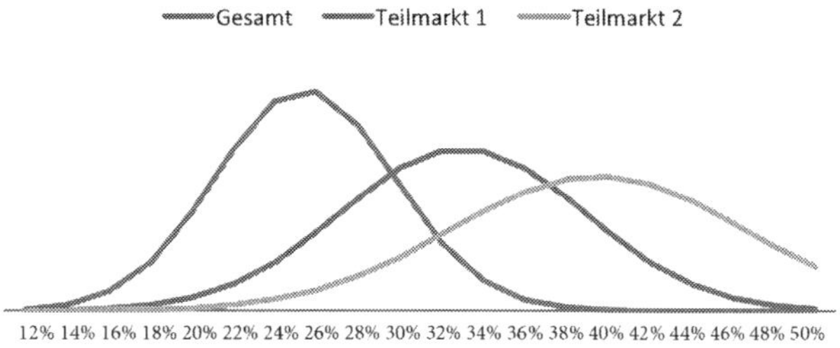

Abb. 9.10 Erfolgreiche Akquisitionsvorgänge in Teilmärkten

umzusetzen. Die Resultate ihres Handelns werden dann wiederum von einer erneuten Kontrolle erfasst. Dieser Weg führt zu einem sich selbst regulierenden, intelligenten System.

Fazit

Beobachten, prüfen, vergleichen, bewerten, urteilen und handeln. Diese Aktivitäten beschreiben zusammengefasst den Vorgang der Kontrolle. Dynamische Prozesse und System bedürfen der Kontrolle, um ein nachhaltiges Funktionieren sicherstellen zu können. Intelligente Systeme sind in weiten Bereichen in der Lage, sich selbst zu kontrollieren. Die meisten modernen Fahrzeuge informieren ihren Fahrer sehr ausführlich über ihre Befindlichkeiten. Kontrolle wird häufig dann als unangenehm empfunden, wenn sie jemand anders über einen selbst ausübt. Die Fähigkeit zur Selbstkontrolle ist für jedes Individuum Voraussetzung für selbstständiges, eigenverantwortliches Handeln. Andererseits kann es eine Erleichterung sein, Verantwortung für das eigene Tun vertrauensvoll mit anderen zu teilen.

Optimiertes Vertriebscontrolling 10

Zusammenfassung

In jedem Unternehmen, das über einen aktiven Vertrieb verfügt, wird Vertriebscontrolling betrieben. Werden am Ende eines Monats die erzielten Umsätze den Planzahlen gegenübergestellt, ist dies ein klassischer Soll-Ist-Vergleich im Sinne des Vertriebscontrollings.

Wie lässt sich Vertriebscontrolling optimieren? Aus der Sicht der Betriebswirtschaftslehre entspricht eine Optimierung einer Effizienzsteigerung. Jeder Beitrag der gewährleistet, dass der Aufwand zur Erlangung eines bestimmten Zieles reduziert oder der Ertrag bei konstantem Aufwand gesteigert wird, dient der Optimierung.

Vilfredo PARETO definiert ein Optimum als einen Zustand, in dem keine Verbesserung herbeigeführt werden kann, ohne gleichzeitig einen Nachteil in Kauf nehmen zu müssen. Dieser Ansatz berücksichtigt neben rein betriebswirtschaftlichen Größen auch das persönliche Nutzenempfinden der beteiligten Personen. Sicher ist es schwer den persönlichen Nutzen, der vom Vertriebscontrolling für die Mitarbeiter ausgeht, zu messen. Dennoch sollte im Sinne der Akzeptanz niemand durch die Einführung eines Vertriebscontrollings nachhaltig beeinträchtigt werden. Und empfände niemand einen wie auch immer gearteten Nutzen, bliebe die eigentliche Aufgabe des Vertriebscontrollings unerfüllt.

Reduziert man die Effekte, die vom Vertriebscontrolling ausgehen, einzig und allein auf ihren Einfluss auf das Betriebsergebnis, lässt sich konstatieren, dass dann eine Optimierung erreicht wurde, wenn die Kosten, die durch das Vertriebscontrolling verursacht werden, vom erzielten Mehrerlös oder durch eine Senkung der Vertriebskosten mehr als gedeckt werden können.

Sicher hängt eine Entscheidung über die Intensität, mit der Vertriebscontrolling betrieben wird, stets vom Einzelfall ab. In diesem Buch wurde dazu auf die Vielfältigkeit dieser Disziplin hingewiesen. Das Vertriebscontrolling wurde in seine fünf Dimensionen

A. Dietzel, *Vertriebscontrolling optimieren*, DOI 10.1007/978-3-8349-3822-0_10,

Beobachten, Analysieren, Planen, Steuern und Kontrollieren aufgelöst. Jede dieser Kategorien umfasst unterschiedliche Aspekte, die für die Vertriebssteuerung eine Effizienzsteigerung bedeuten können.

Vielleicht zieht ein Unternehmen besonderen Nutzen aus einer Verbesserung der Absatzprognosen, ein anderes kann das Verhältnis von Vertriebskosten zu Umsatz verbessern. Eventuell lässt sich mit einem transparenten Informationssystem die Motivation der Mitarbeiter erhöhen. Oder die Vertriebsleitung kann bei der Erfüllung administrativer Aufgaben entlastet werden.

Ein Idealzustand wäre ein System, das jedem Mitarbeitet ein notwendiges Maß an Planungssicherheit gibt und zugleich Freiräume gewährt, um auf Basis gesicherter Informationen Entscheidungen eigenverantwortlich treffen zu können. Abweichungen und Fehlentwicklungen werden frühzeitig erkannt und vom System unmittelbar aufgenommen. Das Vertriebscontrolling versteht sich dann nicht mehr als die omnipräsente Kontrollinstanz für die vertrieblichen Prozesse, sondern übernimmt die Funktion eines intelligenten Alarmgebers.

Ein effizientes Vertriebscontrolling ist jenes, welches die Beobachtung komplexer Vorgänge und Entwicklungen erleichtert, deren Analyse ermöglicht, bei der Erstellung aussagekräftiger Planungen unterstützt, die Steuerung auf operativer Ebene den beteiligten Personen überlässt und das nicht als Kontrolle von außen wahrgenommen wird.

Kritische Betrachtung 11

Zusammenfassung

Transparenz ermöglicht Weitblick. Wo das Licht des Vertriebscontrollings hinfällt, erkennt man auch die Dinge, die zuvor bewusst ausgeblendet wurden. Niemand wird gern mit unangenehmen Erkenntnissen konfrontiert und wünscht sich daher die Geborgenheit des Dunkels zurück.
Freiräume sind wichtig. Sie verleiten aber auch dazu, ausgenutzt zu werden. Auch wenn sie nicht zur Gänze ausgeschöpft werden, wird ihre Beschneidung zumeist schmerzlich wahrgenommen. Die Freiheit, die bedroht ist, ist die süßeste, nicht die, die man hat.

Reibung produziert Wärme. Reibungsverluste produzieren zuweilen eine sehr heimelige Wärme. Wo Ineffizienzen bestehen, kann es auch jemanden geben, der davon profitiert.

Routine gibt Sicherheit. Veränderungen bedingen die Loslösung von Gewohntem. Damit bedeuten sie den Verlust von empfundener Sicherheit. Mitarbeiter müssen ihre „Komfortzone" verlassen. Man sagt, Veränderungen durchsetzen zu wollen, sei der einfachste Weg, sich in einem Unternehmen Feinde zu schaffen.

11.1 Zieldivergenz

Der Volksmund sagt: „Wat den einen sin Uhl, ist den andern sin Nachtigall!" Was für die eine Person Glück und Wohlstand bedeutet, verheißt einer anderen Last und Mühsal.

Der amerikanische Psychologe Abraham MASLOW hat die menschlichen Bedürfnisse hierarchisiert und ihnen die Form einer Pyramide gegeben. Die Basis der Pyramide bilden die menschlichen Grundbedürfnisse wie Atmen, Essen und Trinken. Auf der nächsten der insgesamt fünf Stufen folgt bereits die persönliche Sicherheit. Gemeint sind Positionen wie ein festes Dach über dem Kopf oder eine materielle Grundausstattung. Je höher die Stufe

A. Dietzel, *Vertriebscontrolling optimieren*, DOI 10.1007/978-3-8349-3822-0_11,

der Pyramide, umso verzichtbarer ist die Erfüllung eines Bedürfnisses. Viele Menschen leben glücklich und zufrieden, ohne je auf der fünften Stufe der Bedürfnispyramide das Gefühl der Erleuchtung erlebt zu haben.

Eine Effizienzsteigerung im Vertrieb wird häufig durch die Einführung entsprechender Anreizsysteme angestrebt. Ein Anreiz besteht darin, die Erreichung eines gewissen Zieles mit einer materiellen Zuwendung zu verbinden. Damit das System funktioniert, muss das Ziel unter realistischen Bedingungen erreichbar sein. Wird dieses Ziel wiederholt erreicht, setzt eine Gewöhnung ein. Damit geht die Gewöhnung an den Bonus einher. Der Anreiz mutiert zur Sanktion. Sollte man das Ziel nicht erreicht, geht man der Zulage verlustig.

Davon geht für den Mitarbeiter eine Situation aus, die seinem Bedürfnis nach Sicherheit entgegensteht. Die Höhe der materiellen Ausstattung ist – zumindest in der Vorstellung von Maslow – weniger bedeutsam.

Aus einer Maßnahme, die sowohl für die Mitarbeiter als auch für das Unternehmen einen Vorteil liefern sollte, resultiert mitunter der gegenteilige Effekt. Ziele und Zielvorstellungen können sich wandeln. Aus einer anfänglichen Zielharmonie kann eine Zieldivergenz werden.

11.2 Transparenz bis zur Unsichtbarkeit

Es ist sinnvoll, die Leistung einer Vertriebseinheit als das Resultat einer kollektiven Anstrengung zu betrachten. So wird das Teamwork gefördert. Die Teammitglieder unterstützen sich gegenseitig im Sinne einer gemeinsamen Zielerreichung. Es wurde gezeigt, dass die Synergie wichtige Impulse für die Steigerung der Effizienz beinhaltet.

Zugleich ist es für die Mitarbeiter wichtig, sich als Teil einer Gruppe betrachten zu können. Sie stehen im Kampf um Umsatz und Marktanteile nicht allein. Das Gefühl, sich auf die Kollegen verlassen zu können, gibt Stärke. Man kann sich auch einmal ein wenig zurücknehmen, wenn man weiß, dass die Kollegen entstandene Lücken schließen.

Und es gibt die Mitarbeiter, die die Stärke einer Gruppe für ihre eigenen Ziele zu nutzen in der Lage sind. Sie haben das „Sichzurücknehmen" zum Prinzip erhoben und berufen sich zugleich auf die Leistung der Gruppe. Das Arbeitsrecht nennt diese Personen "Low Performer".

Die Transparenz, die durch das Vertriebscontrolling gewonnen wird, kann dazu beitragen, die individuellen Leistungen innerhalb einer Gruppe zu identifizieren und sie miteinander vergleichbar zu machen. Dies begünstigt die Leistungsträger. Ihr Anteil an der Gesamtleistung kann dann entsprechend wertgeschätzt werden. Ein "Low Performer" wird daran wenig Interesse zeigen und versuchen zu verhindern, durchschaut zu werden.

Doch wer alles durchschaut, sieht gar nichts mehr. Es empfiehlt sich auch hier, ein gewisses Maß an objektiver Distanz zu wahren und die datentechnische Intimsphäre der Mitarbeiter zu wahren. **Aus Wissen resultiert Verantwortung.** Wer im Unternehmen über alles Bescheid weiß, trägt auch für alles die Verantwortung.

11.3 Wenn der Vertrieb verbotene Wege geht

Corporate Governance und Compliance sind bedeutungsschwere Begriffe, die sich mit dem regelkonformen Verhalten von Unternehmen befassen. Kodizes, Gesetze, Normen und Richtlinien beschreiben den legitimierten Rahmen für unternehmerisches Handeln. Dazu gehört auch die Kontrolle, die von der Unternehmensleitung ausgeübt wird, um sicherzustellen, dass sich alle Mitarbeiter in diesem Sinne verhalten.

Das Vertriebscontrolling kann seinen Beitrag dazu leisten. In diesem Sinne stellt sich vielmehr die Frage, ob im Geiste von Corporate Governance, Compliance, BilMoG (Bilanzrechtsmodernisierungsgesetz), KonTraG (Gesetz zur Kontrolle und Transparenz im Unternehmensbereich), TransPuG (Transparenz- und Publizitätsgesetz), ARUG (Gesetz zur Umsetzung der Aktionärsrechterichtlinie) oder UMAG (Gesetz zur Unternehmensintegrität und Modernisierung des Anfechtungsrechts) auf ein solch zentrales Instrument wie das Vertriebscontrolling verzichtet werden darf.

11.4 Informationsasymmetrie

Sicher muss auch beim Einsatz von Vertriebscontrolling die Verhältnismäßigkeit der Mittel gewahrt bleiben. Es ist schwierig, einen Zugewinn an Transparenz und Planungssicherheit finanziell zu bewerten. Andererseits muss der Mehraufwand, der von der Einführung eines Vertriebscontrollingsystems für die Mitarbeiter ausgeht, sehr wohl ins Verhältnis zum erwarteten Nutzen gesetzt werden. Man kann Kontrolle auch bis zur völligen Entscheidungsunfähigkeit betreiben.

Der Wunsch nach Planungssicherheit und Transparenz begründet sich durch die Tatsache, dass relevante Informationen zwischen den beteiligten Personen nicht zwangsläufig gleichverteilt sind. Jede Person für sich verfügt über ein **Informationsmonopol**. Dieses Phänomen wird in der Principal-Agent-Theory als **Informationsasymmetrie** beschrieben. Dadurch birgt jedes Kooperationsverhältnis ein gewisses Maß an Unsicherheit. Diese Unsicherheiten beziehen sich auf verborgene Handlungen (Hidden Action), verborgene Absichten (Hidden Intentions) oder verborgene Eigenschaften (Hidden Characteristics). Ob z. B. ein Bewerber tatsächlich über die Fremdsprachenkenntnisse verfügt, die er in seiner Bewerbung angegeben hat, stellt sich häufig erst ex-post, also nach Abschluss eines Arbeitsvertrages heraus.

Bei der Überwindung dieser Informationsasymmetrie entstehen sogenannte **Agenturkosten** (Agency Costs). Sie resultieren aus einem möglichen Kontroll- oder Steuerungsaufwand in Bezug auf verborgene Handlungen. Aufwendungen für die Prüfung bzw. Bestätigung von bestimmten Eigenschaften (Hidden Characteristics) bezeichnet man in diesem Zusammenhang als Garantiekosten (**Signaling Costs**). Sie entstehen beispielsweise, wenn ein Bewerber um einen Arbeitsplatz zur Bestätigung seiner Sprachkenntnisse einen Test bei einem Fremdspracheninstitut ablegt (z. B. TOEFL = Test of English as a Foreign Language) und dafür einer Prüfungsgebühr entrichten muss. Die Residualkosten bilden die dritte Kategorie innerhalb der Agenturkosten. Sie stellen ein eher theoretisches Konstrukt dar und bezeichnen die möglichen negativen Folgen, die sich bei einer Nichterfüllung der vom Auftraggeber (Prinzipal) an den Mitarbeiter (Agent) übertragenen Aufgaben ergeben.

Insofern kann das Vertriebscontrolling auch hier einen wichtigen Beitrag dazu leisten, die Informationsasymmetrie zwischen dem Vertriebler einerseits und dem Dienstherrn (Unternehmer, Geschäftsführung) andererseits zu reduzieren. Somit lassen sich die Kosten, die durch das Vertriebscontrolling entstehen, zumindest anteilig als Agenturkosten interpretieren. Durch eine Harmonisierung der Ziele von Prinzipal und Agenten lassen sich die Agenturkosten in der Summe wiederum deutlich verringern.

Fazit 12

Zusammenfassung
Der Vertrieb ist ein sehr individuelles Geschäft. Manche betreiben es mit Leidenschaft, beflügelt vom sportlichen Ehrgeiz, andere betrachten ihn als lästiges Übel, getrieben von der Notwendigkeit, ihren Lebensunterhalt bestreiten zu müssen.
Wenn der Kunde nicht wäre, wäre Vertrieb viel leichter. Man hält ihn für anspruchsvoll, auf seinen Vorteil bedacht, kleinlich, geizig, wankelmütig und vieles mehr, wenn er einem seine Gunst versagt.
Und jetzt soll Vertriebscontrolling erklären, wie man in diesem Umfeld die Produktivität vertrieblicher Prozesse steigern soll?

Im Vertriebscontrolling kommen unterschiedliche wissenschaftliche Methoden zum Einsatz und liefern mehr oder weniger exakte Ergebnisse. Manche stehen im Einklang mit dem gesunden Menschenverstand, andere scheinen ihm zu widersprechen.

Aber jeder, der im Vertrieb arbeitet, ist auch irgendwo ein Kunde. Und er wird sich selbst kaum für kleinlich, geizig oder wankelmütig halten. Er wird von sich sagen, dass seine Vorstellungen wohlbegründet und seine Motive ausschließlich rationaler Art sind.

So ist es eben auch mit der Wissenschaft. Bestätigt sie meine Meinung, so werden Forschung und Technik gepriesen. Kommt sie hingegen zu Erkenntnissen, die im Gegensatz zu meiner Überzeugung stehen, wird wohl ein Fehler im System vorliegen.

Geht es also im Rahmen der Einführung von Vertriebscontrolling um die Akzeptanz bei den Mitarbeitern, muss man sich wie ein Vertriebler verhalten: Man muss die Klientel vom Nutzen einer Sache überzeugen, auf die Befindlichkeiten der Angesprochenen eingehen und ihre Einwände aufnehmen. Dabei soll man schon ab der ersten Annäherung den Erwartungsnutzen des Interessenten im Fokus haben. Man muss ein offenes Ohr für Wünsche und Bedenken haben. Und man soll trotz aller Widrigkeiten die Zuversicht nicht aufgeben.

A. Dietzel, *Vertriebscontrolling optimieren*, DOI 10.1007/978-3-8349-3822-0_12,

Lösung zur Aufgabe in Kap. 8.6.3

Mit entsprechendem Verhandlungsgeschick können Sie ggf. die Person auf der Straße dazu bewegen, Ihnen eine Schachtel Zigaretten vom Automaten zu holen. So können Sie im Büro den wichtigen Anruf abwarten und kommen dennoch in den Genuss einer Zigarette.

Sicher müssen Sie der Person für ihre Tätigkeit einen gewissen Anreiz bieten. Drohung oder Zwang scheiden aus, da Ihnen die Mittel dazu fehlen. Die Person wird erwarten, dass Sie ihr das Geld für die Zigaretten geben werden. Sie müssen aber auch sicherstellen, dass sich die Person mit Ihrem Geld nicht absetzt und sich auf Ihre Kosten einen schönen Abend macht.

Eine Schachtel Zigaretten kostet am Automaten 5 Euro.

Spieler A bietet Spieler B 5 Euro für seine Gefälligkeit an. Zudem erstattet er ihm die Auslagen für die Beschaffung der Zigaretten. Dazu nimmt Spieler A einen 10-Euro-Schein aus dem Portmonee und teilt ihn exakt in der Mitte durch. Die Bundesbank tauscht nur größere Hälften gegen neue Scheine ein. Daher sind die beiden gleich großen Hälften getrennt voneinander wertlos. Spieler A wirft eine Hälfte des Scheines aus dem Fenster. Spieler B fängt sie. Nur im Wege der Kooperation können die beiden Hälften wieder zusammengeführt werden. Dadurch entsteht eine gegenseitige Abhängigkeit.

Spieler B hat also keinen materiellen Gewinn, wenn er mit einer Hälfte des Scheines in die Nacht verschwindet. In dem Vertrauen auf das Versprechen, auch die andere Hälfte des Scheines zu erhalten, holt Spieler B die Zigaretten, bezahlt mit seinem eigenen Geld und kommt zurück zum offenen Fenster von Spieler A.

Spieler A fordert Spieler B auf, die Zigaretten zu ihm hoch zu werfen.

In diesem Moment sieht die Auszahlungssituation aus wie in Tab. 12.1 dargestellt.

Die Spielsituation ist zu jedem Zeitpunkt stabil. Es gibt keinen rationalen Grund, gegen die getroffene Vereinbarung zu verstoßen. Daher bedarf es nur eines geringfügigen Kontrollaufwands. Die Wirkung der getroffenen Vereinbarung beruht auf der entstandenen Abhängigkeit der beiden voneinander. Nur wenn sich beide an die Verabredung halten, besteht Aussicht auf Gewinn

Tab. 12.1 Auszahlungsplan

	Spieler B wirft die Zigaretten	Spieler B wirft nicht die Zigaretten
Spieler A wirft die zweite Hälfte des 10 Euro-Scheins	Beide Spieler haben ihr Ziel erreicht. Für beide hat sich der erwartete Gewinn realisiert.	Wenn Spieler B die Zigaretten nicht wirft, hat auch Spieler A keinen Grund, die zweite Hälfte des Scheines zu werfen. Spieler A hat einen Verlust von 10 Euro, Spieler B hat jedoch auch keinen Gewinn. Daher sollte A warten, bis B die Zigaretten geworfen hat.
Spieler A wirft nicht die zweite Hälfte des 10 Euro-Scheins	In diesem Fall hat sich für Spieler A der Gewinn realisiert. Diese Lösung ist jedoch nicht pareto-effizient. Spieler A kann nichts mit der Hälfte des 10-Euro-Scheines anfangen, würde sich aber auch nicht schlechter stellen, wenn er Spieler B die versprochene Hälfte zukommen ließe.	Genau genommen, hätte Spieler B dann auch nicht ans Fenster zurückkommen müssen. Spieler A hat einen Verlust von 10 Euro, Spieler B keinen Gewinn.

Nachwort

Ich bin Vertriebler aus Leidenschaft.

Ich habe nach meinem Betriebswirtschaftsstudium und einigen Jahren eigener unternehmerischer Aktivitäten den elterlichen Betrieb übernommen. Ein Handelsunternehmen mit gewachsenen Strukturen, einer bewährten Produktpalette, einem gewachsenen Kundenstamm und – darin lag ein gewisses Problem – sinkenden Umsätzen.

Als erste Maßnahme wurden die Vertriebsaktivitäten intensiviert. Ein neuer Außendienst sollte die lose gewordenen Kundenverbindungen wieder fester knüpfen. Einige Zeit und viele Euro später musste erkannt werden, dass das Stammgeschäft einfach in die Jahre gekommen ist. Der Lebenszyklus sich dem Ende neigte.

Meist kommen solch gravierende Erkenntnisse recht oder mitunter auch zu spät. In diesem Fall war es glücklicherweise noch rechtzeitig. Es blieb nur keine Zeit mehr für Experimente. Der Lösungsansatz lag in einer Verlängerung der Wertschöpfungskette. Die bisherige Handelsware wurde zum Vorprodukt für ein eigenes Endprodukt.

Trotz viel Erfahrung mit dem eingesetzten Produkt und vorhandenem Marktzugang ist eine solche Maßnahme eher mit einer Neugründung vergleichbar. Das Image des gut eingeführten Handelsunternehmens übertrug sich nicht auf die Wahrnehmung des Neulings auf dem Herstellermarkt.

Durch die gestiegene Komplexität des Produktes sind auch die Entscheidungswege der Kunden länger geworden. Der Vertrieb hat sich von dem bisherigen Schwerpunkt Beratung verlagert hin zu Planung und Konzeption. Die Angebotserstellung „nach Katalog" wich einer individuellen, projektbezogenen Kalkulation.

Ein solcher Turnaround bedarf viel Zeit. Die Ergebnisse zeigen sich erst mit einigem Verzug. Da dem Unternehmen diese Zeit aber nicht mehr gegeben war, entstand die Notwendigkeit, in die Zukunft zu schauen. Wie kann man jedoch den Erfolg eines solchen Strategiewechsels verlässlich vorhersagen?

A. Dietzel, *Vertriebscontrolling optimieren,* DOI 10.1007/978-3-8349-3822-0,

Dieses Buch stellt die seit dieser Zeit gewonnenen Erkenntnisse und Methoden zusammen. Es richtet sich an Geschäftsführer, Vertriebsleiter, Existenzgründer und den akademischen Nachwuchs. Ich bin derzeit neben meiner Tätigkeit als Geschäftsführer als freier Dozent an einer privaten Fachhochschule im Bereich Controlling tätig. Meine Lehrtätigkeit gibt mir die Gelegenheit, meine praktischen Erfahrungen didaktisch aufzubereiten und mit einem soliden theoretischen Fundament zu unterlegen.

Ich bedanke mich bei Gabi für Ihre Geduld und bei Christian für die kritische Reflexion.

Literatur

Akerlof, George A. 1970. The Market for „Lemons“: Quality Uncertainty and the Market Mechanism. *The Quarterly Journal of Economics* 84 (3): 488-500.

Gutenberg Erich. 1970. *Die Herleitung des Ertragsgesetzes* in: „Grundlagen der Betriebswirtschaftslehre“ Springer Berlin.

Hundsnurscher Franz, Franke Wilhelm. 1985. *Entwicklung eines dialoggrammatischen Konzeptes zur Beschreibung des Dialogtyps Verkaufs-/Einkaufsgespräch.* in: Das Verkaufs- / Einkaufs-Gespräch. Eine Linguistische Analyse. Stuttgart: Akademischer Verlag Heinz (= Stuttgarter Arbeiten zur Germanistik 155).

Von Neumann John, Morgenstern Oskar. 1944. *The Theory of Games and Economic Behavior* Princeton: Princeton University Press.

Schrödinger Erwin. 1935. *Die gegenwärtige Situation in der Quantenmechanik.* Zeitschrift: Die Naturwissenschaften, Heft 48: Springer.

A. Dietzel, *Vertriebscontrolling optimieren,* DOI 10.1007/978-3-8349-3822-0,

17246009R00119

Printed in Poland
by Amazon Fulfillment
Poland Sp. z o.o., Wrocław